本书是国家社会科学基金青年项目"重大动物疫情公共危机中社会群体行为决策模式研究"(13CSH012)的最终研究成果

国家社科基金丛书
GUOJIA SHEKE JIJIN CONGSHU

重大动物疫情与
公共危机决策模式研究

Decision-making Model of
Major Animal Epidemic and Public Crisis

刘玮 著

人民出版社

目　　录

第一章 绪 论

近年来,我国养殖业得到了快速发展。然而,重大动物疫情公共危机的暴发不仅严重影响农业、畜牧业及养殖业的健康发展,而且严重威胁着农村公共卫生安全和社会经济的发展。动物疫情公共危机防控是政府工作的重要内容之一,与公共行政服务水平联系在一起。改革开放 40 多年来,国家高度重视农村发展问题。2004 年至 2024 年,我国连续发布 21 个以"三农"问题为主要内容的中央一号文件,这些文件不仅成为国家重视农村问题的标志,而且也从政策层面强调了"三农"问题在社会主义现代化建设时期"重中之重"的地位。在这些纲领性文件中,除了 2011 年以"加快水利改革发展"为主要内容的文件以外,其他文件无一不提到关于"疫情、疫病"等农村动物养殖方面的工作内容。中共中央和国务院发布的 2004 年中央一号文件,首次提出"加强动物防疫体系建设,实施重点区域动物疫病应急防治工程"。这意味着继 2003 年暴发非典后,政府将动物疫情的防控工作提上了日程。随后的中央一号文件全面覆盖了动物疫情及疫病防控的方方面面,涉及监测+预报+防治+处置、基础设施建设、投入、防控体系、扑杀补贴政策、农村突发公共事件应对处置能力、病死畜禽无害化处理、动物疫病防控政策、农产品质量和食品安全监管等。面对农村动物疫情,除了从政府层面开展以外,也不能忽视社会中的群体作用。社会群体行为是影响着动物疫情暴发程度和速度的关键因素。本书将以重大动物疫情中的社会群体行为作为对象,从社会学视角对社会群体的行为决策模式进行深入分析,以发现重大动物疫情发展及防控中存在的主要问题,分析重大动物疫情中多元社会群体行为决策的影响因素,探讨社会群体行为决策的利益博弈优化策略。

第一节 重大动物疫情公共危机中的核心问题

进入 21 世纪以来,伴随着我国经济的快速发展和人民生活水平的提高,畜牧业发展也非常迅速,已成为国民经济的重要组成部分,促进了农业现代化的发展。在现代化发展过程中,萨缪尔·亨廷顿(Samuel P. Huntington)提出现代性孕育着稳定,而现代化过程却滋生着动乱。[①] 当前的经济全球化进程和科技进步速度的加快,现代社会渐渐发展成为一个复杂系统,该系统表现出一定的复杂竞争性,这也就意味着无论是城市还是农村,在现代化发展中都会蕴含着巨大的风险。随着农业畜牧经济的高速发展,全国的畜牧生产模式和自然生态环境都发生了巨大的变化,使得动物疫情的蔓延和发展出现了新趋势。近年来,禽流感、甲型 H1N1 病毒、黄浦江死猪漂浮等有关动物疫情的公共危机事件频繁发生,引起了社会各界的广泛关注。2003 年初,非典疫情肆虐全球 32 个国家或地区,我国有 829 人(含香港、台湾地区)死于非典;同年,H5N1 禽流感疫情开始在全球大面积传播,至今有几百人死亡。2009 年,甲型 H1N1 流感疫情在墨西哥暴发并迅速向全球蔓延,这些事件的发生表明动物疫情已经成为当前农业生产中必须关注的关键问题。我国是一个畜牧业大国,但是畜牧业的发展却常常遭受频发的动物疫病困扰。动物疫情的频发对

---

① [美]塞缪尔·P. 亨廷顿:《变化社会中的政治秩序》,王冠华等译,上海:上海人民出版社 2008 年版。

当地养殖户造成了巨大的经济损失,并严重影响到我国畜牧业的健康发展,也对公众健康和社会稳定构成了潜在威胁。由于我国人口高度密集、人员流动频繁,同时,重大动物疫情具有致病性强、易感性、传播迅速、人畜共患、危害大等特点,发生动物疫病的突发性增大,危害性增强。动物疫情的产生与传播在种类、范围、速度和途径等方面,整体呈现上升的趋势,使得不同群体暴露在动物疫情引发的生命健康、食品等安全危机之下。因此,科学高效地对重大动物疫情自上而下全方位地进行防控,已成为推动我国农村社会安全发展的一个重要课题。党和政府对动物疫情防控十分关注,针对疫情及其所影响的食品安全问题也出台了相应的政策规定。2005 年出台的《重大动物疫情应急条例》从预防到应对构架起了我国应对重大动物疫情的快速反应机制。2007 年8 月修订的《中华人民共和国动物防疫法》对动物疫情报告、通报和公布都作出了规定。随后,针对动物疫情,政府持续发布相关政策来应对可能的突发事件。特别是"十三五"时期,我国政府将食品安全问题上升为国家重大战略,"十三五"规划建议指出:"实施食品安全战略,形成严密高效、社会共治的食品安全治理体系,让人民群众吃得放心。"党的二十大报告 91 次提到"安全",报告也强调:"加强重大疫情防控救治体系和应急能力建设。"政策规定是重大动物疫情防控的巨大支持,这为提高重大动物疫情防控水平规划了顶层设计。但是,在外部环境方面,不同的社会群体行为决策会影响到动物疫情的防控工作。这是由于重大动物疫情各主体防控是一个复杂的适应系统,各个群体的行为都会受到其他群体行为决策的影响。"决策过程原本是国家与社会互动的界面"[1],但是由于个人组成的群体行为决策是影响疫情发生发展的主导性动因,决策就成为不同社会群体行为必然要竞争的一个过程。怎样将社会群体的利益从相互竞争的自利、风险规避等方式优化为利益均衡模式,成为本研究关注的重点内容。

---

[1] 朱德米:《重大决策事项的社会稳定风险评估研究》,北京:科学出版社 2016 年版,第23 页。

一、重大动物疫情公共危机的发展及防控现状

（一）重大动物疫情公共危机的发展现状

根据世界卫生组织报告的数据显示,目前人类已知的动物传染性疾病总共有 200 多种,其中可以传染给人类的占 70%,我国已证实的人畜共患传染病有 90 种,普遍存在并能引起人类严重临床症状的人畜共患病有 54 种,如狂犬病、流行性出血热、疯牛病、禽流感、炭疽、牛型结核病、布鲁氏菌病、日本血吸虫病、流行性乙型脑炎等。人畜共患病主要是通过患病动物直接感染给人或者经过蚊、蝇、蚤等生物媒介感染给人类,威胁人类健康和生命安全。

1997 年 H5N1 亚型首次在香港被发现能够直接感染给人类;之后香港、广东因而提高了对流感的警戒心,就在 1998 年 7—9 月,广东省由 9 名病患中筛选出 H9N2 病毒;1999 年 3 月香港在两名孩童身上亦筛出 H9N2;2001 年 5 月及 2002 年 2 月,香港又再度出现 H5N1 病毒感染,香港特区政府又采取紧急措施,疫情很快得到控制。从 2003 年开始,全球禽流感疫情日趋严峻。WHO(世界卫生组织)数据显示,到 2006 年底,已经确诊的感染 H5N1 禽流感病毒的病例达到 263 例,其中有 157 例死亡,各国确认的感染病例和死亡人数如表 1-1 所示,在我国确诊的 22 例感染禽流感病例中有 14 人死亡。

表 1-1 2003—2006 年全球人禽流感疫情统计

Table1-1 Global outbreak of bird flu in 2003—2006

国家	2003		2004		2005		2006		总计	
	病例数	死亡数	病例数	死亡数	病例数	死亡数	病例数	死亡数	病例数	死亡数
世界	4	4	46	32	97	42	116	80	263	157
阿塞拜疆	0	0	0	0	0	0	8	5	8	5
柬埔寨	0	0	0	0	4	4	2	2	6	6
中国	1	1	0	0	8	5	13	8	22	14
埃及	0	0	0	0	0	0	18	10	18	10

国家	2003		2004		2005		2006		总计	
	病例数	死亡数	病例数	死亡数	病例数	死亡数	病例数	死亡数	病例数	死亡数
印度尼西亚	0	0	0	0	19	12	56	46	75	58
伊拉克	0	0	0	0	0	0	3	2	3	2
泰国	0	0	17	12	5	2	3	3	25	17
土耳其	0	0	0	0	0	0	12	4	12	4
越南	3	3	29	20	61	19	0	0	93	42

资料来源:WHO(2007)。

以我国禽流感为例,截至 2014 年 10 月 19 日,总共确诊人感染 H7N9 禽流感病毒病例数有 455 例,其中包括 176 例死亡病例;截至 2015 年底,总共确诊人感染 H7N9 禽流感病毒病例数有 134 例,其中包括 37 例死亡病例;截至 2016 年底,总共确诊人感染 H7N9 禽流感 106 例,其中包括 20 例死亡病例。

2004 年 1 月 27 日,农业部宣布,国家禽流感参考实验室最终确诊广西隆安县丁当镇的禽只死亡于 H5N1 型高致病性禽流感,这是中国内地首次确诊禽流感疫情。2005—2016 年我国先后共扑杀家禽 9922201 只,家禽养殖业遭受重创。

表 1-2 2005—2016 年我国家禽 H5N1 型高致病禽流感暴发情况
Table 1-2 Outbreaks of H5N1 HPAI in China from 2005 to 2016

单位:只

年份	疫情起数	血清型	发病数	死亡数	扑杀数
2005	2	H5N1	1170	523	14947
2006	15	H5N1	92751	52612	2950178
2007	4	H5N1	27840	26532	242247
2008	5	H5N1	5555	5507	261710
2009	0	H5N1	0	0	0
2010	0	H5N1	0	0	0
2011	1	H5N1	290	290	1575

续表

年份	疫情起数	血清型	发病数	死亡数	扑杀数
2012	4	H5N1	49635	18633	1588118
2013	2	H5N1	13000	12500	148767
2014	3	H5N1	39929	33776	4635198
2015	5	H5N1	9395	8230	49933
2016	1	H5N1	5869	5617	29528

资料来源:《兽医公报(2004—2016)》。

高致病禽流感暴发后,我国政府高度重视该病的防治工作,国务院召开了专门会议,农业部先后制定了一系列诊断和防治措施,制定并颁发了国家标准,在高致病性禽流感防控中收到较好的效果,2007年以后,我国高致病性禽流感疫情数目降低,疫情得到较好控制。2008年,西藏、贵州和广东总共发生5起家禽H5N1型高致病性禽流感疫情,发病家禽5555只,死亡5507只,扑杀261710只。2009年和2010年全国没有发生H5N1型高致病性禽流感。到2016年,我国贵州发生1起家禽H5N1型高致病性禽流感疫情,发病数有5869只,死亡数5617只,扑杀数29528只,我国高致病性禽流感疫情得到有效控制。

近些年,现代农业有了长足的发展,养殖业现代化建设实现了产业的转型升级、持续健康发展,养殖业已经成为农业农村的重要支柱产业,加强对病死牲畜无害化处理是保证畜牧产品安全无害的重要举措,对动物疫情的关注和防控也成为当前农村安全和稳定发展的关键内容。

相对于全国,湖南省的动物养殖工作也取得了较大进步。湖南是地方特色家禽全国重点养殖基地,以饲养地方优质特色品种为主,有湘黄鸡、东安鸡、雪峰乌骨鸡、临武鸭等,其中攸县麻鸭、酃县白鹅等列入国家地方品种资源保护名录。2016年,湖南省家禽出笼4.26亿羽,同比增长2.9%,居全国第13位[1]。全省初

---

① http://www.hnxmsc.gov.cn/templet/default/ShowArticle.jsp? id=156066,2017-9-7.

步形成了湘南湘中优质黄鸡养殖、环洞庭湖区水禽养殖、湘西雪峰乌骨鸡养殖、湘南临武鸭养殖四大家禽优势产业带。湖南省支持畜禽规模养殖场、精养池塘标准化改造,改善了养殖基础条件,提高了规模养殖和健康水平,生猪、家禽、肉牛、肉羊、水产品的规模养殖比重连年攀升。湖南省还大力推行畜禽标准化适度规模养殖、水产健康养殖,实现农牧结合、种养平衡。同时制定发布了畜禽水产品养殖地方标准,规范养殖生产行为,推进"人畜分离"、"场村分离"、粪污无害化处理,实现清洁生产、安全生产。推进养殖污染治理,禁养区畜禽养殖加快退出,湖南省政府先后组织实施湘江流域保护和治理"一号重点工程"、洞庭湖区"畜禽养殖污染防治专项整治"和"河湖围网养殖专项清理"行动、大型水库养殖污染治理专项行动。按照"三大方向十大模式",湖南省推进畜禽养殖废弃物资源化利用,建有 618 个种畜禽场、22 个地方畜禽品种资源及其保种场。

(二) 重大动物疫情公共危机的防控现状

我国的动物疫情防控工作已经取得了很大进步,各方面工作进行得也很顺利,但是,现代农业的发展也面临着许多不可忽视的问题与挑战,特别是农村重大动物疫情方面的问题层出不穷,具体如下。

1. 基层动物疫病防控体系逐步健全,但防控形势依然严峻

在计划经济年代,国家对农村畜禽防疫实行"国家出药、社队出工"。全国大部分地区在 20 世纪 60 年代初期成立了公社兽医站,选择热爱防疫工作的青年,经培训后担任不脱产的大队防疫员,报酬由社队通过"评工计分"的方式解决,在 20 世纪 60、70 年代的动物疫病防治工作中发挥了重要的作用,为中国畜牧业发展作出了重大贡献。20 世纪 80 年代中期,公社改为乡、大队改为村以后,大队防疫员改为村防疫员,报酬仍是村集体解决。这段时间也是中国农村联产承包责任制实行之初,旧的畜禽合作和检疫系统被打破,新制度体系尚未形成,这使得畜禽疫病流行,严重抑制了农民对畜牧业发展的热情。

20 世纪 90 年代中期以后,随着《中华人民共和国动物防疫法》的发布,全国各地都切实加强动物防疫体系的建设,从上到下建立健全了防疫灭病的县(区)、乡(镇)、村动物防疫体系,一直持续至今。尤其是近年来,随着政府对动物疫病防治工作的重视,加大了对农村基层防疫体系的建设,基本有效地控制了全国各地动物疫情大规模集中暴发的态势,保证了畜牧业的顺利发展。但与此同时,基层兽医管理机制急需完善,队伍素质有待提高,畜医工作与投入长效机制有待健全,在小规模畜禽养殖占比高,动物和动物产品大流通格局根本改变的形势下,我国动物疫情防控形势依然复杂严峻。针对养殖环节病死动物无害化处理难的问题,2009 年 6 月,农业部办公厅印发了《关于开展养殖环节病死动物无害化处理补贴制度调研工作的通知》,农业部和省、市、县各级相继组织调研,时间长达一年多。2011 年,农业部在前期调研和汇总分析的结果上,向国家发展改革委、财政部提出规模养殖场病死动物无害化处理补贴制度,得到了国务院的批准实施。2013 年农业部出台了《关于进一步加强病死动物无害化处理监管工作的通知》,要求全国各地动物防疫与监管部门从根本上加强对病死牲畜无害化处理的监督管理。[①]

为了进一步提高对病死牲畜的执法监管,促进病死动物无害化处理落到实处,隔绝重大动物疫情,保障动物和肉制品质量安全,根据中国畜牧网统计(表 1-3),我国政府对畜牧业安全发展的关注度日益增高。我国在重大动物疫情应急管理体系建设等方面进行了积极的探索和应用,一系列重大动物疫情应急处理相关法律法规出台。近年来,国家出台了较多的政策支持,特别是农业部门,如 2017 年,出台相关畜牧政策规定约有 15 项,2016 年颁布相关政策 7 项。这些政策规定的出台表明我国会不断加大对畜牧行业的监管。

---

① 农业部:《农业部关于进一步加强病死动物无害化处理监管工作的通知》,农医发〔2011〕2 号,北京:农业部,2012 年 4 月 5 日。

表 1-3 2016—2018 年的动物疫情相关政策规定

Table 1-3 animal epidemic-related policies and regulations in the past three years

年份	政策名称
2018 年	农业部关于统筹做好畜牧业发展和畜禽粪污治理工作的通知
	农业部畜禽粪污资源化利用行动方案（2017—2020 年）
2017 年	农业部印发《动物疫情监测与防治经费项目资金管理办法》的通知
	农业部关于印发非洲猪瘟疫情应急预案的通知
	农业部发布新版《病死及病害动物无害化处理技术规范》
	兽用疫苗生产企业生物安全三级防护标准（征求意见稿）
	两部委联合印发《动物疫病防控财政支持政策实施指导意见》
	农业部公布动物防疫等补助经费管理办法
	农业部印发《2017 年生猪屠宰监管"扫雷行动"实施方案》
	农业部印发国家高致病性猪蓝耳病防治指导意见
	《2017 年兽药质量监督抽检计划》的通知
	2017 年动物及动物产品兽药残留监控计划的通知
	农业部印发《动物疫情监测与防治经费项目资金管理办法》的通知
	农业部关于印发非洲猪瘟疫情应急预案的通知
	农业部发布新版《病死及病害动物无害化处理技术规范》
	兽用疫苗生产企业生物安全三级防护标准（征求意见稿）
	农业部财政部委联合印发《动物疫病防控财政支持政策实施指导意见》
	农业部颁发《国家高致病性禽流感防治计划（2016—2020 年）》
	农业部印发《全国草食畜牧业发展规划》的通知
	农业部印发《全国生猪生产发展规划（2016—2020 年）》
	农业部印发生猪屠宰整治行动实施方案的通知
2016 年	农业部、财政部《关于调整完善动物疫病防控支持政策的通知》
	农业部印发《2016 年国家动物疫病强制免疫计划》
	农业部印发《全国兽医卫生事业发展规划（2016—2020 年）》

但是，即使动物疫情防控工作越来越完善，还是存在一定的问题。2013 年初上海黄浦江"死猪漂浮"事件反映出我国养殖环节病死动物无害化处理还有很多问题。一是法律法规不健全。例如，《中华人民共和国动物防疫法》没有解决农民在繁育养殖阶段处理致病动物权利和义务的问题。因此，使得感染疫病、疑似感染疫病、死亡或不明原因的死亡动物被随意处置而没有得到无害化处理，有些甚至进入了销售的循环，这不利于控制和消除疫情传播。二

是无害的动物治疗措施并不是标准化的。除少数几个省市已经建立或在建的动物无害化处理站外,绝大多数省市普遍缺乏对病死牲畜的进行统一收集和无害化处置,影响了对病死牲畜无害处理的深入发展工作。并且农村部分畜禽散养户对病死动物无害化处理多采用掩埋法,对掩埋的地点、深度和方法掌握不够,可能污染地下水源,也可能发生掩埋的病死动物被洪水冲出、肉食动物钻洞爬出、不法人员偷挖等现象。三是现有无害化处理方法存在缺陷。如果采取焚烧方式来处理病死动物,则需要有相关的专用设备,比如:专用焚尸炉等设施,还需要承担其处理费用,这种方式的缺陷是成本比较高;如果采取无害化处理病死动物,即用化制的方式进行处理,则需要有具备相应条件的化制企业来承担相关工作,而目前相关企业数量较少;如果采用深埋方式来处理病死动物,难以选择合适的场地,并且面临着土地资源紧张、污染隐患以及社会矛盾的激化。四是财政补贴标准较低。近年来,尽管政府已经通过了对重大动物疫病扑杀的补贴政策,但补贴标准普遍较低,而且对家禽家畜的零星死亡没有补贴,致使农民随意丢弃病死动物甚至违法贩卖。此外,在有些地区,政府部门没有专项资金用于对病死动物的无害化处理,使得对病死动物进行无害化处理很难得到保证。

2. 畜牧业发展迅速,但饲料安全与兽药残留问题严重

改革开放以来,随着中国人民生活水平的提高,对肉类和其他动物制品的需要越来越多,中国城镇居民和农村居民的肉禽蛋及相关制品人均消费量从1990年的人均32公斤,增长为2022年的人均68.93公斤。[①]

虽然在1990—2011年,随着生活水平的提高,我国城镇和农村居民的肉禽蛋及制品人均消费量增长迅速,但农村居民与城镇居民的差距一直保持在16公斤左右。因此,随着城镇化进程的加剧和我国农村居民生活水平的持续提高,我国对肉禽蛋类和其他动物制品的总需求仍会保持长期的快速增长,这

---

① 国家统计局:《中国统计年鉴 2023》,中国统计出版社 2023 年版。

也将促进我国的畜牧业进一步发展壮大。随着畜牧业快速发展和人民对食品安全要求的提高,饲料安全与兽药残留方面是其中比较严重的问题。

(1)饲料使用存在安全隐患

随着养殖专业化的发展,绝大多数农户都需要依靠外购饲料进行养殖。即使自制饲料,饲料原料也主要依靠外购。农户通过购买玉米、豆粕等原料和预混料(浓缩料)进行混合,甚至自配饲料添加剂,其不规范操作和本身质量良莠不齐的饲料原料是否严重威胁到畜产品安全?政府是否应监管、指导农户饲料配制,抑或落实饲料原料销售方的检测责任?这些问题值得探讨。

现阶段,许多农民使用他们自己生产或购买的原料,使用一些简单的饲料加工设备,对饲料进行自行配制和加工,大都缺乏必要的饲料分析、检测设备,导致原材料中的湿度、营养指标和霉菌毒素不能被检测到,只能凭借外观感觉和试用的效果来验证,难以控制原材料的质量。大多数人会忽略原材料的质量而只关注价格。不能严格按照饲料配方的比例来进行配比,原料称量不准确,投料次序有误,搅拌不够均匀。配料保管不能达到"无潮、无霉、无鼠、无虫、无污染"的"五无"标准。更有一些不法商户利用自制饲料的灵活性趁机添加禁用药物。这些都严重降低饲料安全性,进而降低畜产品质量。

(2)兽药违规违章使用比较普遍

兽药残留高低是畜产品质量好坏的重要衡量指标之一。要想降低畜产品兽药残留,首先得从科学合理使用兽药抓起,做到少用药、用低毒低残留药、不用违禁兽药、严格执行休药期等。

2012年底山东"嗑药速成鸡"事件充分暴露了中国畜禽产品生产中生产者不注重兽药残留的问题。兽药残留严重几乎成为行业恶疾。许多养殖商户对家畜和家禽疾病的治疗和预防工作会选择不规范地使用兽药,比如:超量、超范围地使用兽药,而不按照用药的规定,采用正确的用药剂量和用药途径。

这样做的原因,一是部分养殖经验丰富的农民在预防控制疫情时,习惯进行加倍剂量用药,他们认为这可以增加药效,加快治疗进度,如果使用兽药的品种较少且不能很快达到效果时,这些养殖户增加药品的种类,认为药品种类的累加会使得兽药的效果得到累加。二是养殖场户持有"有病治病,无病防病"的想法长期混饲一些药物,在饲料中添加药物的量越来越高,甚至比规定数量高2—3倍,常用药物的耐药性日趋严重,加重了疾病防治难度。三是用药品种多、杂、乱,不同药品名、成分相同的药物经常同时使用,造成该类药物在动物体内过量积累,兽药残留加重。四是不少场户对休药期制度不是很了解,更不知道各种兽药相应的休药期,自然也谈不上执行休药期了,还有一些场户知道休药期但没有严格执行。五是违禁药物、兽药原粉的使用时有发生。这些都加重畜禽产品中药残留量及对人体的危害。

3. 养殖方式趋于专业化,但基层动物疫病防治免疫难度大

近年来,随着人民日常生活对肉类需求的大幅度提高,国家也不断加强对畜牧业的支持,全国各地的畜牧业都在快速发展。从 20 世纪 90 年代开始,随着农村劳动力大量转移到城市,中国的养殖模式也逐渐由传统的家庭散养向中小规模家庭养殖场方向发展。随着农村集体经济组织、农民和畜牧业合作组织的建立,规模化、标准化的饲养场也发展迅速。同时,一些地区的养殖小区也在蓬勃发展。目前,中小规模家庭养殖场已逐渐成为中国畜牧业的主要经营形式,并出现了许多以养殖业为主的村庄。这些以养殖业为主的村庄或者修建了养殖小区,或者是各家农户在自己院子里进行养殖。由于中国东、中部地区普遍人口密度高,通常在一个很小的区域里,聚集了大量的养殖户。

总的来说,这种专业化的趋势有很多优势,农民的专业化养殖扩大了规模,降低了养殖成本,提高了养殖标准水平,更好地与市场相匹配,增大了抵御市场风险的能力。但是,这种高度聚集的养殖方式中人畜居住不分、畜禽混养,存在着很大的风险。大量动物粪便给环境带来了很大压力。

同时,随着养殖规模的快速发展,动物疫病的防控形势也日趋严峻,防控难度越来越大,规模化养殖风险增加,使得重大动物疫病的防控治理存在安全隐患。

基层强制免疫工作困难重重,免疫效果并不理想,原因主要包括以下几个方面:一是普遍存在村级兽医防疫员工作条件和经济待遇较差,工作任务重责任大,人员年龄和知识结构不合理;二是疫苗冷藏设施欠缺;三是农户居住分散,科技意识淡薄,对动物防疫工作的重要性知之甚少;四是在接种过程中,个别牲畜出现免疫反应,让农户心存余悸,加之动物免疫应激死亡补偿低,严重影响了动物免疫注射工作的顺利开展,给动物免疫注射工作带来负面影响;五是在集中强制免疫季节,防疫人员为了不影响免疫进度,在一只动物身上超量注射,这导致了出现不良反应的概率大大增加,而且使得集中疫苗的相互干扰对免疫抗体或多或少会产生影响;六是各个层面对牲畜安全的认知仍然存在差距,这个认知是指建立畜禽标识和养殖档案是为了保证畜产品安全。比如:基层没有将牲畜和家禽的标志纳入养殖档案中,即不是在它们出生或购买的时候标记动物,而是到了集中免疫阶段才给牲畜挂标识,更有甚者屠宰前才临时挂标识。

4. 动物疫情合格率有效提高,但农民防疫不到位

正是由于来自政府的监管,使我国各地的禽流感防控合格率得到大幅提升。由于禽流感主要发生在鸡和鸭等动物身上,考虑到数据的可获得性,本章仅对鸡和鸭两类动物进行分析。由 2020 年兽医公报抽样调查显示,2013—2020 年,农业农村部抽检的家禽免疫血清样品中,平均免疫合格率为92.78%。总体而言,我国当前禽流感防控的总体态势处于较高水平。

然而,由于动物疫情本身的发展特征,增加了农民个体防疫工作开展的难度,因此,在实际防疫过程中,农民的无害化防控存在着一定的问题。

(1)水平低,畜禽疫病防控知识缺乏

政府防疫培训不仅是农民接受养殖业职业教育的主要方式,也是政府履行农业公共服务职能的重要形式。虽然在国家层面上，农业农村部已经开始通过"阳光计划"等培训项目，开始培训官方兽医师、农村兽医师和基层兽医人员，并且开启了官方兽医师资培训、乡村兽医师资培训计划。然而，因为培训项目并不够独立化、专业化以及培训资金不稳定，尚未发挥较为理想的效果。

缺乏对农民进行系统有效的防疫培训，这不仅是农民自身的问题。其中一个客观的原因是，目前农民的文化教育水平普遍较低，初中及以下学历占 70% 以上。农民的培训存在师资力量薄弱、各地区的培训计划和效果之间存在差距等问题更为突出。官方兽医和农村兽医不仅是国家动物卫生工作的参与者，也是农民防疫培训的主要力量，其知识结构和水平直接影响国家的动物卫生工作的成效。也正是因为这个原因，对官方兽医和农村兽医的培训才特别重要。只有确保有一支了解国际形势、熟悉中国国情的高水平的官方兽医、农村兽医的队伍，才能使我国的动物卫生工作的开展更加有效。

（2）乱引种，防疫控疫措施不到位

随着畜牧业的规模化、集约化、福利化建设的迅速发展，在养殖过程中的基础环节就是选择优良的畜禽品种，其品种质量的选择不仅决定了整个养殖环节的价值大小，而且也决定了畜禽产品的品质高低。目前，饲养场的经营者主要从事相对容易的商品代替畜禽的生产，由于缺乏技术支持，将年幼的牲畜从外地调入，如果不进行检疫审批，可能调入的禽畜会携带病毒或细菌，在调入后缺乏隔离和饲养条件的情况下，直接混在一起养殖导致暴发疫情。在最近 20 多年时间里，中国新的畜禽疫病增加了 50 多种，如鸡传染性法氏囊病、J型淋巴细胞白血病、猪伪狂犬病和猪蓝耳等，是通过种畜禽的引进、畜产品、动物源性饲料和生物制品的进口等途径进入中国的。对国外新引进的动物进行一段时间的隔离和检测，可有效防止动物疫病传入种畜禽场。对种畜禽场开展疫病净化，可有效防止动物疫病传入商品代饲养场户。商品代饲养场户在购进畜禽时,选择无疫场,注意隔离观察,可有效防止动物疫病传入。然而,国内存在一些种畜禽场垂直疫病较多,一时较难清除,甚至为节约成本对出售的畜仔禽苗不进行应有的程序免疫。商品代饲养场户特别是农民不太注重"引种"渠道的选择和隔离观察。养殖场缺乏统一的免疫程序,农民抱着侥幸心理,认为不会发生疫情,抵制强制接受免疫病种的工作。消毒制度不科学,消毒剂品种单一,各种运载工具长驱直入。当发生动物疫情时,农民担心受到动物防疫监督机构的惩罚而不敢报告疫情,也不敢请乡镇畜牧兽医站的工作人员就诊,拖延导致耽误治疗时机。

(3)缺监管,防疫基础设施落后

前些年畜禽养殖小区建成为地方政府的形象工程,但政府对于防疫责任制度没有规定或规定不清晰,公告的防疫基础设施处于稀缺的状态,动物防疫工作没有被纳入日常议程中。而小区内养殖户各自为政,监管制度缺乏公认的负责人员和管理机构,致使养殖小区的"统一防疫"几乎成为一句空话,加之地方政府防疫监督和管理工作薄弱,缺乏对养殖小区的有效监管,一旦发生疫病,难以采取隔离、封存等措施进行有效控制,就会导致疫病迅速蔓延,损失惨重。

二、复杂适应视角下的重大动物疫情社会群体行为特征

农村公共危机的发生与发展从来都不是某一个主体导致,而是与危机系统的各个主体相关。各个决策主体在公共危机中处于一个动态发展的过程,且都有不同的行为选择,其行为的影响因素也各不相同,并且各主体之间的行为决策也会相互影响。在动态发展过程中,各主体之间相互影响、相互适应以达到最佳状态。在动物疫情防控中多元决策主体主要包括农民、消费者、媒体和政府等。

由于动物疫情具有复杂适应系统的特性,以复杂适应系统为视角,研究动物疫情的多元主体行为,对动物疫情防控意义重大。动物疫情的发生造成系

统失衡,系统内每个独立主体的行为对疫情的后续发展都有极大的影响。动物疫情的危机防控体系包括环境、主体、资源、流,这四大元素构成了动物疫情危机的复杂系统。动物疫情危机发生系统中主要存在的主体有农民主体、消费者主体、媒体主体和政府主体,其中动物疫情属于一个大环境。各主体的行为是在疫情发生之后起作用,在疫情暴发过程中,政府主体的行为非常重要,可以从各方调控以控制疫情的发生;而媒体主体作为信息传播载体,具有极大的社会责任,肩负着向消费者及农民传播信息的重任,同时也可以为政府提供意见;农民主体作为动物疫情最直接受损害的一方,既被动地接受信息,也可以主动地防控疫情;消费者主体在面对动物疫情时,被动地接受疫情信息和产品信息,容易对疫情产生过度的看法。研究这四个主体的决策行为时,应当注重主体内部的自适应结构,并且关注各个主体之间的相互影响,积极引导各方主体在动物疫情这个复杂适应系统中正确面对疫情的发生,及时进行防控,降低损失。在动物疫情环境中,各主体的目标都是使危机防控和治理的效果达到最优,因此各主体形成了相互适应的 CAS 系统①,如图 1-1 所示。

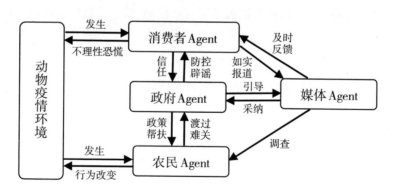

图 1-1　复杂适应系统下多主体行为
Figure1-1 Multi-agent Behavior in Complex Adaptive System

---

① 刘玮、张梦雨、康思敏:《动物疫情公共危机防控中多元主体行为研究——基于 CAS 范式》,《北京航空航天大学学报(社会科学版)》2016 年第 6 期。

（一）农民行为的自利性

传统意义上的农民与自然经济相契合,对于传统的小农经济而言,农民生产的产品主要是用于自身消费,是一种自给自足的生产行为。而现代农民通常指达到一定文化水平,会使用先进技术的农民。本书在动物疫情公共危机中提到的农民,主要分为散养型农民和规模化养殖的农民。农民行为是指农民在动物养殖过程中对环境变化而采取的决策、调整行为,是一种目的性较强的行为,主要是为了个人或者家庭利益的最大化。

在动物疫情发生的过程中,农民是关系最为密切的主体。农民可能是事件的引发者,也可能是受损失的主要群体,所以农民在动物疫情发生过程中的行为选择尤为重要。农民会做怎样的选择,对于疫情走向的影响是极大的。农民作为与疫情直接接触的主体,在疫情发生前后所做的关于养殖方式的选择,在饲养管理环节、疫情预防和监测环节、疫情控制环节中扮演重要角色。首先,农民需要具备畜禽饲养、疫情防控的基本知识体系,对动物疫情的危害、前期征兆以及防控手段形成充分的认知;其次,农民要具备疫情防控的能力,农民通过无害化养殖行为需要更多的物质支撑,对农民形成了较大的经济压力;最后,如果政府的补偿机制到位,对农民的动物疫情防控也能起到积极的作用。农民行为不仅仅受自身认知与利益驱动的影响,也会受动物疫情环境中其他主体行为的影响。

在动物疫情的复杂系统内,农民作为动物养殖的主体,对于动物疫情的认知较其他群体更直接,但是面对动物疫情的发生,也可能处于一个被动的地位。农民会根据已有的经验在动物疫情发生前采取一定的措施来避免疫情的发生,这些措施不仅需要媒体在平时对农民关于无害化养殖行为的宣传和引导,也需要政府在基础设施及政策上进行支持。动物疫情一旦发生会给农民带来极大的经济损失,这个过程中如果没有政府的政策帮扶,对于农民的打击将是毁灭性的。而出于自利行为,农民则有可能会隐瞒自家染病动物的情况从而造成疫情的扩散。有了媒体和政府前期积极的引导,会使农民在很大程度上减少养殖动物染病的几率,为农民避免损失。散养农民和规模化养殖农民对于动物疫情的处理和认知是存在差异的,所以政府和媒体在进行引导的过程中需要有所区别,才能最大可能地为农民减少经济利益的损失,从而避免农民由于自利行为而造成疫情扩散。

(二) 消费者行为的风险规避性

消费者主体是动物疫情发生系统中尤为重要的一个主体,疫情的发生会对消费者的购买行为产生很大的影响,而消费者的不安感必定会造成整个社会各方面的影响。消费者行为则是指人们在获取、消费及处置产品或服务过程中产生的活动。获取是指消费者购买或者是得到产品的活动;消费是指消费者对产品或服务使用的过程;处置是指消费者对于产品或服务的后续处置[1]。消费者决策过程中的任意阶段都有可能受到动物疫情的影响,同时动物疫情的发生和扩散会影响消费者周边的环境及消费者的个人心路历程,出于风险规避的心理,消费者会改变自身的决策行为。一旦消费者的决策行为受到影响而发生大幅变动,整个农民—消费者—媒体—政府动物疫情主体系统就会受到一定程度的影响,整个系统需要进行重新优化使得各个主体及整个系统稳定发展。当动物疫情发生时,消费者出于风险规避对于动物肉蛋类产品的购买和处置会发生很大改变,消费者对于动物肉蛋类产品的需求也会大大降低。

消费者的需求是实实在在的,而现实中存在的广告刺激了消费者去进行更多消费、拥有更多需求并且产生更多的消费动机,然而有时候会发生欺诈、伪造等情况。消费者自身是拥有权利的,如知情权、选择权、补偿权、安全性权利等,权利是绝对存在、不容冒犯和忽视的。消费者在进行消费动物肉蛋类产

---

[1]　迈克尔·R.所罗门:《消费者行为学》,北京:中国人民大学出版社 2009 年版,第 15 页。

品时,会关注当时是否有动物疫情发生,可能会从这个情况中决定最后是否有动物肉蛋类产品的需求。而某些商家十足的欺骗、低劣的产品质量、置消费者的抱怨于不顾、造成污染及其他此类行为都会侵犯消费者的权利。随着国民意识的觉醒,越来越需要合乎情理的商业行为。在动物疫情发生时,必须将事实情况告知消费者,保证消费者的知情权。

消费者主体在消费肉禽蛋产品时,动物往往是动物疫情暴发的源头。所以在动物疫情发生时复杂适应系统形成,消费者为了规避风险,会产生不理性、恐慌的心理,可能会很急切地想了解关于疫情的信息,并从所获得的信息和自身的经验中来感知动物疫情的风险。消费者在动物疫情发生过程中,会接受媒体发布的信息以及了解政府和农民在疫情处理过程中所采取的行为,同时消费者也会自行判断信息的可靠性并作出购买决策。政府的防控辟谣会增加消费者对于政府的信任度,在动物疫情这个环境中,消费者会随着媒体、政府及农民的不同行为而作出相应的决策。消费者接受信息是一个相对被动的过程,接受的消息往往只是政府和媒体主动公布的一些信息和数据。如果政府和媒体对于信息的发布较为完善,使消费者对于动物疫情事件的发展有一个完整的认识,则在一定程度上会提升消费者对于政府和媒体的信任度,而对动物疫情有一个清楚的认识,不会一味地拒绝动物肉蛋产品的购买。

(三) 媒体行为的引导性

随着技术的发展,现代生活中处处充满了信息,人们对于信息的需求也越来越大了。而大众传媒和新媒体的发展也越来越注重公众的需求,大众传媒和新媒体已经渗入到公众生活的各个层面,对各主体的决策过程会产生一定的影响[①]。在动物疫情发生过程中,媒体的报道在很大程度上会对消费者与

---

① 刘建明、纪忠慧、土莉丽:《舆论学概论》,北京:中国传媒大学出版社 2004 年版,第 24 页。

农民产生影响,除此之外,媒体还可以通过塑造舆论来引导社会事件的发展并且影响公众情绪,从而影响各主体的行为决策。大众传播在传播知识、价值以及行为规范方面具有重要的作用,具备一定的教育功能①。

公共危机具有突发性,对于社会会造成巨大的影响,而动物疫情则对于公众的健康和经济影响是比较显著的。动物疫情影响大,危害严重,需要及时传播信息,引导公众及时采取措施进行应急处理从而减少损失,维护社会和谐稳定,媒体在公共危机处理过程中对于信息的有效传播具有重要意义。由于动物疫情传染性极强,涉及消费者和农民的切身利益,关系到社会的和谐稳定。在动物疫情处置过程中,需要媒体对农民和消费者进行引导,配合政府的处理措施,从而有效控制疫情的发展,因此,在动物疫情处置过程中,媒体的作用不容小觑。对疫情进行有效控制,并且对疫情进行有效传播,可以给消费者和农民起到极好的指引作用,也是政府和各种媒体需要解决的问题和研究的方向。媒体传播在动物疫情处置中发挥重要作用,主要有以下几点。

首先,要及时报道事件的真实情况。在动物疫情处置过程中,媒体对疫情进行一个全面且及时的报道是疫情控制非常重要的一个方面。动物疫情处置过程中,需要通过对消费者及时传播信息,增加消费者的信任,从而保证社会稳定发展。因此运用媒体进行及时、有效的报道可以为消费者提供一个更为健康的消费指南,从而稳定社会秩序。传播学奠基人拉斯韦尔认为,传播的本质在于客观准确地反映现实世界,保证公众的知情权,并且确保人们对非常态环境的警觉及时作出预警。作为信息传播的载体,媒体承担着向社会传播信息的责任。② 在疫情发生后,消费者和农民都想通过媒体获取自己想要了解的现实情况;而媒体则需要通过采访和调查,对疫情的发展进行一个全方位的、具体的报道,满足消费者或是农民的信息需求。

其次,要做好普及科学知识。动物疫情作为一种传染性极强的卫生事件,

---

① 叶皓:《突发事件的舆论指导》,南京:江苏人民出版社 2009 年版,第 86 页。
② 胡百精:《危机传播管理》,北京:中国传媒大学出版社 2005 年版,第 54—55 页。

被动难以对其进行有效防控,而是需要消费者和农民都拥有一定的防控知识进行有效防控。那么在疫情处置过程中,就需要媒体能够及时有效地向消费者和农民传播相关的防范措施和一些卫生知识,使公众可以从各个角度对疫情进行及时的控制,提高防控效率①。不管是安全时期,还是疫情暴发时期,农民都需要了解科学养殖方式,对未知的危机进行有效防控。动物疫情往往波及范围广,给消费者造成一定的消费恐慌,对社会稳定发展非常不利。媒体是公众和政府之间进行交流的重要载体。政府是处理疫情最为重要的主体,并且基于其公信力,使得政府发布的疫情处置信息最为权威,政府需要通过媒体发布相应的疫情防控措施、通知公告等来控制疫情的扩散。

最后,要引导公众理性行为。消费者通过从媒体了解的知识来提高自身的科学素养,而消费者的科学素养是消费者面对动物疫情最为重要的因素,通过科学传播使得消费者具有一定的科学素养,掌握科学思维方法,面对动物疫情的发生采取理性行为开展健康的饮食习惯,减少疫情的暴发。而动物疫情的暴发往往不是简单的,通常会包含多层次的社会问题,这就需要媒体进行适当的舆论引导。在疫情处置过程中,媒体可以帮助政府主导舆论走向,也可以帮助消费者和农民表达其愿景,从而实现政府和公众之间的有效沟通。

媒体作为传播信息的载体,在动物疫情的复杂适应系统中,疫情的暴发如果没有媒体正确的引导会造成极大的社会恐慌。媒体需要及时有效地发布消息,同时在有谣言传播时及时进行辟谣,媒体的积极行为在疫情的发生过程中,对社会稳定发展有着极大的作用。媒体的积极引导可以帮助政府维持社会稳定,同时对农民的正确引导可以让疫情很好地控制在一定范围内,并且让消费者对动物肉蛋类产品有正确的认识。同时媒体的积极报道,也会增加公众对其的信任度,对后续事件处置的报道更有利。媒体在进行报道的同时,也

---

① 吴国盛:《从科普到科学传播》,《科技日报》2000 年 9 月 22 日。

能发挥自身作用向农民调查疫情发生过程中的具体情况,形成相关的分析报告为政府治理疫情提供意见,对疫情防控的意义很大。

(四)政府行为的行政效益最优性

政府部门是社会契约的代理人,对于市场经济的发展有着服务公众和监督各主体的功能①。一方面,政府可以通过为农民提供养殖技术的培训和补贴等方式来保证农民的科学养殖,为农民提供必需的服务与帮助;另一方面,政府为了保证农民养殖的健康发展,必须运用法律法规对农民养殖行为进行规范化。

政府对于动物疫情防控的意义非常重大,包括监管防控疫情发展、推广无害化养殖技术、提供政策补贴等②。政府在动物疫情环境中,作为调控主体,首先要做的就是督促有关动物实验室积极开展无害化处理技术的创新、优化畜禽种质资源,从而保证畜禽种质的安全和质量;同时也要积极研发新疫苗来应对新发疫情;政府对于兽药质量的管控也是必不可少的,这可以从源头上保证畜禽养殖的健康发展。其次是在肉蛋类产品的生产制造环节,政府对于农民的政策帮扶及资金支持对农民开展有效的疫情防控作用都是极大的;在疫情发生后,政府积极采取措施进行疫点隔离和疫区封闭,都能及时地遏制疫情的进一步扩散。最后是商品流通环节,政府需要加强屠宰场及农贸市场的检验检疫,对市场上流通的肉蛋类产品进行严格监管,保证流通的肉蛋类产品的安全性;同时也需要积极引导消费者健康饮食,开展相关的宣传教育活动。

由于存在动物疫情发生的风险,政府需要在农民养殖生产经营的各个环节采取相应的措施进行疫情防控。在动物养殖环节,政府要严格监控农民对于动物的免疫,并且采取扑杀补贴和处罚手段来加强农民的防疫意识。在理

---

① 赵德明:《我国重大动物疫情防控策略的分析》,《中国农业科技》2006年第5期。
② 罗丽、刘芳、康海琪:《北京市畜禽养殖疫病防控的影响因素研究——基于最优尺度回归分析》,《中国畜牧杂志》2016年第2期。

想状态下,农民会选择配合政府的扑杀防控,并且对病死畜禽进行无害化处理。在肉蛋类产品的流通环节,政府需要积极引导消费者健康饮食,减少消费者在市场上购买活禽,畜禽病毒的传播和暴露率就可以大大减少了。理想状态下,消费者为了规避风险会选择理性消费,积极配合政府采取的措施,被病毒感染的消费者也会减少暴露和流动,配合政府的疫情观察和隔离,避免病毒的传播从而有效控制疫情的发展。

政府是分管社会公共事务的主体,在面对动物疫情时,要协调各主体以期控制疫情的发展和对消费者造成的恐慌。当动物疫情发生时,政府作为分为消极作为和积极作为,这与其执政者的执政理念和社会环境等都有关系。政府面对动物疫情时的作为根据对象的不同可以分为多个方面:首先是对媒体,在政府引导下,媒体积极报道疫情信息,消除消费者的恐慌并指导农民进行疫情防控,并且积极采纳媒体给予政府的有效建议;其次是农民,政府对农民的政策帮扶可以帮助农民很快地从动物疫情的危害中走出,为农民渡过难关、减少损失;最后是消费者,政府适当地安抚消费者在面对动物疫情时恐慌的情绪。当政府面对各主体积极作为时,在很大程度上可以提升政府的公信力,如果消极作为,则会导致各主体难以朝着积极的方向发展,对疫情的控制也非常不利。

因此,在这样一个庞大的复杂的系统中,多元社会群体之间一定保持着既相互联系、又相互竞争的复杂关系。不同群体有着各自的行为规则,受到不同内外部因素的影响,也必然存在一定程度的利益冲突。

第二节　重大动物疫情中社会群体行为的
　　　　研究与进展

近年来,随着人们对畜牧产品质量的要求不断提高以及动物疫情造成的畜牧产品质量安全问题时有发生,动物疫情所造成的社会公共安全问题也引起学术界的高度重视。为了解决目前在农村动物疫情防控中的社会群体问题,更好地推进重大动物疫情防控工作,国内外学者从不同的角度对其进行了大量的研究。

一、国外研究现状

(一)公共危机方面的研究

英文单词的危机用 crisis 来表示。罗森塞尔等(Uriel Rosenthal)从社会学角度指出危机对人类社会的结构构成和利益造成危害,并且社会的道德伦理观念也会受到危害。[1] 贝克认为,我们所处的社会到处都是危机,而大多数的社会组织对人类社会存在的危机没有足够重视并及时采取措施,而致使人类社会受到危机的影响[2]。阿尔文(Alvin Toffler)提出,因为人类不去预知未来可能存在的各种风险问题,导致我们正在走向危机[3]。德国研究者乌尔希·贝克(Ulrich Beek)撰写的《风险社会》,针对当时社会中的各种危机事件和风险,首次运用风险社会这个名词。这本书启发了其他西方学者对风险理论的多角度研究[4]。Fink 在著作《危机管理——对付突发事件的计划》第一次针对突发性事件的应急处理进行系统化的探讨[5]。在奥斯本和盖布勒看来,危机预警像是游轮上的导航仪,如果不能提前预知危机,作出预防措施,则会为游轮的航行带来巨大风险,我们的国家也可能陷入危机之中[6]。

---

① Uriel Rosenthal；Michael T.Charles；Paul T.Har.*Coping With Crises*；*The Management of Disasters*，*Riots*，*and Terrorism*.Published by Charles C Thomas Pub Ltd(1989).

② 乌尔里希·贝克:《风险社会》,南京:译林出版社 2004 年版。

③ Alvin Toffler:《未来的冲击》,北京:中信出版社 2006 年版。

④ Ulrich Beek."Decision support systems for disaster management".*Public Administration review*,special issue 1985. 41-43.

⑤ S.Fink.*Crisis Management*；*Planning for the Inevitable*，New York：American Management Association，1986.

⑥ [美]戴维·奥斯本、特德·盖布勒:《改革政府》,上海:上海译文出版社 2006 年版。

在国外,特别是美国、英国等西方发达国家不仅高度重视公共危机的研究,而且研究体系也十分完善,研究内容涉及自然灾害和环境、突发事故、恐怖事件、传播疾病等多个方面,有关公共危机的专著也颇丰:美国著名的危机管理大师罗伯特·希斯(Robert Heath)的《危机管理》,罗森塔尔(Rosenthal)的《危机管理:应对灾害、暴乱与恐怖主义》,艾瑞克·斯特恩(Erick Stern)和丹·汉森(Dan Hansen)的《社会转型期的危机管理》等。

罗伯特·希斯提出公共危机的4R管理模式,即缩减、预备、反应、恢复四个环节组成了应对公共危机的重要过程①。米特罗夫提出五阶段划分法,将危机管理分为信号侦测、探测和预防、控制损害、恢复阶段、学习阶段五个阶段。诺曼·R.奥古斯丁经过研究将危机管理分为避免、准备、确认、控制、解决、并从中获利六个阶段②。耐德尔提出面对公共危机的发生,政府应该考虑各项因素,制定多种方案,进行最优决策③。Aladegbola,I.A.和Akinlade,M.T.以尼日利亚为例,指出应对公共危机,决策者需要提前做好包括对象、时间、方法等的详细应急计划和功能维护,做好相关人员日常的应急预案培训,政府需要做好充足的资源准备、加强监测和监视资源的情报功能,最大和最有效地利用现有资源和能力,真正解决"内核"问题才是提高应对能力的关键④。Sturges在Steven Fink基础上提出了四阶段危机传播论,认为在这四个阶段应先后分别关注内化性信息(Internalizing)、指导性信息(Instructing)、调整性信息(Adjusting)和再次强调内化性信息(Internalizing)⑤。

---

① 罗伯特·希斯:《危机管理》,王成译,北京:中信出版社2001年版,第30—31页。

② 诺曼·R.奥古斯丁等:《哈佛商业评论精粹译丛:危机管理》,北京:中国人民大学出版社2001年版。

③ 肖鹏军:《公共危机管理导论》,北京:中国人民大学出版社2006年版,第43—45页。

④ Aladegbola, I. A. Akinlade, M. T. "Emergency Management: A Challenge to Public Administration in Nigeria". *International Journal of Economic Development Research and Investment.* 2012:82—90.

⑤ Steven Fink. *Crisis Management: Planning for the Inevitable.* New York: American Management Association. 1986.

（二）动物疫情方面的研究

国外关于农村公共危机事件的研究主要是针对特定的突发性动物疫情展开的。有关禽流感（即 H5N1 型禽流感病毒）的研究，最早可追溯到 1878 年意大利许多农场出现的严重"鸡瘟"。2003 年 4 月，荷兰发生禽流感，人类感染、死亡者达 80 人。由于禽流感和口蹄疫等畜禽类动物疫情的流行，国外学者们对于农业领域内公共危机事件的研究越来越多（Henry，2003）。在体系方面，Levan Elbakidze[①] 认为，动物可追溯体系的经济效率取决于一些因素，但动物可追溯体系的严格执行对于高传染动物疫病暴发的影响很大，在很大程度上可以减少经济损失。Schneider[②] 对突发事件下政府的应急管理效率进行了分析，认为政府对突发事件应急管理的成功与否以及应急管理的效率高低关键在于政府官僚程序与紧急事件标准之间的差异。当突发事件的发展与政府预期一致时，则官僚程序与应急事件标准之间存在的差异会较小，从而保持高应急管理效率，反之则效率较低。以口蹄疫防控策略的制定为例，Lorenz 对德国实施的两种防治措施进行研究，一种是每年实行普遍免疫接种，这一种策略属于预防型；另一种是不进行免疫接种，只在口蹄疫暴发之后采取对易感地带的动物进行大范围扑杀，并在周围建立免疫带。而 Sugiura 通过对日本 2000 年暴发口蹄疫的防控措施进行研究发现，在口蹄疫暴发时扑杀所有受威胁动物是最经济的疫情防控策略。Levan Elbakidze 认为，国家建立有效的监督管理体系有利于降低政府在疫情防控过程中的成本，同时，他提出拥有有效的管理体系可显著地减少农村动物疫情突发时所造成的社会经济损失[③]。J.Mariner

---

① Levan Elbakidze."Ecnomics Benefits of Animal Tracing in the Cattle Production".*Selected Paper Prepared for Presentation at the joint American Agricultural Economics*,*Western Agricultural Economics*,*and Canadian Agricultural Economics Associations Annual Meeting*,Portland,OR,July 29-Angust 1,2007.

② Schneider, Saundra K." Governmental Response to Disasters：The Conflict between Bureautratic Procedures and Emergent Norms".*Public Administration Review*,1992,52(2)：135-146.

③ Elbakidze L."Economic Benefits of Animal Tracing in the Cattle Production Sector".*Journal of Agricultural & Resource Economics*,2007,32(1)：169-180.

通过对 20 世纪 90 年代埃塞俄比亚制度化免疫的研究,认为其失败的原因是所采取的集中大规模化免疫措施不是有效的管理形式,因而提出要想高效率地处理动物疫情事件,必须建立有效的监督管理体系①。

(三) 社会群体行为基本概念研究

社会心理学家对于一种特殊的群体行为——集群行为,进行了大量的研究。集群行为(Collective Behavior)是对于处在有特定社会规范的制约环境下的群体行为相对而言的,主要是指在非常态环境下发生的一些不受常规行动规范所指导的、自发的、无组织的、无结构的、同时也是难以预测的群体行为方式。David 与 Helbing 和 Vicsek 在 *Nature* 上发表的两篇文章,他们假设群体是由具有能力和思想的有区别的个体构成,通过建立模型,研究了突发事件下群体行为的非理性因素。20 世纪 50 年代美国心理学家 Asch 的线段判断实验,验证了社会压力将导致群体一致性行为,此研究被认为是从众研究的典范。勒庞(LeBon)提出了一致性幻觉理论,认为群体具有"不同于组成它的个体特征的新特征",能产生一致性的"群体意向"。② 布鲁默、德弗洛尔和路斯提出了感染理论,认为群体中之所以有统一的行动,是互相感染的结果。③ 传统经济学对群体行为的研究包括两种:凯恩斯对投资市场中的群体追随行为做了经济学的研究,形象地把这种追随群体的投资行为比作一场选美比赛。④ 奥尔森(Mancur Olson)研究切入点与凯恩斯有所不同,奥尔森主要是从公共选择学派的视角出发,解释群体行为的驱动因素,奥尔森认为群体在实际研究中可以等同于组织。奥尔森的理论包含了两种类型的群体行为,第一种是为了追求集体利益的正确集体行为,而另一种是以个人利益为主从而忽视集体利

① Tambi E N,Maina O W,Mariner J C. "Ex-ante economic analysis of animal disease surveillance." *Revue Scientifique Et Technique*,2004,23(23):737-52.

② LeBon,G. *The Crowd*. London:T. Fisher Unwin,1896. 26.

③ 林秉贤:《社会心理学》,北京:群众出版社 1985 年版,第 443 页。

④ [英]凯恩斯:《就业利息和货币通论》,北京:商务印书馆 1981 年版,第 132—133 页。

益的错误集体行为。① 90 年代以来,微观经济学中的信息经济学与行为金融学的发展为群体行为分析提供了有效的工具,对群体行为研究的意义极大。行为经济学家 Bikhchandani 和 Sharma 在对金融市场群体行为进行研究时发现金融市场中的一种特殊的群体行为,他们把这种金融市场上的投资者模仿别人的群体行为称为羊群行为(Herd Behavior),并且根据羊群行为的不同形成原因将羊群行为分为基于信息的羊群行为、基于声誉的羊群行为以及基于报酬外在性的羊群行为。② 美国学者罗森塔尔在其著作《危机管理:应对灾害、暴乱与恐怖主义》一书中指出了危机管理中允许公众参与、保持与公众一定互动性的必要性,同时提出了要构建科学有效的沟通制度,他表示在危机治理中和公众进行必要的沟通能减少讯息的误传,从而防止舆情走向影响危机治理效果,进而提升政府行政效益。③ 多元主体协同合作的方式治理危机被 William 和 Bullock 加以探讨过。William 指出加强中央政府和地方各组织的合作关系是应急管理取得成功的一个重要因素,通过权力下放、加强合作等方式吸引民间非营利组织、企业单位、主流媒体和社会民众等利益相关者主体主动参与到危机治理中来,增加各主体参与危机治理的路径,使各利益相关者主体最大地发挥自己的作用。Bullock 认为增强政府应急能力需要其本身与各利益相关者主体有效地协调互动。④ Festinger 认为,在个体受到突发事件时,公众会在潜意识中忽略与整体相关性最小的观点,不自觉地寻求平衡点。Sureshchandar⑤ 认为,在

① Mancur Olson, *The Logic of Collective Action: Public Goods and the Theory of Groups*. Harvard University Press, Cambride, Massachusetts, 1980.

② Bikhchandani, S. and Sharma, S. "Herd Behavior in Financial Market: A Review". *IMF working Paper*, 2000. No.2000-4.

③ 罗森塔尔:《危机管理:应对灾害、暴乱与恐怖主义》,北京:中信出版社 2002 年版,第 56 页。

④ Waugh, William L. "preface", *Annals of the American Academy of Politicaland Social Science*, 2006, Vol.1.

⑤ Sureshchandar G.S, Rajendran C, Anantharaman R.N. "A Conceptual Model for Total Quality Management in Severice Organization". *Total Quality Management*, 2001, 12(3): 343-363.

促进突发事件应急管理顺利完成中,政府和公众的信息沟通技术与政策起很大的积极作用,因此主张政府对外信息发布必须保持口径一致,保持一定的灵活性,并且政府的公共沟通信息政策应当要预见公众对于信息的需求以及公众关于突发事件的个人观点,以此来安抚公众情绪。

二、国内研究现状

(一)农村突发性公共危机基本概念研究

中国学者对于农村公共危机事件的研究是从 2003 年非典(SARS)发生后开始的。王东阳研究了非典事件的发展给中国农业和农村经济发展带来的影响。但是,有关农村公共危机的定义仍然没有统一的界定。李燕凌等、李小芸等对农村公共危机的定义十分接近,认为农村公共危机指的是某一组织所面临的,难以进行事前的准确预报,突然发生使得形势非常紧迫,从而给组织造成或者可能造成严重后果,影响农村社会经济稳定发展的农村突发性社会事件。

(二)动物疫情公共危机研究

纵观农村公共危机中的动物疫情研究,学者们主要体现在防控策略和防控影响两方面。一方面,贾世明、陈如明等[1]人提到动物疫病处于活跃阶段,呈现复杂化,要做好长期作战的准备,加强国际合作,建立动物疫病应急反应机制,进一步完善相关法律保障体系,做好疫病防控工作。闫春轩[2]提到,动物疫病已经对畜产品和公共卫生安全造成了严重危害,因此兽医卫生安全已经纳入了国家公共卫生安全战略,动物疫病因而成为我国公共卫生安全的重要

---

① 贾世明、陈如明、赵怀龙:《动物疫病的流行现状与控制策略》,《动物医学进展》2005 年 8 月。

② 闫春轩:《目前动物疫病防控形势、面临问题及应对策略》,《兽医导刊》2015 年第 17 期。

组成内容。陈伟生[①]认为,当前我国动物疫病存在病种多、新增快等特点,人畜共患病呈流行发展趋势,且仍受到外来疫病的影响。才学鹏[②]通过对《动物疫病法》的研究发现,针对动物疫情防控,我国实行动物疫病强制免疫制度、监测及预警制度、区域化管理制度、控制与扑灭计划、动物和动物产品免疫制度、官方兽医和执行兽医制度等多种制度并行的方式。王华、李玉清等[③]人认为,随着国际贸易的日益繁荣,各种商品进出口使得动物疫病传入我国的风险加大,并且对我国动物疫病的有效防控带来了很大的压力。除此之外,在农业现代化发展的过程中,由于动物疫病复杂的流行趋势和薄弱的防控基础,要求动物疫病的防控水平进一步提高。另一方面,孙玉学[④]认为,畜牧业在农业生产总值中所占有的比重很大,是促进农村经济发展繁荣的重要组成部分,动物疫病的出现与传播,对畜牧业的经济发展造成了极为严重的损害。黄泽颖、王济民[⑤]提出,动物疫病会使动物产品的市场价格产生波动,使养殖业、畜牧业以及其他相关产业造成经济损失,同样,也会给区域经济和国际贸易带来不良的经济影响。李金祥等[⑥]人认为,在畜牧业飞速发展的今天,动物疫病的流行使得这种行业的发展并不均衡,分区域、有针对性地对动物疫病进行控制,一方面有利于畜牧产业的健康发展,另一方面能够推动我国农产品走向国际市场,带动第一产业经济稳定发展。陆昌华、胡肄农等[⑦]人通过对一大型养猪场的研究,表示动物疫病的发展是与人类生活密切联系的,因此对动物疫情的经

---

① 陈伟生:《动物疫病防控形势与措施》,《兽医导刊》2015 年第 19 期。

② 才学鹏:《我国动物疫病防控形势及对策》,《兽医导刊》2014 年第 15 期。

③ 王华、李玉清、徐百万、王淑娟、王志亮:《浅谈新形势下我国动物疫病防控策略》,《中国动物防疫》2013 年第 2 期。

④ 孙玉学:《从经济角度谈动物疫病防控》,《才智》2011 年第 16 期。

⑤ 黄泽颖、王济民:《动物疫病经济影响的研究进展》,《中国农业科技导报》2017 年第 2 期。

⑥ 李金祥、郑增忍:《我国动物疫病区域化管理实践与思考》,《农业经济问题》2015 年第 1 期。

⑦ 陆昌华、胡肄农、谭业平、臧一天、朱学锋:《动物疫病损失模型的经济模型评估构建》,《家畜生态学报》2015 年第 6 期。

济影响进行经济评估分析是必要的,这样不仅能够为养殖者作出判断提供依据,使管理更科学,还能在一定程度上减少经济损失。郑雪光等[1]人提到动物疫病不仅损害了畜牧相关产业的利益,更制约了全球的经济发展,而影响的范围和程度都在不断地加大、加深,值得一提的是,这种影响在短期内并不会消失,也就是动物疫病的防控工作是一项长期的严峻挑战。

曹文栋、晁玉凤等以北京市海淀区的老人,中小学生及其家长为对象,进行了居民对 H7N9 禽流感知识普及、疫情发生后态度和行为变化的抽样调查,得出居民对媒体经常宣传的知识普遍了解,其余知识亟待提高;老人和儿童相对于学生家长对相关知识的接触较少;居民掌握的预防知识和措施不全面;居民对政府的排查和对禽类的处理工作不满意等结论[2]。汪涛、夏生林等对中山市禽类从业人员面对禽流感的态度和行为进行调查,并按照社会人口学特征对这些人员进行分类和分析,得出禽类从业人员对禽流感知识的知晓率与健康教育干预有关,知识的掌握程度、行为方式和态度与文化水平相关[3]。钟燕芬对高职学生知晓禽流感及对禽流感的态度和行为进行了调查和数据统计,得出大学生知晓率高,且女生高于男生;预防行为仍需加强宣传教育;三分之一学生产生紧张、恐惧心理,女生比男生心理承受力更强等结论[4]。除此之外,广东、黑龙江、安徽等省份的学者就当地的学生、居民、少数民族等不同人群对禽流感的了解程度、行为和态度变化(KAP)也进行了相似调查。

除了 KAP 调查,学者们对禽流感进行的研究还涉及禽流感危机对中国经济、政府损失和养殖、旅游、服装等行业的影响。曾丽云从就餐人数、营业

---

[1] 郑雪光、腾翔雁、朱迪国、宋建德、王栋、黄保续、王树、李长、候玉慧:《全国重大动物疫病状况及影响》,《中国动物检疫》2014 年第 1 期。

[2] 曹文栋、晁玉凤、许丽娜、姚展、赵静、姚伟、王彦、白丽霞、张凤英、张钰琪:《北京市海淀区部分居民人感染 H7N9 禽流感防控知识、行为调查》,《中国健康教育》2013 年第 7 期。

[3] 汪涛、夏生林、舒波、李雷、来学惠、陈秀云:《中山市禽类职业暴露人员禽流感相关知识、态度和行为调查》,《中国热带医学》2008 年第 7 期。

[4] 钟燕芬:《高职学生对 H7N9 禽流感相关知识的掌握状况及态度、行为水平的调查分析》,《中国实用护理杂志》2014 年第 2 期。

额的变化分析了 H7N9 对餐饮业的影响,并从经济学角度提出应对策略①。张泉、王余丁、崔和瑞论述了禽流感对与其有直接关系的四大行业和世界金融的影响,告诉人们要关注"三农"问题,保障农民的利益②。许多专家也对禽流感流行现状和有效防控措施进行研究。高玉伟对中国的 H5N1 禽流感的流行现状进行了研究,对高致病性禽流感的变异和进化进行分析,提出我国很难通过单一捕杀的方式控制禽流感疫情,要将疫苗与之结合,并提升相关技术水平③。孙玉红则提出,为有效防范禽流感需要规范活禽交易市场,加强对市场防疫工作的监督和管理④。易春东论述了当前的动物卫生监督执法工作存在的问题:执法力度不够、执法设备落后、执法人员素质低、社会公众对执法工作的不理解等,他提出要加强内部管理,完善制度管理,增加经费投入和相关规章宣传力度,增强部门之间协作与配合以及畜牧兽医体系的建设⑤。

　　2003 年底至 2006 年 10 月,先后已经有 67 个国家和地区的候鸟和家禽感染禽流感。疫情的发生和蔓延给公共卫生安全和养禽业的发展带来严重的威胁。因此,要加大对重大动物疫病的监测预警和应急反应工作力度,对疫情的发现与控制要及时与迅速,基于全球定位系统(GPS)和地理信息系统(GIS)技术的迅速发展,以及空间数据直观表现形式和强大的分析功能,使得高致病性疫病的监测预警和应急反应工作得到良好的信息技术支持⑥。

---

　　① 曾丽云:《禽流感对我国餐饮业的影响及营销对策分析》,《商情》2013 年第 29 期。
　　② 张泉、王余丁、崔和瑞:《禽流感对中国经济产生的影响及启示》,《中国农学通报》2006 年第 3 期。
　　③ 高玉伟:《中国 H5N1 亚型禽流感的流行现状与防控策略》,《兽医导刊》2012 年第 2 期。
　　④ 孙玉红:《加强市场监管　有效防范禽流感》,《中国畜牧兽医文摘》2013 年第 7 期。
　　⑤ 易春东:《动物卫生监督执法工作中存在的问题及建议》,《中国畜牧兽医文摘》2014 年第 16 期。
　　⑥ 李长友:《GIS&GPS 技术在我国高致病性禽流感防控工作中的应用研究》,南京农业大学学位论文,2006 年。

（三）突发性公共危机事件下的社会群体行为研究

1. 突发性公共危机事件下的社会群体行为决策模式研究

我国学者对危机事件下的群体决策模式也进行了研究。国内学者借鉴国外有关外部冲击和内部传导的相互作用的危机分析理论,对 SRAS 危机做过实证研究,刻画了用一个信号函数去识别 SARS 外部冲击对中国经济影响的内部传导作用。[1] 但是我国对于动物疫情公共危机下的社会群体行为的研究并不深入。黄泽颖、王泽民[2]认为,养殖者、消费者、畜牧产业和国际贸易等都是动物疫病防控的相关的利益主体,其中,动物疫病的影响一定是最先波及养殖者的生产活动,且所受的经济影响程度与养殖规模密切相关,养殖规模越大,所受影响就越大。徐快慧、刘永功[3]认为,动物疫病是整个畜牧产业链的劲敌,而畜牧产业链又是一个由生产者、消费者及其他相关主体所构成的复杂结构,由于各主体受自身利益的驱使,风险与责任难以落实,导致疫病的大肆传播。罗丽、刘芳等[4]人基于对生产者、消费者、政府这三个利益主体之间关系的研究,发现生产者为了降低生产成本,不会主动对动物疫病进行控制,所以要看到三个主体之间是否相互影响,要发挥消费者以及政府对其的监督作用,督促生产者自发、主动地进行疫病防控。王长江、黄保续[5]在研究疫病防控机制中提到了兽医这一利益相关者,动物疫病的有效治疗与控制与兽医的努力是离不开的,因此进一步对兽医进行培训,不但能够推动兽医行业的发

---

① 胡鞍钢:《再论如何正确认识 SARS 危机》,《清华大学学报(哲学社科版)》2003 年第 4 期。

② 黄泽颖、王济民:《动物疫病经济影响的研究进展》,《中国农业科技导报》2017 年第 2 期。

③ 徐快慧、刘永功:《产业链视角下多利益主体参与的动物疫病防控机制研究》,《中国畜牧》2012 年第 10 期。

④ 罗丽、刘芳、何忠危:《重大动物疫病公共危机下养殖户的动物疫病防控行为研究》,《世界农业》2016 年第 2 期。

⑤ 王长江、黄保续:《建立长效机制有效防控重大动物疫病——论重大疫病的科学防控问题》,《中国动物检疫》2010 年第 12 期。

展,也能更好地推动科学、健康的养殖理念,实现畜牧行业健康发展与经济增长的双赢局面。丘昌泰①认为,危机的解决一般不能仅仅依靠某单个人或某单个机构,而是需要多组织、多单位相互协作、共同配合,有效化解公共危机的重点在于"横向联系"。张成福等②提出了公共危机治理的系统思想,他认为政府作为公共危机治理的统筹协调者,通过有机的整体协调社会各组织力量,可以有效地处理各种危机。张小明同样表示,公共危机管理是对公共危机治理过程中所有涉及对象的管理,主体包括政府部门、企业和非政府公共部门等公共和私人部门,公民也被包括在内。杨雪冬③提出风险"复合治理"的概念,他认为公共危机治理对象由多个主体"复合"而成,这些主体不仅包括政府、企业等社会组织,还包括家庭和个人,此不能主观地将某类看似无关的人群排斥在治理过程之外。薛澜、张强、钟开斌④指出目前我国公共危机事件所表现出来的基本性质为非政治性,但也不能排除寻求某一社会利益集团局部利益的行为动机。麻宝斌和王郅强⑤对于危机常态化的特点,倡导"加强公共危机治理文化的宣传,引导各级领导,工作人员以及民众把危机意识加入政府执政活动中"。

2. 突发性公共危机事件下的社会群体行为决策影响因素研究

关于突发事件下的群体行为,孙多勇指出,突发事件下社会群体行为类似于羊群行为,并建立了基于模仿传染的羊群行为模型,认为羊群行为的形成主要取决于受到他人行为和群体行为结果的影响。向朝阳和王幼明⑥通过对我

---

① 丘昌泰:《灾难管理学:地震篇》,台北:元照出版社 2000 年版,第 67 页。

② 张成福、许文惠:《危机状态下的政府管理》,北京:中国人民大学出版社 1997 年版,第 120 页。

③ 杨雪冬:《2004. 全球化、风险社会与复合治理》,《马克思主义与现实》2004 年第 4 期。

④ 薛澜、张强、钟开斌:《危机管理》,北京:清华大学出版社 2003 年版。

⑤ 麻宝斌、王郅强:《政府危机管理:理论对策研究》,长春:吉林大学出版社 2008 年版,第 135 页。

⑥ 向朝阳、王幼明:《基于绩效管理的兽医机构管理质量评估体系构建》,《农业经济问题》2012 年第 8 期。

国兽医机构管理质量评估体系的研究提出影响绩效的因素有评估价值取向、评估主体、内容和评估体系等。徐丹等[1]人则通过对近年来绩效管理应用到重大动物疫病防控工作的主要做法和成效的分析提出绩效考核指标和考核结果的运用是影响绩效评估的重要因素。

（四）动物疫情公共危机防控研究

各国针对动物疫情的发展，在不同时期需要制定符合当时疫情发展状况的疫病防控策略，并且在各个策略中选择其中最优的一个。我国对动物疫情的经济影响的研究起步较晚，学者们对于动物疫情的研究大都集中在法规政策及管理等宏观层面上，用计量模型对其进行实证分析较为匮乏。于维军就动物疫情对我国畜产品贸易的影响进行了对策研究。赵海燕通过对2003年典型重大突发事件SARS危机的调研提出为了实现科学有效的危机处理，国家必须设立危机处理的绩效指标，建立一个全面、科学的公共卫生危机处理的绩效评估体系，从而提高我国公共卫生危机处理水平[2]。吴建勋认为对政府危机管理活动进行绩效评价的目的不仅仅在于奖惩，更重要的是为了考核地方政府应对突发事件的危机处理能力，更好地提高政府效能的水平[3]。胡百精则提出危机管理的绩效评估是我国问责机制的重要组成部分，强调一套完善的问责机制可以充分有效地发挥绩效评价的作用[4]。在这一基础上，政府需要引入和调动更为广泛的社会力量和资源，对公共危机进行协同治理。

---

① 徐丹、郭永祥、邓云波、张强、吕晓星：《绩效管理在重大动物疫病防控中的应用及效果》，《中国动物检疫》2014年第3期。

② 赵海燕、姚晖：《基于平衡计分卡的公共卫生危机管理绩效评估方案设计》，《学术交流》2007年第12期。

③ 吴建勋：《政府危机管理绩效评估：综述及拓展》，《改革》2007年第2期。

④ 胡百精：《中国危机管理报告》，广州：南方日报出版社2006年版，第136页。

从政府职能和体制建设的角度,王恕宝和廖康琼[1]在开展恩施动物疫情应急管理工作的启示中认为防疫经费的投入、应急物资的准备、应急队伍的建设、应急的依法处置等对动物疫病应急防控起着不可忽视的作用。田璞玉等认为当前政策不足以激励农户积极应对动物疫情。[2] 汪志红等[3]运用 Logistic 曲线模拟替代传统线性曲线分析城市应急能力发展过程,并运用该曲线对传统的线性隶属函数进行改进,提出了基于 Logistic 曲线的城市应急能力发展现状评价模型和城市应急能力可持续发展过程。运用该模型对广州市火灾应急能力进行实证分析。吉东[4]认为,要提高养殖户疫病防控的积极性,并利用推广养殖保险来提高养殖户抵抗风险的能力。曹光伟和吕宗德[5]认为,财政支持的力度直接影响疫病应急防控的物质效力,主张建立科学防控动物疫病的技术支持体系,建立稳定增长的经费投入机制,为动物疫病提供必要的物质措施,同时还应该进一步完善防控体系建设的评价机制。谢俊兰[6]认为,技术性水平不高严重制约着疫病控制,我国在这方面还没有统一的防控具体措施,防疫体系存在许多漏洞,缺少具体切实可行的操作体系,往往是"自己的地盘自己做主",各自为政,难以形成合力。

从具体措施的角度来看,李滋睿[7]认为疫病的发生呈现区域性,提出在我国建立和完善无规定动物疫病区追溯体系建设,划分洁净区、中度流行区、动物疫病较重区和严重区,来更好地管理和制定消灭净化疫病的方法,防止疫病

---

① 王恕宝、廖康琼:《恩施市动物疫情应急管理工作探讨》,《湖北畜牧兽医》2016 年第 7 期。

② 田璞玉、郑晶:《重大动物疫情防控中的信息不对称与激励相容政策——基于禽流感防控政策的数值模拟分析》,《农村经济》2022 年第 1 期。

③ 汪志红、王斌会、张衡:《基于 Logistic 曲线的城市应急能力评价研究》,《中国安全科学学报》2011 年第 3 期。

④ 吉东:《动物疫病管理之我见》,《经营管理者》2014 年第 9 期。

⑤ 曹光伟、吕宗德:《对动物疫病防控体系建设的建议》,《中国畜牧兽医文摘》2012 年第 4 期。

⑥ 谢俊兰:《动物疫病控制管理与可持续发展策略的探讨》,《吉林农业》2015 年第 5 期。

⑦ 李滋睿:《我国重大动物疫病区划研究》,《中国农业资源与区划》2010 年第 5 期。

扩散。史扬①认为,要建立一个以地方党委和领导为指导的重大动物疫情防控指挥体系,组织一支应急处置预备专业队伍,建立一个强大的群防群控的动物疫情防控体系,实现关于动物疫病应急防控体系的集中领导、统一指挥。黄金波和庄荐②认为,要做好动物疫病防控工作需要国家各级政府、兽医部门、动物疫病防控的工作人员的共同努力,还应强化应急培训及演练工作,强化动物疫病应急管理的理论分析,理清结构、突出重点,总结工作经验和教训。从SARS事件的突然暴发以及禽流感的传入,发现我国政府危机管理方面存在着重大缺失,所以,要求做到新闻舆论监督要更加开放;政府管理的法律法规政策保障体系要不断完善;常设的危机管理综合协调部门要建立起来③。禽流感危机的应对分为疫情治理阶段和防疫控制阶段两个阶段,而在应对过程中,涉及国家和农民的行为。国家要做到自上而下主导,农民做到自主空间的寻求④。禽流感流行史和种系发生学分析均证明了禽流感是人流感的根源,且禽流感病毒频繁感染人类,因此,应通过制定防御和控制禽流感的应急措施;免疫防御;加大流感监测力度;药物治疗与预防相结合等措施来应对⑤。禽流感危机不断蔓延,我国政府采取捕杀与免疫相结合的综合性防控策略,全面积极地落实与执行各项防控措施,不断加强和完善防控基础措施,加强在禽流感防控方面的能力,切实做到禽流感源头追踪机制与预警预测机制的健全,有效阻止禽流感的蔓延与扩散⑥。由于禽流感的高致病性,致使防控工作的形势十分严峻,主要采取预防为主,加强教育、管理、协同、领导与保障相结合

① 史扬:《重大动物疫病的应急防控措施初探》,《畜牧兽医科技信息》2015年第9期。
② 黄金波、庄荐:《动物疫病防控应急管理分析》,《当代畜牧》2013年第35期。
③ 库德华:《从SARS和禽流感事件看我国政府危机管理的发展》,《新疆社科论坛》2007年第1期。
④ 刘潇:《禽流感危机的治理和防控——以辽宁省黑山县S村为例》,《现代农业科技》2013年第8期。
⑤ 易学锋、罗会明:《禽流感危机及其应对策略》,《中华流行病学杂志》2004年第3期。
⑥ 李长友:《GIS&GPS技术在我国高致病性禽流感防控工作中的应用研究》,南京农业大学学位论文,2006年。

的工作方针①。崔淑娟等总结出建立并完善我国兽医管理体制及相应法律法规体系、防疫补偿机制、禽流感等重大疫病防控技术支撑体系。②。吴孜态提出，当暴发重大疫病时，要在尽可能短的时间内作出扑杀、封锁等科学决策，要及时扑灭疫病，也要将损失控制在合理的可接受的范围内③。张义提出，面对甲型 H1N1 流感疫情，应对禽流感疫情，应对防控工作的组织领导给予高度重视；加大资金投入，落实防控措施；为实现防控工作的信息资源共享，国际交流合作就少不了④。

三、现有研究文献简评

纵观国内外文献，虽然对突发事件下的社会群体有所研究，但是对重大动物疫情公共危机中的社会群体行为决策及危机应急政策研究的空间仍然较大。因此，本课题将在典型调查的基础上，通过实证方法提出社会群体决策模式的优化改进策略，提出基于社会群体行为决策的公共危机应急政策。研究对象方面，本课题将以重大动物疫情公共危机中社会群体行为决策的影响因素为变量标志，这一新的研究方法可以普遍应用到大多数重大动物疫病的公共危机应急管理中去，只要将任何重大动物疫情公共危机中社会群体行为决策的影响因素进行无量纲化处理即可。同时，本研究拟综合考虑各利益主体的利益诉求及其行为影响，从而研究应急公共政策体系创新。

---

① 何良元、董剩勇、马耀兵：《某部加强高致病性禽流感防控工作的做法》，《解放军预防医学杂志》2007 年第 2 期。

② 崔淑娟、孟冬梅、石伟先、黄芳、王全意：《美国禽流感防控体系的特点及对我国的启示》，《中国预防医学杂志》2012 年第 1 期。

③ 吴孜态：《高致病性禽流感防制技术措施经济学评价的计算机信息保障体系研究》，南京工业大学学位论文，2005 年。

④ 张义：《公共卫生事件中政府应急管理研究——基于吉林省甲型 H1N1 流感防控的实证分析》，吉林大学学位论文，2011 年。

第三节　研究内容与思路

一、研究内容

本书通过观察重大动物疫情公共危机状态下社会群体各利益主体的行为决策及其相互关系,在构建新型的公共危机治理结构中提出疫情防控、促进不同主体利益统一的重大动物疫情公共危机应急策略,以期达到公共危机管理综合效益最优的目标。

(一)重大动物疫情公共危机及应急政策的理论分析框架

本书展开研究的基本前提包括三方面的内容:界定重大动物疫情公共危机及社会群体行为的相关概念、明确重大动物疫情公共危机中不同的社会群体行为研究的意义,理解重大动物疫情公共危机中社会群体行为研究的方法论基础。

通过对重大动物疫情公共危机的初步研究,在系统收集和整理分析国内外有关重大动物疫情公共危机研究文献的基础上,对农村公共危机的内涵有了一个清晰的界定,解释了重大动物疫情公共危机的含义、社会群体决策模式、行为利益冲突的内涵等内容,揭示了动物疫情的发展现状及技术方法,运用社会冲突理论、行为决策理论、多属性决策理论和利益相关者理论等社会群体行为相关理论作为本书的理论分析工具,保证重大动物疫情公共危机防控工作的高效开展,提出优化重大动物疫情公共危机中社会群体行为的理论框架。

(二)重大动物疫情公共危机中各决策主体的行为及利益动机

通过对重大动物疫情的发展现状进行分析和总结,可以发现社会群体行为的产生离不开个体行为。社会群体本身就是各种自利主体的集合。本书将从个体之间的相互作用和联系中发现不同群体行为选择的内在机制,从社会群体各决策主体维护自身利益的角度展开决策行为研究。社会群体采取一种行动时,也即意味着取消了另外的行动。因此群体必然会将这种行动和其他行为相比,看该行为是否对自己有利。面对突发性动物疫情导致对食品安全失去信任、对市场供求平衡失去信心、对社会稳定产生恐慌的群体心理反应,深入研究消费者群体、政府、农户和媒体的"行为",在估计突发事件风险条件下,定量分析各决策主体的利益行为及其逐利动机,分析哪些因素导致决策主体做出竞争、协作、迁就、回避或折中的行为决策?通过 Probit 回归模型、通径模型、熵权–TOPSIS 法等方法,以影响各利益主体行为的内在因素和环境变量为自变量,行为决策结果作被解释变量,探求利益主体作出某个决策与不作出某决策的影响因素。

(三)重大动物疫情公共危机中各决策主体的利益博弈

面对重大动物疫情公共危机时,社会群体圈中的消费者、农户、媒体、政府等社会群体(本书重点分析四种决策主体),都会根据自己的利益诉求作出决策行为。本书应用利益博弈理论中的"十字弓模型"描述各决策主体的四方博弈行为决策导致了什么样的冲突结果,这些结果是提高了群体绩效还是降低了群体绩效?博弈分析从群体理论出发,以效用最大化为逻辑起点,并且均衡地形成所有博弈参与者效用最大化组合,但是均衡的结果并不是某个群体利益的绝对最大化,而是所有多元群体间相互均衡、相互妥协的相对最大化。而且在重复博弈基础上,博弈双方为了避免两败俱伤,必须通过合作方式来达成沟通。

(四)重大动物疫情公共危机中各群体行为决策优化模式

本书研究各决策主体的利益协调路径,构建社会群体公共绩效与各决策主体群体行为最优化配合的协调均衡模式。面对不同利益群体诉求,面对利益最大化期许,只有从群体利益出发,运用博弈思维来考量社会群体行为,从利益博弈视角来确定利益关系的合理性,采用综合的具体问题具体分析的方法进行利益上的价值判断,进而形成有效的"三大机制"策略,才可能使各方都找到利益均衡点。

二、基本研究思路

本书通过对突发性动物疫情公共危机演化过程中社会群体行为决策的观察,分析在当前农村公共危机防控过程中各社会群体决策主体利益诉求激励下,从利益动机层面上探讨各社会群体从利益角度出发应对重大动物疫情公共危机的行为决策及其影响因素;在微观、中观和宏观层面上,探讨重大动物疫情公共危机社会群体博弈行为,提出行为最优化防控策略(图1-2):

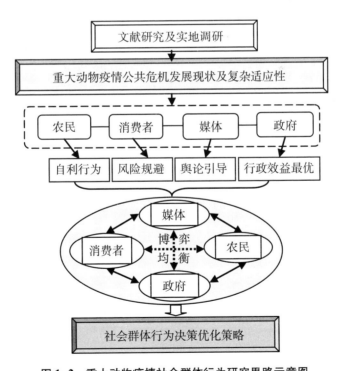

图1-2　重大动物疫情社会群体行为研究思路示意图
Figure 1-2 Research ideas of Major Animal Epidemics Social Groups Behavioral

第一阶段:开展基础性研究。查阅国内外与重大动物疫情演化及防控的相关资料,在此基础上,探究重大动物疫情防控中的社会群体行为及其基本概念,梳理相关的行为决策理论,为进一步的工作提供研究基石。

第二阶段:了解重大动物疫情防控复杂系统。疫情中的社会群体参与不是单个的群体发生作用,在外部社会环境下,群体之间会影响,导致不同群体采取的行为也会发生动态变化,这是一个复杂的系统,只能从系统论的角度来了解社会群体的行为决策,从复杂性视角来阐述重大动物疫情防控中社会群体行为决策的影响因素。本阶段主要任务是通过解读重大动物疫情防控的复杂适应性,为下文的研究提供科学依据。

第三阶段:剖析影响重大动物疫情社会群体行为决策的因素。本书将通过对突发性动物疫情公共危机中利益相关者行为决策的观察,以行为决策为分析框架,调查发现利益相关者的心理与行为反应规律。研究生产者(本课题以家禽为例,即家禽的初始生产群体)、直接消费者(家禽的消费群体)、媒体(传播消息者)、社会管理者群体(政府)等在内的行为决策及其相互影响关系,从而构建疫情公共危机演化过程中的利益相关者行为决策模式,并据此定量分析各决策主体的行为决策的影响因素及影响方式,为制定相关的应急公共政策提供实证分析支撑。

第四阶段:归纳总结及展望。本部分主要是在前文详细论证分析的基础上,得出对重大动物疫情防控的社会群体行为决策的优化策略,并提出研究展望。

第二章　重大动物疫情中社会群体
行为及复杂性分析

任何群体都具有执行某项任务(或者多个不同任务)的功能,这些任务有时不能由个体独立完成①,必须由群体共同完成。重大动物疫情公共危机是一个复杂系统,其中的每个群体都各自发挥着作用,社会群体的行为决策在一定程度上会影响到重大动物疫情的发展,也因为其自身的复杂性会相互影响。对重大动物疫情公共危机中社会群体的概念边界加以界定,对所适用的理论知识加以研究,并从重大动物疫情的发展现状来探讨社会群体行为的复杂特征,可以深入了解社会群体行为决策。

第一节　动物疫情公共危机中群体
行为概念边界

一、危机与公共危机

随着全球危机的加剧,许多西方学者转而研究"危机",并从不同的角度

---

① SIMONTON,D.K.(2004) "Group artistic creativity:Creative clusters and cinematic success in feature films".*Journal of Applied Social Psychology*,34,1494–1520.

对其进行了界定。Rosenthal Uriel 将危机描述为一种事件,它对社会系统的基本价值观和行为准则构成严重威胁,必须在短时间内和不确定性的压力下做出关键决策①。Seeger 将危机视为一个特殊的、不可预测的、非常规的事件或一系列事件,这些事件会造成高度的不确定性和威胁②。Hermann 认为,危机是形势的一种状态,决策机构的根本目标受到威胁,决策前的反应时间非常有限,其发生超出了决策机构的预期③。"危机"一词,虽然国内有不少定义,但对其规范性意义的讨论却不多,主要是借用国外学者对"危机"的定义。从社会冲突的角度来看,许文惠、张成福④认为,危机是任何社会系统或子系统为达到不同的目标和利益形成的公开冲突。刘刚将危机定义为一种突然事件,它威胁到组织基本目标的实现,并要求组织在很短的时间内作出关键的决定和紧急响应⑤。刘长敏认为,危机通常是指决策者的核心价值受到严重的威胁或挑战,决策者的相关信息不足,事件具有高度不确定性,需要快速决策⑥。李飞星、陈万灵认为,危机的表现主要有三种:一是纯粹自然引发的社会危机,如没有人为原因的森林火灾对城镇和村庄的破坏;二是人为造成的自然灾害,造成自然生态系统的不平衡,如生态系统破坏造成的洪水、干旱、沙漠化等;三是基于利益或意识形态的冲突,由不和平、不正常的、巨大的社会动荡和犯罪行为引起的冲突,如民族冲突、群体斗争、宗教冲突等⑦。胡鞍钢将危机分为

① Rosenthal Uriel."Crisis Management and Institutional Resilience:An Editional Statement". *Journal of Contingencies and CrisisManagement*,Volume 4,Number:119–124.

② Seeger, M. W, Sellnow, TL&Ulmer, R. R. " Communications, organization, and crisis ". In Michael Roloff(Ed) ,*Communication Yearbook* 21(pp.230–275).Thousand Oaks,CA:SafePublications,1998:64.

③ Hermann.CharlesF, ed.*International Crisis:Insights from Behavioral Research*.NewYork:Free Press.1972:13.

④ 许文惠、张成福:《危机状态下的政府管理》,北京:中国人民大学出版社 1998 年版,第22 页。

⑤ 刘刚:《危机管理》,北京:中国经济出版社 2004 年版,第 3 页。

⑥ 刘长敏:《危机应对的全球视角——各国危机应对机制与实践比较研究》,北京:中国政法大学出版社 2004 年版,第 11 页。

⑦ 李飞星、陈万灵:《社会危机的经济学本质剖析》,《经济问题探索》2007 年第 5 期。

良性危机和恶性危机[1]。薛澜、张强、钟开斌认为,本质上讲,我国当前危机的主要性质是非政治性的,危机的主要目的在于维护社会公民的利益,关注弱势群体,寻求社会平等[2]。

对于公共危机,没有统一的定义。比较分析"公共危机"和"一般危机",张小明[3]认为两者的概念是不同的:"公共危机"是一个专业术语,相较于"一般危机"而言,具有广泛的影响,对社会制度的基本价值和行为准则构成严重威胁,主要是要求政府部门,在时间压力和不确定性条件下制定关键性决策的事件。张成福认为,公共危机是由社会经济内部运行的不确定性和由此产生的危机所造成的。或者是这样的突发事件,其发生和暴发严重影响人民生命、财产、环境整个系统正常运行,对社会的安定造成威胁和损害。国务院发布的《国家突发公共事件总体应急预案》将公共危机定义为突然发生,造成或可能造成重大人员伤亡、财产损失、生态破坏和严重危害社会安全的突发紧急事件。

公共危机事件有多种分类方法。根据危机的原因,可以分为自然灾害和人为灾害;根据危机发展和结束的速度,可分为龙卷风类型危机、腹泻型危机、长投影型和温和型危机(Rosenthal,2001)[4];根据危机场景主体的态度,可分为一致性和冲突两类(Stallings & Schepart,1990)[5];根据危机发生涉及的地域范围可分为区域危机、国家危机、全球危机;根据危机发生涉及的领域范畴,可以分为政治危机、经济危机、民族危机和宗教危机;根据危机的性质和复杂程度,可以分为结构良好的危机和结构不佳的危机[6];根据危机能否预测,可分

①　胡鞍钢:《如何正确认识 SARS 危机》,《国情报告 SARS 专刊》2003 年第 9 期。
②　薛澜、张强、钟开斌:《危机管理》,北京:清华大学出版社 2003 年版。
③　张小明:《从 SARS 事件看公共部门危机管理机制设计》,《北京科技大学学报(社会科学版)》2003 年第 3 期。
④　密苏里新闻学院写作组:《新闻写作教程》,北京:新华出版社 1986 年版,第 178—181 页。
⑤　李良荣:《新闻学概论》,上海:复旦大学出版社 2001 年版,第 261 页。
⑥　李磊:《外国新闻史教程》,北京:中国广播电视出版社 2001 年版,第 248—251 页。

为可预测的和不可预测的危机。除此之外,在危机管理领域,很多研究将危机划分为自然灾害、技术灾难、冲突危机和公共卫生危机等①。本书主要以公共卫生危机中的动物疫情危机为研究对象。

二、农村公共危机

与城市相比,农村地区更容易受到各种自然灾害、传染病、家畜疫情、生态危机和群体性事件的影响。自然灾害和突发公共卫生事件的绝大部分受灾地区都在农村,受灾群众大多是农民。虽然国内学者对危机的定义比较明确,但对农村公共危机的定义显然并不多。唐正繁认为,农村公共危机是严重危害农村社会安全、政治稳定和经济可持续发展的突发紧急事件,其危害在于对人们基本价值观和道德造成不好的影响②。李燕凌等认为,从本质上讲,农村公共危机最根本的原因是公共产品供给与需求的不平衡,农村公共危机可以辐射到农村社会经济和文化的各个方面,甚至威胁到国家的稳定③。笔者认为,农村公共危机主要存在资源环境、农产品质量、人口、公共卫生、事故灾害、自然灾害、动物疫情等问题。也就是说农村公共安全涉及范围较广泛,问题较多,但农村地区的防控能力却十分薄弱。这不仅给农民群众的生命和财产造成了严重的损失,而且直接影响了农业和农村经济的发展。

三、重大动物疫情公共危机

公共卫生事件是公共危机的一个类型,也是指重大传染病的突然暴发,造成或可能造成公共卫生严重损害、群体不明性疾病、重大食品和职业中毒,以及其他严重影响公众卫生健康的事件。在公共卫生事件中,重大动物疫情是

---

① 张成福:《公共危机管理理论与实务》,北京:中国人民大学出版社 2009 年版,第 6 页。
② 唐正繁:《我国农村群体性突发事件的政府危机管理》,《贵州社会科学》2007 年第 6 期。
③ 李燕凌、周先进、周长青:《对农村社会公共危机主要表现形式的研究》,《农业经济》2005 年第 2 期。

一个非常典型的事件。我国颁布的《动物防疫法》第10条,根据动物疫病对养殖业生产和人体健康的危害程度,将动物疫病分为三类,即一类疫病、二类疫病、三类疫病。动物疫情是指动物疫病发生、发展以及所引起的一系列后果的情形。动物疫病的发生引起动物疫情,但第一类动物疫病的发生并非一定引起重大动物疫情,而二、三类动物疫病的发生并非不可能引起重大动物疫情。

动物疫情是指高发病率或高致病性的动物疫病突然暴发、快速传播,如高致病性禽流感等,对动物养殖生产安全造成严重威胁,并可能对公共卫生和公众生命安全造成危害的情形。动物疫情具备以下特征:高发病率或高死亡率;突然发生;快速传播;对动物养殖业生产安全的严重威胁;可能对公共健康和生命安全造成危害;人畜共患。

本书认为,重大动物疫情是指动物疫病在广大的区域内连续发生、暴发流行或在广大的区域已经对公众身体健康与生命造成普遍危害的动物疫情。

四、群体

(一) 群体的定义与形成条件

古希腊哲学家亚里士多德在其著名的著作《政治》中说"人本质上是一种社会动物"。一个不能在社会中生活的人,或者他认为自己不需要,因此不参与社会生活的个体,不是野兽就是上帝。中国古代思想家荀子曾说过,"人之生不能无群"。马克思也指出:"对活的个体来说,生产的自然条件之一,就是他属于某一自然形成的社会,部落等等。"①与世隔绝的人是幻觉和抽象出来的人,所以他们实际上是不存在的人。人们总是生活在特定的社会群体中。

群体是指两个或两个以上的介于组织与个人之间的人们,为了实现共同的目标或利益,通过某些协同活动的方式,而联系在一起进行活动的人群。形成群体的必要条件:具有共同的目标和利益;具有符合群体目标的行为准则;

---

① 《马克思恩格斯选集》第2卷,北京:人民出版社2012年版,第744页。

成员之间对群体有认同和归属感,群体的组织结构、成员关系、执行任务都有明确的规定。

(二) 群体心理

所谓群体心理是指不同于其他群体的,一个特定群体成员之间在群体活动中共有的价值、态度以及行为方式总和。与个体心理相比,群体心理具有以下特点:群体共有性;群体界限性;过程性。

(三) 群体的功能和类型

群体具有组合、分工合作、教育与协调、平台与工具的结合以及能够满足个人多种需要的功能。在诸多的群体中,按照不同标准可以划分为以下类型。

大型群体与小型群体。根据群体成员之间联系的方式来划分群体的大小,小型群体是指成员之间联系方式是直接的、通过面对面接触的群体;大型群体是指成员之间通过群体的目标、各层组织机构等而相互联系的群体。

假设群体与实际群体。根据实际生活中是否真实存在而划分为假设群体和实际群体,凡是为了研究和分析的需要而划分出来的,而真实生活中并不存在的群体,就是假设群体或者统计群体。凡是群体成员之间存在真实的直接或间接接触的群体,就是实际群体。

实属群体与参照群体。根据个体是否真正参与和归属到群体中划分为实属群体和参照群体,个体受到群体的行为准则的约束,承担群体中所规定的任务和义务,享受群体的权利,与群体成员之间相互沟通合作,并且个体实际归属的群体就是实属群体。个体按照心理"向往"的群体的行为准则和价值观作为行动的参照,但个体并不一定是实际归属的群体就是参照群体。

正式群体与非正式群体。根据是否具有正式文件明文规定而划分正式群体和非正式群体,有正式文件明文规定的,有固定编制,有明确的职责分工与职务等级,有具体的权利义务关系的群体就是正式群体。没有正式文件明文规定,自发产生并自愿结合的,没有明确的群体规范、标准、价值观,也没有固定编制的群体就是非正式群体。

松散群体、联合群体与集体。松散群体是指群体成员之间没有共同的目标和活动内容,只在空间上和时间上结成群体。联合群体是指群体发展的中间阶段,群体成员间有着共同活动的目的,但这种共同活动都只有个人意义。集体是群体发展的高级阶段,指集体成员结合在一起共同活动,具有高水平的整合能力和高度组织能力,不仅对每个成员有个人意义,而且有广泛的社会意义。

五、社会群体行为决策

由于群体决策问题的内在复杂性、跨学科性,以及研究人员的不同视角,产生了不同的群体决策模型,因此,社会群体行为决策没有一个被广泛接受的统一定义。1948 年 Black 首先提出群体决策这一术语,即把由两个或两个以上个体组成的集合所作出的决策称为群体决策①。1975 年,Bacharach 和 Keeney 首次将群体决策定义为一个明确的概念。Bacharach 把群体决策定义为"协调不同智力水平和行为特征关于某个具体行动方案意见的行为"②。Keeney 在其基础上将群体决策的目标定义为"尽可能消除个体之间的不公平"③。根据学者 Hwang 的说法,群体决策是一种统一的或折中的群体偏好顺序,它将不同成员的偏好按照一定的规则集合到决策群体中④。这一定义更多地体现了规范性群体决策的一些特征,即需要为决策者制定公平的规则,以集合个人决策者的偏好。Luce 和 Raiffa 认为,群体决策的问题在于定义一个"公平"的方法来实现个人的

---

① Black D. 1948. "On the rationale of group decision‑making". *The Journal of Political Economy*, 56(1):23–34.

② Bacharach M.1975. "Group decision in the face of differences of opinion". *Management Science*, 22(2):182–191.

③ Keeney R L, Kirkwood C.W.1975. "Group decision making using cardinal social welfare functions". *Management Science*, 22(4):430–437.

④ Hwang C L, Lin M. L. *Group decision making under multiple criteria*. New York: springer‑verlag, 1987.

选择,从而达到社会决策,而重点是建立方法的公平性①。国内学者邱菀华认为,群体决策是研究有多少人作出统一而有效的选择②。陈珽认为,群体决策是由各群体代表的意见集合形成的意见③。李怀祖认为,群体决策是研究小组如何合作作出一个共同的行动选择,集中讨论决策如何配合行动的过程④。通常,这种联合行动是复杂的,可以在有限的竞争中合作。综上,社会群体行为决策是某一群体依赖于群体共同利益所作出的倾向性的选择。

本书中,社会群体行为决策主要包括农民、消费者、媒体和政府四大群体的行为决策。其中,农民的行为动机通常来源于个人利益,"自利行为"是该群体的主要决策,它实际上是"机会成本"的表现,就是有竞争力的或者有利益的行为会被考虑并采纳。消费者的行为动机来源于对风险的考量,"风险规避"行为是该群体的主要决策,通过有计划地变更来消除风险或风险发生的条件,保护自身免受损失或者影响。媒体的行为动机是对舆论的方向把握,"舆论引导"是该群体的主要决策,媒体可以运用舆论引导公众的意向,从而控制公众行为,使公众遵从社会管理者制定的路线、方针等政策。政府的行为动机是社会管理和社会稳定,"行政效益"是政府官员在一定的行政活动中所行使的服务工作的效果。

第二节 动物疫情公共危机群体行为决策的方法论分析

一、复杂适应系统理论

当前的动物疫情公共危机防控虽然通常是由政府为主导性控制力量,但

---

① Luce R D,Howard Raiffa.*Games and Decision*.New York John Wile & Sons Inc,1957.

② 邱菀华:《管理决策与应用熵学》,北京:机械工业出版社 2001 年版。

③ 陈珽:《决策分析》,北京:科学出版社 1987 年版。

④ 李怀祖:《决策理论导引》,北京:机械工业出版社 1993 年版。

它并不是一个简单的、可以单一控制的系统。由于该系统涉及不同多元群体的利益，同时也由于动物疫情本身的特性，因此造就了重大动物疫情防控的复杂性。社会上所有主体都是在某一特定时空条件下基于某些条件而联系和相互作用的，不存在完全的独立和静止的事物，独立和静止是相对的，但是联系和运动是绝对的。在社会中，各主体之间相互联系并且相互作用所形成的一个整体就是系统。若是在这一系统中，组成主体较多且相互之间关系复杂，便可以将该系统认为是复杂系统。本书中，农民—消费者—媒体—政府各主体在动物疫情的环境中组成了一个复杂系统。

一般来说，学术界将系统按照其规模和子系统之间关系的复杂程度，将规模大且子系统关系较为复杂的称为复杂系统；而规模较小且子系统之间关系比较简单的称为简单系统。同时学者们根据对复杂系统的研究，在复杂系统的基础上提出了巨系统和复杂巨系统的概念与理论。复杂系统理论的发现是系统科学研究领域的一个重大进展，深刻地揭示了人类对社会认识的意义。

复杂系统的研究已经成为目前系统科学研究中的前沿课题，众多科学家们根据自身原有知识体系的基础对复杂系统的定义进行了不同方面的界定。一些学者认为，复杂系统是子系统较多且存在一定的层次关系的系统；而另一些学者则认为，复杂系统是具有多样性且耦合度较高的系统。根据学者们对于复杂系统的研究进行分析，发现复杂系统具有复杂性，并且各个子系统之间存在较强的耦合性，同时该系统的线性较弱，难以线性化描述，也具有极高的不确定性和实时变化性。一般来说，复杂系统具有以下特征。

①由众多子系统构成复杂系统，规模较大。各个子系统之间的关系广泛并且紧密联系，同时也具有网格化的特征。任意一个子系统中的某一单元发生变化都会引起其他单元随之改变，同时在一定程度上也会受到其他单位变化的影响。

②复杂系统一般呈现出非线性，线性系统的描述原理对复杂系统不适合。复杂系统的内外部各要素之间联系众多且关系复杂，复杂系统中各要素的表

现通常是多样性的,可以是静止的,也可以是周期性的,甚至可以是混沌的或完全不稳定的。

③复杂系统也具有动态性,其会随着时间的变化不断地发展变化,并且系统对于未来的发展变化会有自身的预测。

④复杂系统由于其环境的关系具有一定的开放性,系统可以与环境之间产生相互的作用和影响,并且通过不断地自我调整以达到更好适应环境发展变化的状态。

⑤由于复杂系统本身具有非线性特征,又存在许多不确定因素的影响和人为因素的推动,通常对复杂系统的认识和其内涵的掌握是不够完全的。

(一)适应性的三要素

一个复杂系统的演化有许多原因:随机的事件,"通过涨落而有序",不可预期的行动反弹,行为规则的改变,控制者系统的指令信息的作用,等等。如果系统演化过程中的行动反弹、行为规则的变化等发展趋势相较于原来的形势有所进步,则称之为进化。如果这种进化是由环境引起的,我们称之为适应。当某一个系统能够通过内部结构形式与行为方式的变化来适应环境的变化时,则可以称该系统具有适应性。一个系统何以具有适应性变化的能力呢?它必须具有多样性的变异,并有能力保存这样的变异。而环境何以能引起系统相应的变化呢?这是因为它能对系统的变异进行选择。基于达尔文的进化论,适应性可以称作是"自发的多样性变异和选择的保存"的达尔文基本原理的另一种描述①。基于达尔文的进化论,可以将适应或适应性用如下公式进行表示:

适应=多样性变异+遗传性保存+环境性的选择

对于适应性的这几个要素,可分别解释如下。

---

① D. T. Campbell, "Evolutionary Epistemology". In P. A. Schilpp. (ed.) *The philosophy of Karl Popper*. The Library of Living Philosophers. 1974:421.

多样性变异。多样性指的是系统中各群体的多样性,各要素在结构形式和行为性状等方面存在的差异。系统中各主体行为决策类型越多,系统内包含适应性环境的种类就越多,那么各主体、各要素进化的可能性就越大。而各个个体之间结构功能与性状行为的差异性越大,其本身的变异性越多,就越能减轻环境变化带来的干扰,进而被环境所选择的可能性就越高。例如,单一农作物耕作制度最容易发生病虫害和其他歉收灾难,而多种经营最容易适应环境。艾什比就多样性定理曾经提出系统需要足够的多样性,才能对付外来干扰从而适应与控制环境。复杂适应系统理论则从系统论视角说明,如果系统内部可以产生多样性和变异性,那么作为复杂适应系统的适应性主体也可以通过对环境进行建模预测而具有多样性的适应能力。

遗传性保存。遗传性保存指的是复杂适应系统使能够适应环境的变异个体或是突变个体保存下来从而传播出去。从生物学角度,对于物种而言,这是一个遗传机制;对于生物大分子而言,则是一个复制机制。而从社会学角度出发,则是通过"文化基因"来实现保存和传播的。人类的语言学习、文化传统的传承、科学的规律、法律和制度等都是作为遗传机制存在的。如果说,多样性变异的个体是一个空间多样性,则遗传便是一个时间上持续性的形式,在进化的算法中,就是一个个时步的迭代计算问题。

环境的选择。如果我们生活在一个有无限资源的世界里,所有的有机体和复杂系统都有机会复制、再生自己的同类,可以说这就意味着生命以及其他复杂系统历史的终结,因为世界就不可能有进化。正是世界的资源有限,不同种类的生命有机体、行动主体、复杂系统都不能复制自己,因此,不可避免地存在着环境的选择以及"最适者生存"问题。"最适者生存"这个命题,在生物学史中常常受到非议。有学者认为,这个命题是"同义语"的反复,等价于"生存者生存"。"适者生存"确实是"能繁殖者生存"的意思,不能独立于复制能力、繁殖能力这个意思来列举"最适者"的特征。

下面从生存能力的比较意义来给适应性下一个定量的定义。所谓适应性,就是一个复杂系统的生存概率,用适合度 $F(x_i)$ 来衡量,这里 x_i 表示第 i 种行动者 x 的变异体,这里:

$$F(x_i) = \sum_{j=1}^{n} P(x_j \rightarrow x_i)\Delta t_i - \sum_{i=1}^{n} P(x_i \rightarrow x_j)\Delta t_i$$

其中 $i,j \in \{1,2,\cdots,n\}$,n 表示行动者个体变异的多样性数目,$P(x_j \rightarrow x_i)$ 为 x_j 转变为 x_i 的概率,即有限的资源因 x_j 的数量缩减而转移到 x_i,导致 x_i 的增加的概率;$P(x_i \rightarrow x_j)$ 为 x_i 转变为 x_j 概率。Δt_i 表示 x_i 的平均寿命。这个公式是 F.海里津创立的[1],右边第二项和 Δt_i 是源于 M.艾根的超循环理论中的"选择动力学",但是海里津对其做出适用于"适者生存"理论的修正和补充[2]。

不过这个是对适应性或环境适合度的测量,本质上还是用该变异种群的存活和繁殖率来做的总体测量。

所谓选择指的就是复杂系统中的变异个体或突现个体在环境变化的压力下缩减的一个过程,在这个过程中会淘汰一些不适应新变化环境的系统变异个体或突现个体。系统自组织与系统共同发展的原理与达尔文的这一"适者生存,不适者淘汰"的原理是相辅相成的。

(二)适应性行动主体

适应性行动主体指的是,处在系统某一个层次内的主体会对这一层次中与自己以及和自己有关的信息进行搜集,然后对于这些信息进行自己需要的加工和处理,并且向环境输出已经处理过的信息,从而达到适应环境的目的。

1.适应性行动主体的基本特征

在圣菲研究所中,盖尔曼比较集中地研究了适应性行动主体的概念,总结了适应性行动主体的基本特征[3]。主要有以下几点:

---

① F.Heylighen, "Definition of Fitness". (1996) http://pespmcl.vub.ac.be/FITTRANS.html.

② M.艾根、P.舒斯特尔:《超循环论》,上海:上海译文出版社 1990 年版,第 24 页。

③ M.盖尔曼:《夸克与美洲豹——简单性和复杂性的奇遇》,长沙:湖南科技出版社 2001 年版,第 24 页。

①适应性主体原有的经验可以当成一个数据集,一般来说是从输入到输出的完整数据,其输入数据包括系统原有的行为,而输出一般包括各主体对系统的效应。

②系统会在原有的经验中寻找出某些存在一定规律的种类,即便有时捕捉不到某些规律,或者将某些随机特征看做规律。没有被捕捉到的信息则都被当做没有规律的随机信息来处理,这些信息一般来说都是随机的。

③适应性主体的经验不仅仅是在查阅表中被记录,并且其被捕捉到的规律性会被压缩为图式。而不同种类的突现个体会引起环境中竞争者的诸多图式,每一种图式都会以各自特有的方式提供描述、语言及行为指令的组合。各种各样的图式可能会提供一些从来未曾出现过的东西,所以经验难以从内插与外推中延伸而来,往往都是从比较成熟的经验中进行扩展而来的。

④在现实社会中,图式获得的结果进行反馈,会影响到它在其他竞争图式中的地位①。

2.适应性主体及其聚集

霍兰认为 CAS 是由大量的具有主动性的元素组成②。他借用了计算机科学和经济学中"行动主体"(agent)一词说明具有主动性的元素,称之为"适应性行动主体"。因此,霍兰将复杂适应系统当成是由描述出的规则、各适应性主体相互作用的系统。适应性主体在发展过程中会存在聚集行为,也就是不同的适应性主体相互之间进行结合,并且相互作用从而变成具有突现性质的元行动者。通常较为简单的适应性主体的聚集行为,往往能突现出更为复杂的大尺度行为,这就可以称为聚集行为。

例如,蚂蚁聚集产生蚁巢群体,它有自己的聚集行为;个体聚合产生社团、

---

① G.Gowan&et.al(eds):*Complexity:Metaphor,Models and Reality.SF*1 *studies in the sciences of complexity*.Proc.Vol six,Addison-wesely,1994:18.

② 约翰·H.霍兰:《隐秩序:适应性造就复杂性》,上海:上海教育科技出版社 2000 年版,第12 页。

社会,它有自己的社会性行为;聚集的特点就是有"壮观的突现现象"。

另一个典型的例证是生态系统,它包含众多不同物种的生物体,这些生物体就是适应性主体。在和它们共享的自然环境相互作用的同时,竞争着或者协作着,呈现出绚烂多彩的相互作用及其后果,如共生、寄生、拟态等。在复杂的生态系统中,物质能量和信息等结合在一起,再次应验了"整体大于部分之和"。

3.非线性与流

适应性主体在产生聚集行为的过程中,其相互作用是非线性的,所以聚集行为难以从各个孤立的单个主体行为进行加总得出。适应性主体所在的系统和其环境、整体主体和部分主体、部分主体之间都存在着相互依存或相互适应的关系,但是这里的适应不是线性的、简单的因果关系,更多的是各主体之间非线性、多重反馈的因果关系,从而形成一种不可预测的复杂性。霍兰说:"非线性相互作用使我们无法为聚集反应找到一个统一的、适用的聚集反应率";"非线性相互作用几乎使聚集行为比人们用求和或求平均方法预期的要复杂得多,这一点是普遍成立的"[①]。

可是相互作用的实质是什么呢?根据现代自然科学和社会科学的研究成果,相互作用实质上是通过物质之间、能力之间及信息之间的交换和流通实现的,电磁相互作用是通过虚光子的交换实现的,中枢神经系统通过神经元之间的脉冲来传递信息,生物有机体的遗传与进化是通过传递基因与交换基因片段而实现的。因此,复杂适应系统中存在流,相互作用可以用"流"的语言来加以表达。

流有三个要素:(1)节点(n):它是流的发出者和接受者,在 CAS 系统中,它就是行动者;(2)连接(c):它就是流的通道,也就是相互作用的连接,这种相互作用或通道,组成一个网络;(3)媒介物(s):也就是流通中的资源,包括

---

① 约翰·H.霍兰:《隐秩序:适应性造就复杂性》,上海:上海教育科技出版社 2000 年版,第22—23 页。

物流、能流、订货流、资金流、信息流等。

CAS 的流有三种效应:(1)变易效应:在复杂适应系统中各个行动者用于结节和连接的通道不是固定的,资源的走向也一样,都没有固定而是随着时间和适应性的变化而变化的,这叫做变易适应性。(2)乘数效应:资源或是媒介体在经过某一个节点之后会向附近的结节进行传播,这样就会形成一个乘数的总效应。这一法则的缘起是"投资的增加将会引起扩大的或数倍的 GNP 的增加",这是由宏观经济学家凯恩斯提出来的。(3)循环效应:当资源流通过各个必要的节点之后,会产生剩余,而剩余的资源在循环流通中就会产生资源的绝大效应。森林中的资源在冲入河流之前,如果被森林反复运用,便会使森林增加许许多多的昆虫或其他生物的物种。

4. 多样性

CAS 的另一个特征就是它的行动主体不仅是大量的,而且是多样性的。一个生态系统存在着上百万个物种,都处在相互作用的复杂网络中,哺乳动物的大脑都有着上亿个神经元,它们有着严密的分工并且根据不同的功能组成各种层次。每个主体所依存的环境对主体的结构、功能与作用都会产生很大的影响。从复杂适应系统中排除某一类型的行动主体时,系统内部就会随之做出一系列反应来适应这一变化,并且产生一个新类型的行动主体来填补原来的空缺,重新填充这一"生态位"。同时进化还会在系统内不断产生新的生态位,并且有新类型的行动主体来占据。

总体上说,是适应性造就了多样性。霍兰说:"在 CAS 中看到的多样性是不断适应的结果。每一次新的适应,都为进一步的相互作用和新的生态位开辟了可能性。"①只有对资源进行循环利用的系统才会一直繁殖下去,"这显然就是自然选择。它是一个通过增加再循环导致增加多样性的过程"。

5. 标识、内部模型、积木

CAS 中有三个基本的机制:标识(tagging)、内部模型(internal model)和积

① Holland,J.H.*Hidden Order*.Addison-Wesley Publishing Company,Inc.,1995:29.

木(building blocks)。标识可以看做是聚集行动或聚集的一种信源,例如军队集合在某一旗帜下,学术会议的聚集来自一份会议通知的标识。标识似乎是一种分类学的概念,标识会决定主体之间是否属于同一类,并且决定相互作用的主体。在一个生态系统中,如果所有的种、所有的个体之间都发生相互作用,这就是一种混沌无序,标识给出了一种限制,避免风马牛不相及,同时又给出了一种规定,哪些物种之间发生相互作用。标识的多样性反映了相互作用和流的多样性。标识主要是作用于信息交流。在过去对于系统的研究中,没有重视信息之间的交流在结构和组成系统进化中的作用,这是对复杂系统行为的研究难以深入下去的原因之一。鉴于此,霍兰强调,"在聚集体形成过程中,始终有一种机制在起作用,这就是标识";"标识是为了聚集和形成边界而普遍存在的一个机制";"标识能够促进选择性相互作用","使元行动主体和组织结构得以实现,即使在其各部分不断变化的同时它们仍能维持,总之,标识是隐含在 CAS 中具有共性的层次组织机构背后的机制"①。

霍兰的内部模型是指从川流不息的输入中剔除细节、保持基本行为规则而形成的模式,并进而转变形成一种内部结构,预见或预言未来,从而增强它的生存机会。霍兰说:"我用'内部模型'一词代表实现预知的机制";"主体必须在它所收到的大量涌入的输入中挑选模式,然后将这些模式转化成内部结构的变化"。细菌的基因,哺乳动物的神经系统内部模式都是模型;人脑在下棋时设计的步骤规则也是内部模型。大体来说,内部模型就是行动者能预见未来的行为规则。

积木指的是行动主体用以组成内部模型的一些具有进化特征的可以重复使用的部件。像一个计算机系统由许多功能块组成一样,从本体论上讲,一个复杂系统的组成构件叫做积木,它显然有层次结构。夸克的组合产生核子,即下一层积木,……结果就是夸克/核子/原子/分子/细胞器/细胞……但是更重

---

① Holland,J.H.*Hidden Order*.Addison-Wesley Publishing Company,Inc.,1995:15.

要的是,从认识论上说,积木是认识世界规律的工具,各种行为规则组成积木,建构行动者的模型,这就是积木基于复杂适应系统最基本的意义。霍兰表示,通过积木形成复杂系统的内部模型,是 CAS 一个较为普遍的特征。积木机制可以作用于等级层次分析、多功能分析及技术创新中。

6.复杂适应系统的生成

CAS 生成的起点是环境中已经出现大量适应性行动者,由他们来生成系统。达尔文最早把适应性提升为科学概念,但在他的理论体系中,适应性完全归结于偶然突变,无法以科学方法来把握。控制论把适应性引入系统科学,但给出的描述近乎是确定论的。圣塔菲学派对适应性的描述介乎二者之间,把适应性行动者设定为系统的基层组分,它们具有主动性,能够通过学习而进化。所以,CAS 理论更适于描述生命以上层次系统的生成和演化,包括热带雨林、生物多样性、人体免疫系统、神经系统、都市系统等。

CAS 的生成首先是行动者的聚集过程,或者说聚集是 CAS 生成的重要机制,通过行动者的聚集,从无到有地生成 CAS。但是有两种聚集过程:一类是事先有明确的聚集中心和评选规则,有组织者和被组织者,最终的系统完全按照组织者的组织指令聚集而成的;另一类是自组织的聚集过程,事先没有聚集中心,没有全局目标和指令,没有专门的评价选择者。CAS 理论研究的就是这种作为自组织的聚集。

CAS 是由自组织形成的,以著名的"柏德(boid)"为例来说明。这是一个以鸟类聚集成群体为原型制定的计算机模拟方案,一群类似小鸟的"柏德"被放置于到处是障碍物的封闭环境中,给每个柏德规定三条行动规则:(1)与障碍物及其他柏德保持最短距离以避免碰撞,给个体留下一定的活动空间;(2)尽量与邻近的柏德保持相同速度,以利于形成协同动作;(3)尽量朝邻近的柏德靠近。整个群体没有控制中心,三条规则都是局域性的,没有关于全体柏德聚集成一个群体的指令。第三条规则赋予柏德以聚集为取向,没有这一条就不会发生聚集行为,但也仅仅是朝邻近的柏德聚集,同样是局部性行为。然而,柏德群能够在自发的局域性的行动中逐步产生应变能力,通过局域性的聚集行为产生出聚集中心,最终聚集为一个群体。

圣塔菲学派强调组织和涌现,从个别行动者的适应性行动中涌现出 CAS 整体的适应性,从简单性中涌现出复杂性,从无组织的行动者群体中涌现出高度组织性的 CAS。CAS 整体的协调性、持存性、恒新性、不可预测性等,都不是单个行动者固有的,而是众多行动者通过聚集、整合、组织而涌现出来的,它们都不是物质粒子或元素固有的属性,而是整合的产物,是组织的属性,是涌现的结果。

圣塔菲学派显著地深化和发展了系统科学的概念体系,表明 CAS 的生成是一种动态过程。参与聚集的行动者,或聚集成功而成为 CAS 的一部分,或因失败而退出聚集过程,有的甚至走向消亡。系统生成是一种经受约束和限制的过程,存在约束是系统生成必不可少的条件,生成规则也就是约束规则,在没有约束和限制的环境中不可能有系统的生成,而约束和限制本身也是动态的。小聚集体会进一步聚集成为大聚集体,系统的层次结构,特别是 CAS 整体的内部模型都是动态地构建出来的,不断地改进和更新构建内部模型的积木,不断地重组积木。动态系统的各种机制、特性、规律,如稳定性、分叉等,在 CAS 的生成过程中都会反复发生作用。

二、社会冲突理论

社会冲突理论是以科塞、达伦道夫为代表,重点研究社会冲突的起因、形式、制约因素及影响,并针对结构功能主义理论的反思和对立物所提出的。结构功能主义强调的是社会的稳定和整合,代表社会学的保守派;社会冲突论是强调社会冲突对于社会巩固和发展的积极作用,代表社会学激进派。社会冲突理论在 20 世纪 60 年代后期流行于美国和西欧国家,在西方社会学界引起巨大反响,渗透到社会学各分支学科的经验研究中去,在政治社会学、组织社会学、种族关系、社会分层、集体行为、婚姻家庭等领域出现了大量以冲突概念为框架的论著,在当代社会学发展中有重大的影响。20世纪60年代,社会冲突理论越来越多地受到西方社会学家的关注,并成为他们分析社会变迁和进步的主要论据。

当代西方社会冲突理论主要有达伦道夫的"辩证冲突论"、柯林思的"冲突根源论"、李普塞特的"冲突一致论"、寇舍的"冲突功能论"以及刘易斯·科塞的冲突功能主义与"安全阀"理论。限于研究所限,本章主要论及科塞和达伦道夫的社会冲突理论。

(一)社会体系处于绝对不均衡状态,冲突是社会固有的特征

作为当代西方社会冲突理论主要代表人物的科塞在其《社会冲突的功能》一书中指出,冲突是价值观、信仰以及稀少的地位、权力和资源分配上的斗争,其中一方的目的是企图中和、伤害或消除另一方。科塞对"冲突"概念作了限制,并不泛指一切社会冲突。他对冲突概念所作的限定有三个方面的含义:第一,是指不涉及冲突双方关系的基础,不涉及冲突核心价值的对抗。例如在美国,从堕胎到核能、种类繁多的税收等问题上都存在冲突,但这些问题并不涉及核心价值,因而冲突不会威胁到社会结构。第二,是指社会系统内不同部分(如社会集团、社区、政党)之间的对抗,而不是指社会系统本身的基本矛盾,不是革命的变革。第三,是指制度化了的对抗,也即社会系统可容忍、可加以利用的对抗。科塞认为,社会体系内每一种成分、每一个部门都是彼此相关联的,在社会系统运转时,由于各个部门对社会系统的整合与适应程度不一致,会导致不同部门操作及运行方式和过程不协调,造成社会系统运行出现紧张、失调和利益冲突现象,整个社会体系处于绝对不均衡中,社会冲突是不可避免的,而且是社会运行中的常态。

社会冲突理论还认为冲突是社会的固有特征,群体之间的冲突具有促进各个群体内部成员之间凝聚力与整合度的积极作用,即可以通过调整社会秩序来缓解冲突,在冲突与缓解的互动中寻求发展,使社会保持一种动态平衡与

和谐。因此冲突既是社会稳定秩序的破坏力,也是社会发展的推动力,社会是在发展—冲突—再发展—再冲突的循环中不断曲折前进的。

(二)冲突对社会具有整合作用,形成社会安全阀机制

当代西方社会冲突理论认为,冲突一方面导致了社会不和谐,另一方面对社会起到了整合作用。刘易斯·科塞在《社会冲突的功能》一书中提出:群体之间的冲突有助于群体内的凝聚与整合;群体内部的冲突也有助于群体内部的凝聚和整合;冲突有助于群际关系的整合。当然,冲突的社会维持与整合功能是有条件的。它是通过人们与社会对冲突问题的关注,并从中找出解决问题的途径。而其中制度建设和规则的重建是解决冲突问题主要的、最根本性的途径和手段。

科塞提出了"社会安全阀机制"的概念,冲突具有"社会安全阀"的功能。"社会安全阀机制"是指社会中存在的一类制度或习俗,作为解决社会冲突的手段,能为社会或群体的成员提供某些正常渠道,将平时蓄积的敌对、不满情绪及个人间的怨恨予以宣泄和消除,从而在维护社会和群体的生存、维持既定的社会关系中,发挥"安全阀"一样的功能。科塞认为,冲突的"社会安全阀"功能好比锅炉上的"安全阀"一样,通过它可以使猛烈的蒸汽不断排泄出去,而不会破坏整个结构。"社会安全阀"功能主要体现在如下方面:一是社会减压,即减轻或缓解冲突双方的敌对情绪;二是社会报警,即向统治阶级或社会管理者显示民情;三是社会整合,即冲突使社会个体或社会群体一体化,形成合力;四是社会创新,即冲突扮演了激发器的角色,激发了新规范、规则和制度的创立。"安全阀"即提供人们用来释放对社会不满情绪的合法冲突机制,它在一定程度上可以起到转移矛盾的焦点,避免矛盾的积累的作用。

(三)冲突的积极功能

在传统西方社会学理论中,冲突通常都被视为消极的分裂的现象。相反,

科塞却看到了冲突的积极作用,并全面系统地研究了冲突的积极功能,亦即正功能。科塞在《社会冲突的功能》中写道:"我们所关心的是社会冲突的正功能,而不是它的反功能,也就是说,关心的是社会冲突增强特定社会关系或群体的适应和调适能力的结果,而不是降低这种能力的结果。社会冲突绝不仅仅是起分裂作用的消极因素;社会冲突可以在群体和其他人际关系中承担起一些决定性的功能……"①科塞认为,社会冲突是在一定条件下具有维护社会有机体或社会子系统的重要功能。科塞的社会冲突正功能论主要表现为以下几方面。

其一,冲突对社会以及群体具有内部整合功能。科塞认为,冲突对群体有聚合功能:冲突有助于建立和维持社会或群体身份和边界线。与外群体的冲突,可以对群体身份的建立和重新肯定作出贡献,并保持社会或群体与周围社会环境的界限。当群体间发生冲突时,可以促进群体内部的团结。这时,群体对内部的纠纷与分裂的容忍可能会减少,而对于遵从与一致的强调可能增强。群体的内部团结和整合程度随着对外群体的敌视和冲突程度的增加而增强;反之,当群体间没有冲突威胁时,群体内就可能减少凝聚力和一致性。

其二,冲突对社会与群体具有稳定的功能。科塞指出,"冲突可能有助于消除某种关系中的分裂因素并重建统一。在冲突能消除敌对者之间紧张关系的范围内,冲突具有安定的功能,并成为关系的整合因素。然而,并不是所有的冲突都对群体关系有积极功能,只有那些目标、价值观念、利益及相互关系赖以建立的基本条件不相矛盾的冲突才有积极功能。结构松散群体和开放社会由于允许冲突存在,这样就对那种危及基本意见一致的冲突形成保护层,从而把产生有核心价值观念的分歧的危险减少到最小限度。对立群体的相互依赖和这种社会内部冲突的交叉,有助于通过相互抵消而'把社会体系缝合起来',这样就阻止了沿着一条主要分裂线的崩溃。"这说明冲突对社会关系具有重新统一的功能。

---

① 科塞:《社会冲突的功能》,北京:华夏出版社 1989 年版。

其三,冲突对新群体与社会的形成具有促进功能。科塞认为,冲突可能导致先前毫无联系的双方之间的联合和联盟的产生;冲突可以使孤立的个体形成一个联合体,也可以使孤立的团体或联盟形成一定形式的大联合体。"斗争可以把其他方面毫无联系的个人和团体联系在一起。"

其四,冲突对新规范和制度的建立具有激发功能。科塞认为,冲突可能导致法律的修改和新条款的制定;新规则的应用会导致围绕这种新规则和法律的实施而产生新的制度结构的增长;冲突还可能导致竞争对手们和整个社区对本已潜伏着的规范和规则的自觉意识。总之,"作为规范改进和形成的激发器,冲突使与已经变化了的社会条件相对应的社会关系的调整成为可能。"

其五,冲突是一个社会中重要的平衡机制。科塞从三方面说明了冲突的平衡机制:第一,冲突创立和修改了那些对于双方都非常必要的公共规范;第二,冲突导致一定的力量均等的环境条件,每一方都宁愿对方具有同样的组织结构与技术状况;第三,冲突使相对权力的再评估成为可能,这样它作为一个平衡机制服务于社会,有助于社会的维持和巩固。

(四)运用疏导的方式来化解与消除社会冲突

在探索社会冲突产生的原因时,马克思、韦伯和齐美尔观点就不一致。马克思强调不平等,韦伯则强调合法性撤销,而齐美尔强调离心,他们的理论观点直接影响到后来的一些社会学家。达伦道夫认为,社会冲突源于对权力和权威等稀缺资源的争夺,源于权力分配。他直接将利益、潜在利益、外显利益和利益团体等概念引进其"辩证冲突论"中,指出人类社会的各种"强制性协调组合"中,由于拥有权威一方与失去权威一方利益差异的客观存在,使得社会冲突不可避免,只要具备一定的条件,利益冲突就会公开暴发。社会秩序是通过各种组织群体在社会权力关系体系中处于一定位置来维持的,因此各组织群体都要为此而竞争与搏斗,这是社会冲突与变迁的主要原因。科塞则把社会成员之间物质利益关系和非物质利益关系的失调看成社会冲突的重要原因。他认为,社会冲突的根源是多元的,权力、地位和资源的分配不均以及价值观念的差异均可成为冲突的基础,当过多的人要求得到有充足报酬的机会时,冲突就会发生。

那么如何化解与消除社会冲突?各学派均提出了不同的方法,但本质上都认为应该采用疏导的方式。达伦道夫认为,应对社团中的权威进行再分配来消除社会冲突。为了避免"严重冲突的集中暴发",必须对冲突的原因加以疏导,将冲突控制在较小规模内。因此,建立法治国家,构造公民社会,法律上、政治上人人平等,也就成为控制社会冲突的必要条件。科塞则认为任何社会系统在运行过程中都会产生敌对情绪,形成有可能破坏系统的压力,当这种敌对情绪超过系统的耐压能力时,就会导致系统的瓦解,因此就产生借助于可控制的、合法的和制度化的疏导机制,来释放社会紧张,消解社会冲突的需要。

社会冲突理论强调的公共冲突是一种社会化形态,动物疫情公共危机正是在经济发展过程中社会各方面矛盾累积和激化后的一种社会化形态。对于社会冲突的研究应重视其对于社会的功能,即正向作用。也就是说在动物疫情公共危机暴发之后,应该及时采取有效措施控制和解决这种社会冲突,促进冲突各方适应性,推动社会发展。

三、行为决策理论

自从卡尼曼(Kahneman)因"把来自心理学研究领域的综合洞察力应用在经济学当中,尤其是在不确定情况下的行为判断和决策方面做出了突出贡献"而获得2002年度诺贝尔经济学奖后,出现了不少有关行为决策在经济、金融领域应用而产生的"行为经济学"、"行为金融学"的介绍性文章,但关于"行为决策"本身的概念和研究发展的文献却较少,并且不同文献提到"行为决策"一词时,内涵和外延经常是不同的,容易使人混淆。因此,本书在对大量零散的文献资料进行梳理分析的基础上,首先以理性决策为参照对"行为决策"的概念、理论及其研究范式进行了比较分析,然后将行为决策的理论研究划分为三个阶段,并对每一阶段的研究重点进行介绍,让人们了解"行为决策"已经不仅仅是"研究决策者的直感判断过程或决策思维过程",而是在归纳直感判断过程所产生的行为特征或偏差的基础上,进一步研究含有行为变量的决策模型以替代传统的理性决策模型。这对人们利用行为决策的理论和方法解决实际问题极具现实意义。

(一)行为决策:一种决策方式

所谓决策,就是为了解决某种问题而从多种替代方案中选择一种行动方案的过程。人们在做决策时,有时会有意识地通过逻辑推理预测不同方案的可能后果,然后按照某种准则作出抉择;但有时也会凭直感进行抉择。这样从思维角度可以将决策分为两大类:理性决策和行为决策。李怀祖教授主编的《决策理论导引》中说:以左半脑逻辑思维为主的决策过程相应于理性决策,而以右半脑直觉思维为主的决策过程相应于行为决策[①]。由此可见,这里"行为决策"一词是指和"以逻辑思维为主的决策过程"相对应的一种决策思维过程,是一种实际存在的决策方式。

"决策分析"是 20 世纪 50 年代诞生于西方的核心的决策理论,它推崇并帮助人们进行理性决策,而东方传统的佛学则崇尚直觉思维,鼓励人们靠意念来进行行为决策。在实际管理中,这两种极端的情况都很少,绝大多数是这两种方式相互交替、共同起作用来完成决策的,不过根据问题性质和环境确定性程度的不同,这两种决策方式发挥作用的程度有所不同。比如发生在操作层面并有现成或常规解决方案的决策问题,往往以理性决策为主;而企事业单位的高层管理者所面对的新颖的、结构不清而涉及面广的复杂问题,则多以依赖直觉判断的行为决策为主。

---

① 李怀祖:《决策理论导引》,北京:机械工业出版社 1993 年版,第 7—11 页。

（二）行为决策，一种决策理论

从现代决策理论的发展过程和研究范式来看，决策理论分为两种：一种是理性决策（理论），另一种是行为决策（理论）。2002 年前占主导地位的是以期望效用理论为基础的理性决策理论方法，随着理性决策悖论的研究和行为经济学的兴起，行为决策的理论越来越引起人们的兴趣。

1.理性决策理论及其研究范式

从 20 世纪中叶冯诺曼−摩根斯坦提出效用理论和萨维奇提出贝叶斯决策理论之后，理性决策理论得到充分的发展。该理论的基本前提是：决策者是完全理性的——能够获得准确有用的信息并拥有无限的、可用于加工生成数据的资源，完全能够推导出对自己最优的选择。其目的是为决策者提供一套规则，以便在综合其偏好和对不确定前景信念的基础上，选择出满意的方案。理性决策理论的研究有三个特点：（1）以决策者的现状为分析基础，在此基础上清晰地显示决策者的推理过程并力求使全过程符合一致性原则；（2）对后果进行预测，并在预测的基础上按决策准则作出评价和抉择；（3）符合概率论的各种定律，运用严格的逻辑演绎和数学定量分析方法。

由此可见，理性决策理论是探讨"应该怎样做"的规范式研究的理论，它提供解决问题的程式化步骤。研究中主要采用以演绎法为特征的理论分析，其研究范式是从抽象的简单假设和公理出发，针对问题采用公理化逻辑推理方法，演绎出数学模型和结论。该理论的基础是数理统计和运筹学（见图 2−1 中 A）。另外，该理论把主要注意力放在决策问题的描述和具体的决策分析方法上，对决策者本身的认知局限性、经历以及情绪等心理因素对决策的影响讨论得较少。

2.行为决策理论及其研究范式

当理性决策研究方兴未艾之际，一些学者却从心理学角度加以审视，考察这些理论在行为中的真实性，人们的实际决策行为是否和冯诺曼−摩根斯坦及萨维奇的理论相符。如果不符,又有哪些原因? 这就引发了行为决策理论的研究。行为决策理论的研究也有三个特点:(1)出发点是决策者的行为,以实际调查为依据,对在不同环境中观察到的行为进行比较,然后归纳出结论。(2)研究集中在决策者的认知和主观心理过程,如人们在做决策时的动机、态度和期望等,而不是这些行为所完成的实际业绩。即关注决策行为背后的心理解释,而不是对决策正误的评价。(3)从认知心理学的角度,研究决策者在判断和选择中信息的处理机制及其所受的内外部环境的影响,进而提炼出理性决策理论所没有考虑到的行为变量,修正和完善理性决策模型。如Kahneman 在前景理论中所做的那样:用财富的变化量代替绝对量、决策权重代替概率,这比预期效用值理论更符合决策的实际[①]。

由此可见,行为决策是探讨"人们实际中是怎样决策"以及"为什么会这样决策"的描述性和解释性研究相结合的理论。研究中主要采用实证研究方法,其研究范式是先提出有关人们决策行为特征的假设,然后从实验、统计调查、访谈等方法中得到的现实资料来证实或证伪所提出的假设,从而得出结论。该理论的基础是心理学(见图 2-1 中 B),特别是认知心理学和社会心理学。

综上所述可知,理性决策理论假设人们是完全理性的,告诉人们应该采用怎样的逻辑步骤或模型去决策;而行为决策是通过实证的方法研究人们的实际决策过程,描述决策者真实的决策行为,从中归纳出行为特征并从认知和心理方面进行解释,提炼行为变量并改进理性决策模型。从决策理论发展过程看,先有理性决策,然后出现行为决策;但从研究内容的逻辑关系看,以描述性研究为主要特征的行为决策应该是规范性研究(理性决策)的先行阶段。

总之,目前行为决策研究的目的不再是证明或指责"理性决策"的不足,而是开始将人们在直觉决策中的行为特征融入理性决策模型之中,为决策者

---

① Kahneman D,Tversky A. "Prospect Theory:An Analysis of Decision under Risk". *Econometrica*,1979,47:263-291.

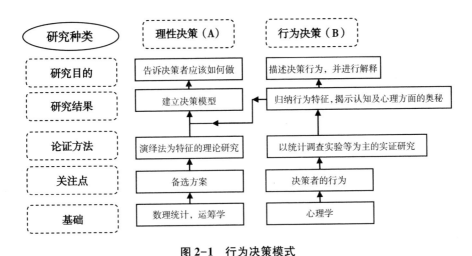

图 2-1　行为决策模式
Figure 2-1 Behavioral decision-making model

提供更有预测力的决策工具,为解释人们决策行为、解决实际问题提供了更加行之有效的理论依据和方法。

行为决策理论不仅可以用于描述消费者和企业管理者的决策行为,也可以用于描述公共决策中管理者的决策行为。行为决策理论深入分析了社会各群体在公共危机决策中的行为,构建了公共危机决策中各个群体行为的效用模型。为动物疫情公共危机的有关研究开启了一扇大门,为各群体在动物疫情公共危机事件中做出正确的决策提供了理论指导,为动物疫情公共危机事件应急管理方案的制订提供了心理学方面的依据。

四、多属性决策理论

多准则决策的起源可以追溯到 Pareto 在 1896 年提出的最优概念。直到 1951 年 Koopmans 才将有效点的观点引入决策[1]。同年,Kuhn 和 Tucker 介绍

---

① Koopmans T."Analysis of production as an efficient combination of activities".Koopmans T, ed.*Activity Analysis of Production and Allocations*, vol. volume 13 of *Cowles Comission Monograph*, 33-97. New York:John Wiley and Sons,1951.

了矢量优化的概念。在 20 世纪 60 年代的决策科学领域中引入了多准则决策作为一种规范性决策方法,由 Charnes 和 Cooper 对目标规划的研究[1]和 Roy 提出的电子方法进行了表征[2]。1972 年,Cochrane 和 Zeleny 主持的国际多准则决策会议被广泛认为是多准则决策的开端。

多准则决策是指在不能相互替代的多个标准下进行的决策,包括多目标决策和多属性决策这两个重要组成部分。多准则决策问题在日常生活中随处可见,其形式也在不断变化。通常认为决策对象是离散的、有限数量的多准则决策是多属性决策;决策对象是连续的、无限多的多准则决策是多目标决策。在实践中,这种分类可以很好地解决问题的两个方面:多属性决策方法适用于选择和评价问题,多目标决策适用于程序设计问题[3]。

多目标决策与方案的预先制定问题无关,但与设计问题密切相关。在各种约束条件下,最好的解决办法是找到一些可接受的量化水平,以更好地满足政策制定者的需要。多属性决策和多目标决策的明显区别在于,多目标决策预先制定的方案数量有限。满意度计划的最终解决方案与作出最终决定的属性的满意度相关。最终选择是比较和判断属性内和属性中后得出的值。

虽然多属性决策的研究只有半个世纪的历史,但作为决策科学的一个分支,多准则决策的研究有着悠久而深刻的历史背景。早期的研究涉及许多学科,如管理学、经济学、心理学、市场营销学、应用统计学、决策学等[4]。在不同的决策情况下,人们面临着多准则决策问题,每个决策问题都有自己独特的解决方法。例如:决策学中有最大值和最小值,先验概率,效用理论;经济学中有

①　Charnes A, Cooper W.*Management Models and Industrial Applications of Linear Programming*. New York:John Wiley and Sons,1961.

②　Roy B."Classementetchoix en presence de point de vue multiples:Le methodeelectre".*Revue Francaised' Informatique et de Recherche operationnelle*,1968.8(1):57-75.

③　Hwang C L, Yoon K. *Multiple Attribute Decision Making - Methods and Applications:A State-of-the the-Art Survey.*New York:Springer-Verlag,1981.

④　Stadler W."A survey of multicriteria optimization or the vector maximum problem".*Journal of Optimization Theory and Applications*,1979,29(1):1-52.

帕累托优化,冯·诺曼-摩根斯特恩效用,社会福利函数,成本效益分析;统计学中有多元回归统计,方差分析,因子分析;心理测量学中有综合测量法、多维量表法。这些方法的目的和动机主要是解释、合理化、理解或预测决策行为,而不是指导决策。如果用狭义的定义认为多属性决策方法是用来确定满意的方案,以便决策者对多属性的满意度是最大的决策方法,那么许多上述方法就不能直接计入这个定义范围里,但是这些方法是形成多属性决策发展的基础。

在 1957 年,Churchman、Ackoff 和 Arnoff 开始使用简单的加权方法来处理多属性决策问题[1]。1968 年,MacCrimmoon 继续研究了许多潜在的有用的概念和方法,以总结多属性决策方法和应用[2]。1973 年,他在文献中加入了更多的方法[3],并根据方法的结构、补偿性质、输入偏好等进行了分类[4]。MacCrimmoon 对多属性决策的理论和方法的回顾没有引起太多研究者的注意。多属性决策的研究仅在 MCDM 中进行[5],大多数研究都是关于多准则决策的。古典多属性决策的研究主要是在多属性效用理论和级别优先序理论的基础上进行的。1981 年,Hwang 和 Yoon 明确将多准则决策问题分为多属性决策和多目标决策,分别进行讨论和处理[6]。

①　Churchman C W, Ackoff R L, Arnoff E L. *Introduction to Operations Research*. New York: Wiley, 1957.

②　MacCrimmoon K R. *Decision making among multiple-attribute alternatives: A survey and consolidated approach*. RAND Memorandum RM-4823-ARPA, 1968.

③　Li X B, Reeves G R. "A multiple criteria approach to data envelopment analysis". *European Journal of Operational Research*, 1999, 115(3): 507-517.

④　MacCrimmoon K R. "An overview of multiple objective decision making". Cochrane J L, Zeleny M, eds. *Multiple Criteria Decision making*, 18-44. Columbia: University of South Carolina Press, 1973.

⑤　Nijkamp P. "Reflections on gravity and entropy models". *Regional Science and Urban Economics*, 1975, 5(2): 203-225.

⑥　Hwang C L, Yoon K. *Multiple Attribute Decision Making - Methods and Applications: A State-of-the-Art Survey*. New York: Springer-Verlag, 1981.

（一）多属性效用理论

多属性效用理论在20世纪70年代发展得非常迅速。它由简单的加权方法发展而来，并已发展为拟加权法和多线性效用函数形式。Fishburn[1]、Huber[2] 和 Farguhar[3] 为多属性效用理论撰写了全面深入的评论文章。Keeney 和 Raiffa 也发表了关于多属性效用理论的专著[4]。基于多属性效用理论的经典多属性决策模型可以概括如下。

在决策信息基础上，多属性效用理论的决策方法通常是基于属性权重归一化后的量化属性的评价值，通过决策方案的效用函数

$$U(A_i) = \sum_{j=1}^{n} W_j X_{ij}, i \in M$$

综合评价指标，然后根据 $U(A_i)$ 值体现出决策方案的好坏来进行决策。其中 X_{ij} 是属性值，用于将 X_{ij} 转换为有利属性并规范化，$U(A_i)$ 是决策方案 A_i 的效用函数。对于不同类型的决策问题，决策标准不尽相同：对于选择问题，选择最有效的决策方案；根据预先定义的不同的效用类别，对方案进行分类；对于排序问题，根据决策方案的效用大小排序；对描述问题，用效用的分析对决策方案进行评估。

（二）级别优先序理论

除了多属性效用理论外，多属性决策中另一个重要的研究轨迹是基于级

① Fishburn P C."Lexicographic orders, utilities and decisions rules: A Survey".*Management Science*, 1974, 20(11): 1442-1471.

② Huber G P."Methods for quantifying subjective probabilities and multi-attriuteutiltities".*Decision Science*, 1974, 5(3): 430-458.

③ Farguhar P H."A survey of multiattribute utility theory and applications".Starr M K, Zeleny M, eds.*Multiple Criteria Decision Making*, 59-90. North-Holland, 1977.

④ Keeney R L, Raiffa H.*Decisions with Multiple Objectives: Preferences and Value Tradeoffs*, New York; Wiley, 1976.

别优先关系的方法。从概念到定义和特定二元关系的计算,这种方法都与原始的 ELECTRE 方法的基本思想相关[1]。因此,这种方法也被称为欧洲学派的方法。Roy 等人在 20 世纪 60 年代提出了 ELECTRE 法[2]。后来,Roy、Nijkamp、Van Delft、Voogd 等人把这种方法发展到现在的状态[3]。Brans 提出的 PROMETHEE 方法与 ELECTRE 方法相同,也是一种基于层次优先关系的排序方法。

在决策信息的基础上,基于级别优先关系的决策方法通过对各属性分别进行比较,得到偏好指数 $f(X_{ij})$,然后对比较结果进行量化,由属性权重得到最终方案之间的偏好关系。最后通过

$$P(A_i) = \sum_{j=1}^{n} wjf(X_{ij}) , i \in M$$

得出最终的决策,即偏好指数 $f(X_{ij})$。此时,不同的决策形式有不同的决策标准,选择最佳偏好指数的决策方案:对于有序分类问题,根据预先定义的不同偏好类别对决策方案进行划分;对于排序问题,使用偏好值来对决策方案进行排序;对于描述问题,采用偏好分析来评价决策方案。

与经典多属性决策理论相比,具有不确定性的多属性决策是非经典的,它是经典多属性决策理论的延伸和发展,其内容主要包括随机型、模糊型和描述型决策理论和方法三部分。随机决策来源于决策问题之外的不确定性;模糊决策的产生属于决策问题的不确定性;描述决策是通过对现有决策范式的分析,为新方案作出决策制定未知的决策规则。可以说,前两种决策是由决策问题的结构不确定性引起的,最后一种决策是基于决策方案的不确定性产生的。在实践中,随机决策适用于不确定决策属性的情况,模糊决策适用于决策属性

---

①　Martel J M,Matarazzo B. "Other outranking method". Figueira J,Greco S,Ehrgott M,eds. *Multiple Criteria Decision Analysis*:*State of The Art Survey*, chap. 6, 197 – 262. Boston, Massachusetts:Springer-Verlag,2005.

②　Benayoun R, Roy B, Sussman N. "Manual de reference du programmeelectre". *Note de Synthese et Formation*,No.25,25. Paris:Direction Scientifique SEMA,1996.

③　Hugonnard J,Roy B. "Ranking of suburban line extension projects for the Paris metro system by a multicriteria method". *Transportation Research*,1982,16(A):301–312.

值不确定的情况,描述决策适用于决策范式对不确定的决策方案进行选择的
情况。

多属性决策问题广泛存在于社会、经济、管理等各个领域中,对于解决现
实中考虑行为的多属性决策问题具有重要意义。在动物疫情公共危机事件
中,多属性决策可以为社会各群体提出针对性的决策方法与技术,具有重要的
实际意义。

五、利益相关者理论

(一)利益相关者理论研究的三个阶段

利益相关者理论的萌芽开始于 Dodd。在 1963 年,斯坦福研究院(SRI)才
明确地提出了利益相关者的理论观点,Eric Rhenman 和 Igor Ansoff 将利益相
关者发展成一个独立分支理论。在 Freeman、Blair、Donaldson、Mitchell 和
Clarksen 的共同努力下,利益相关者理论追求形成一个相对完整的理论框架,
在实际应用中取得了良好的效果。从那时起,利益相关者理论就开始受到人
们的关注。

然而,利益相关者理论面临两个主要问题:第一,谁是公司的利益相关者?
第二,公司为什么要考虑利益相关者的利益? 本章在不同学者对上述两个问
题的研究基础上,首先回顾了有关利益相关者基本理论的文献综述。然后根
据利益相关者概念的不同理解和研究的不同重点,将利益相关者理论的研究
点分为三个阶段,即"对企业生存的影响""战略管理的实施"和"权力分配的
参与"。

1.利益相关者理论的"对企业生存的影响"阶段

从斯坦福研究院 1963 年提出利益相关者定义,到 1984 年弗里曼的《战略
管理——利益相关者方法》的发表,可以归于利益相关者的"对企业生存的影
响"阶段。在这一阶段,学者们主要强调利益相关者应该被理解为企业存在

的必要条件,研究的关键问题是利益相关者是谁和利益相关者参与的基础和合理性。简而言之,"企业依赖"的观点对于研究利益相关者的内涵以及利益相关者参与治理的基础具有重要意义。

2.利益相关者理论的"战略管理的实施"阶段

最早用利益相关者方法研究战略管理的是 R.E.弗里曼。1984 年,他在他的经典著作《战略管理——利益相关者方法》中首次提出了这一观点,随后的大多数利益相关者研究都遵循他的框架。利益相关者的"战略管理"观点强调了利益相关者在企业战略分析、规划和实施方面的作用,重点是分析利益相关者对业务的影响,并强调利益相关者参与企业战略管理的重要性。弗里曼的观点得到了许多经济学家的赞同,并成为 20 世纪 80 年代后期利益相关者研究的标准范例。

3.利益相关者理论的"权力分配的参与"观点

有很多学者指控利益相关者的定义过于宽泛和"严格",因此最近的研究集中于从更全面和更广泛的角度来定义利益相关者。从公司治理和组织理论的角度来研究利益相关者是近年来非常活跃的领域。也是管理层应该对股东还是所有利益相关者负责问题的起源,换句话说,利益相关者是否可以共享企业的所有权。

Williamson(1984)用交易成本分析框架来说明股东利益应该被优先考虑,他认为股东的"赌注"是独一无二的,直接关系到企业的成败。弗里曼和埃文(1990)认为,威廉姆森的理论能够解释所有的利益相关者关系,因为这些利益相关者也下了"赌注"或拥有专有资产,然而股东拥有流动性更强的市场,比如股票市场,有利于分散他们的风险,因此,资产专用性本身并不能确保股东的利益比利益相关者的利益要大。Goodpaster[1](1991)提出了一种有点矛盾的观点,即管理层不仅有为股东利益服务的契约义务,而且也有考虑利益

---

[1]　Goodpaster, Kenneth E, 1997, *Business Ethies and Stakeholder Analysis*, in Beauchamp & Bowie(eds.),76~85.

相关者利益的道德责任。这一观点遭到了 Boatright（1994）、Marens 和 Wicks（1999）等人的反对。

（二）利益相关者理论研究中存在的问题

通过对国内外现有利益相关者相关文献的系统性回顾,可以发现目前利益相关者理论的研究仍存在以下问题:第一,它陷入了定义困境,缺乏利益相关者参与理论体系的基础。第二,最后如何实现利益相关者的参与? 一般公司治理理论强调利益相关者参与,从而达到促进信息交流和加强相互制衡的作用。Freeman 从战略管理的角度介绍了利益相关者分析方法,并提出了"利益相关者授权法",但是对于利益相关者参与的基础没有明确地说明,这些参与机制的实现可能本身就存在问题。此外,事实上,利益相关者还没有扮演好他们在价值创造中所扮演的角色,其中一个重要原因就是缺乏有效的参与机制。第三,如果利益相关者参与了,如何评估这种参与的表现? 利益相关者治理机制最终会不会提高公司治理水平并且为业务绩效作出贡献? 该领域的实证研究和评价体系也存在明显不足。

在动物疫情公共危机中,对利益相关者的识别和分析将有助于管理者了解利益相关者的利益,并采取适当的协调策略,以防止人畜共患疾病公共危机暴发。由于人畜共患疫情的公共危机管理中存在的问题比其他领域的问题更加复杂和社会化,科学分析各种利益相关者的利益和他们之间的关系,在动物疫情危机管理中保持理性并且进行有效管理是尤为重要的。

第三章　重大动物疫情公共危机中农民行为决策

在重大动物疫情这个复杂系统中,农民作为社会群体中的一部分,在一定程度上,是有效控制动物疫情发生的关键因素。这是由于农民不仅是农村养殖的主体,也是实施养殖无害化的参与者。农民在动物疫情危机中,可能出现由于自身短期的利益需求,而随意丢弃病死家禽家畜的行为,最终导致重大动物疫情公共危机这个复杂系统失衡。因此,动物疫情的危机控制需要农民的参与,依托病死动物无害化政策,最终改变传统上农民对病死动物处理的方式,鼓励农民使用先进的养殖技术,减少利益损失,只有这样才能真正达到改善农村公共卫生环境,保证动物产品安全的目的。

第一节　农民行为决策分析:文献简述与理论框架

一、国内外文献简述

（一）国内研究现状

国内的学者对于农民行为决策的研究主要集中在影响农民行为决策的因

素上,根据这些因素又可分为两类因素。

一是非正式制度视角下影响因素,蒋建湘(2015)认为,农民的无害化行为参与意愿不仅受主客观因素的影响,而且受到理性与非理性因素的影响,是综合各方面因素作用的结果①。张桂新等(2013)认为,在动物疫情危机下影响养殖户防控行为的因素有养殖户的个人及家庭特征、养殖特征、认知程度;个人特征包括农民的受教育程度、家庭年均总收入、养殖收入比重;养殖特征包括养殖年限、养殖规模、平均投入成本;认知程度包括预期风险认知、防疫知识认知、防疫效果认知;在动物疫情危机下,农民的养殖收入比重越大,就越倾向采取疫病防控行为;农民养殖年限越长,就越倾向在疫情暴发时采取疫病防控的行为;农民的预期风险认知越大、预期效果认知越好,就越倾向预防型防控与疫情暴发时疫病防控同时进行②。李红等(2013)认为,小规模的养殖户在养殖环节上存在不安全养殖行为,认为会出现不安全养殖行为原因是,由于信息不对称,养殖户在选择饲料时会出现盲目跟随、利益最大化的特点;由于兽药没有分类管理,养殖户不能合理地防疫和对药品进行添加;为了利益,养殖户存在不道德的行为,即将人用药品用于动物③。黄泽颖等(2016)认为,养殖户病死鸡处理的方式是受养殖户个人特征、养殖规模、是否接受过专业化培训、无害化处理的认知程度和集体无害化处理的设施的影响④。朱宁等(2015)认为,家禽的养殖规模、周期和价格是影响养殖户的行为选择的重要因素,养殖户在突发动物疫情发生的不同时期,通过调整其生产行为来减少其

---

① 蒋建湘:《生态补偿政策情境下家庭资源禀赋对养猪户环境行为影响——基于湖北省248个专业养殖户(场)的调查研究》,《农业经济问题》2015年第6期。

② 张桂新、张淑霞:《动物疫情风险下养殖户防控行为影响因素分析》,《农村经济》2013年第2期。

③ 李红、孙细望:《湖北省分散小规模养殖户安全养殖行为及规范的调查分析》,《江苏农业学报》2013年第6期。

④ 黄泽颖、王济民:《养殖户的病死禽处理方式及其影响因素分析——基于6省331份肉鸡养殖户调查数据》,《湖南农业大学学报》2016年第3期。

损失,在动物疫情发生前期,养殖户可能会提前淘汰家禽或增加兽药的使用量;动物疫情发生的后期,会选择补栏①。吉小燕等(2015)认为,影响养猪户处理粪便的行为的因素包括养殖规模、养殖户经营的土地面积和粪便所在地与养猪户的住宅之间的距离②。卞元男(2016)认为,养殖户的动物疫情防治行为的影响因素包括养殖户个人特征、养殖规模、养殖年限和经历疫情的次数,认为养殖户经历的疫情次数越多,养殖经验就越丰富,就越倾向于采取防控行为③。刘雪芬等(2013)认为,影响养殖户对健康养殖认知的行为决策因素包括养殖规模、养殖户的家庭收入以及是否进行质量安检,养殖规模越大,越倾向于生态养殖;养殖户家庭收入越高,考虑到长远利益,越倾向采取健康养殖的方式④。刘明月等(2016)认为,养殖户的个体特征、家庭特征、动物疫情认知和外部环境认知是影响疫情危机下养殖户行为决策的因素,有规模的养殖户比散养户的防控强度要大⑤。虞祎等(2012)认为,养殖户环保投资影响因素有排污补贴、养殖规模、养殖年限和养殖户的文化程度,养殖规模越大,为了规避政府对于畜牧业污染的处罚和长期的利益,养殖户倾向进行环保投资,养殖年限越长,环保观念较传统,倾向不进行环保投资,养殖户的文化程度越高,对环保的认知可能越深,倾向进行环保投资⑥。刘超(2014)认为,养殖户对生猪保险购买行为决策影响因素包括养殖户的个人特征、收入情况、养殖情况、养殖户的保险认知情况以及以往经验,其中养殖户以往的经验和对保险

---

① 朱宁、秦富:《突发性疫情、家禽产品价格与养殖户生产行为——以蛋鸡为例》,《科技与经济》2015年第3期。

② 吉小燕、刘立军、刘亚洲:《生猪规模养殖户污染处理行为研究——以浙江省嘉兴市为例》,《农林经济管理学报》2015年第6期。

③ 卞元男:《蛋鸡养殖户疫情防治行为分析》,《黑龙江农业科学》2016年第7期。

④ 刘雪芬、杨志海、王雅鹏:《畜禽养殖户生态认知及行为决策研究》,《中国人口·资源与环境》2013年第10期。

⑤ 刘明月、陆迁、张淑霞:《不同模式养殖户禽流感防控行为及其影响因素》,《湖南农业大学学报》2016年第2期。

⑥ 虞祎、张晖、胡浩:《排污补贴视角下的养殖户环保投资影响因素研究——基于沪、苏、浙生猪养殖户的调查分析》,《中国人口·资源与环境》2012年第2期。

公司的信任是重要的影响因素①。潘丹等(2015)认为,养殖户对不同畜禽粪便处理方式的选择行为之间存在相互依赖、替代和互补关系;养殖户畜禽粪便处理方式的行为选择影响因素包括养殖户的个人特征、家庭特征、养殖特征、心理认知以及政策;其中,年龄越大、受教育程度越低的养殖户倾向不选择环境友好型粪便处理方式,养殖规模越大、养猪收入所占比例越大的养殖户倾向选择环境友好型的粪便处理方式,对环境保护政策了解程度越高、对粪便无害化处理意愿越高的养殖户倾向环境友好型粪便处理方式②。崔彬(2015)研究在禽流感防疫过程中养殖户防疫知识认知对其行为决策影响分析,认为养殖户的综合防疫措施认知是影响养殖户禽流感疫苗依赖程度的因素③。刘亚洲等(2016)认为,养猪户对病死猪处理方式的影响因素包括个人特征(年龄、受教育水平、养殖经验、家庭劳动力数量)、养殖规模、养殖模式和政府补贴;政府补贴可以减少养猪户的受损程度,促进养猪户对病死猪进行无害化处理;养猪户年龄越大、文化水平越高、养殖的经验越多,养殖户越倾向对病死猪进行无害化处理④。

二是正式制度视角下影响因素,《动物防疫法》《重大动物疫情应急条例》《国家突发重大动物疫情应急预案》分别对一、二、三类动物疫病、重大动物疫情、突发重大动物疫情发生时个体养殖户的防控措施做了相关规定。李燕凌(2014)等人通过实证研究得出,公共政策与动物卫生监管部门执法力度通过影响不同规模的牲畜养殖户,农民表现出来的处理方式也不同⑤。钱云

---

① 刘超、尹金辉:《我国政策性生猪保险需求特殊性及影响因素分析——基于北京市养殖户实证数据》,《农业经济问题》2014年第12期。

② 潘丹、孔凡斌:《养殖户环境友好型畜禽粪便处理方式选择行为分析——以生猪养殖为例》,《中国农村经济》2015年第9期。

③ 崔彬:《防疫知识认知对家禽养殖户疫苗依赖程度影响研究——以江苏省为例》,《农业技术经济》2015年第10期。

④ 刘亚洲、纪月清、钟甫宁、刘立军:《成本—收益视角下的生猪养殖户死猪处理行为研究——以浙江省嘉兴市为例》,《农业现代化研究》2016年第3期。

⑤ 李燕凌、车卉、王薇:《无害化处理补贴公共政策效果及影响因素研究——基于上海、浙江两省(市)14个县(区)773个样本的实证分析》,《湘潭大学学报(哲学社会科学版)》2014年第5期。

（2013）通过研究无害化处理中法律的问题表明,动物卫生防疫监管部门的监管和宣传力度明显影响农民对病死动物的无害化处理方式①。李立清等（2014）基于5省1167个养殖户的问卷调查数据,并通过模型分析计算得出,养殖户对病死猪处理方式要看是否存在定点集中处理设施和防疫站等基础设施,这些基础设施建设程度对农民处理病死牲畜有一定影响②。罗丽等（2016）认为,养殖户对政府的政策了解的程度越高,进行动物疫情防控的意愿就越高;政府针对农民关于动物疫情的政策主要包括政策激励与强制监管,政策激励是指养殖的家禽家畜的良种方面有政策补贴;强制监管是指定期开展疫病监测、无害化处理监管,如果发现销售病死家禽家畜等违法行为,则处以罚款或行政拘留,对养殖户起着震慑的作用③。张雅燕（2013）认为,养殖户对政策效果的评价与其进行病死牲畜无害化处理行为呈正相关,而且影响程度较大;也就是说,养殖户对病死牲畜无害化处理补贴政策越认可,越会对病死牲畜进行无害化处理④。贺文慧等（2007）认为,农民所在社区畜禽防疫服务可及性对农民的畜禽防疫服务支付意愿有显著的影响,包括农民的家中是否通电话、距离最近畜禽防疫站距离都对农民防疫支付意愿有相当大的影响;贺文慧得出结论是农民家庭离防疫站距离越近,获取防疫服务越便利,也就越愿意支出;这说明影响农民动物防疫服务支付意愿的因素是政府的财政政策⑤。何忠伟（2014）认为,政府补贴信息,包括政府补贴类型、当地政府支持力度等影响养殖户生产技术效率;这些因素都会导致农民提高养殖积极性,短

---

① 钱云:《病死动物无害化处理监管的法律问题研究》,《农业科学研究》2013年第6期。
② 李立清、许荣:《养殖户病死猪处理行为的实证分析》,《农业技术经济》2014年第3期。
③ 罗丽、刘芳、何忠伟:《重大动物疫情公共危机下养殖户的疫病防控行为研究——基于博弈论的分析》,《世界农业》2016年第2期。
④ 张雅燕:《养猪户病死猪无害化处理行为影响因素实证研究——基于江西养猪大县的调查》,《生态经济(学术版)》2013年第2期。
⑤ 贺文慧、高山、马四海:《农户畜禽防疫服务支付意愿及其影响因素分析》,《技术经济》2007年第4期。

期内通过政府支持和价格预警等避免损失,从而提高技术效率①。王建华等(2016)认为,影响农民对病死家畜处理行为的因素是养殖户对病死家畜无害化处理政策认知水平;也就是说,生猪养殖户对病死家畜无害化处理政策的满意程度越低,则对病死家畜无害化处理的可能性就越小;生猪养殖户对病死家畜无害化处理政策的了解程度和重视程度越高,则对病死家畜无害化处理的可能性就越大②。张郁(2015)认为,生态补偿政策是影响养殖户更倾向采纳亲环境的行为,即养殖户进行无害化处理的行为的因素;而生态补偿政策主要包括养殖户对生态补偿政策的了解程度,即养殖户进行无害化处理能够获取补贴的范围、金额的了解程度;养殖户对生态补偿政策经济受惠程度,即养殖户进行无害化处理行为后所获取的补贴种类和金额;养殖户对生态补偿政策的满意程度,即养殖户进行无害化处理行为后对获取补偿的评价③。

(二)国外研究回顾

国外学者对于农民行为决策的研究集中在以各自国家的制度为基础的农民行为研究上,由于不同国家基础国情的差异使研究得出的结论,在我国农民进行实际操作时只存在一定的借鉴作用。国外学者 Pred A.通过研究发现,非正式制度对农民表现出来的某些行为起重要作用,会对农民的行为观念产生影响,并且表现出较强的连锁反应,如若在农民间形成一种不良风气,就需要很大的努力才能挽救④。苏联学者切亚诺夫在研究农户行为时,由于是在苏

---

① 何忠伟、韩啸、余洁、刘芳:《我国奶牛养殖户生产技术效率及影响因素分析——基于奶农微观层面》,《农业技术经济》2014 年第 9 期。

② 王建华、刘苗、浦徐进:《政策认知对生猪养殖户病死猪不当处理行为风险的影响分析》,《中国农村经济》2016 年第 5 期。

③ 张郁、齐振宏、孟祥海、张董敏、邬兰娅:《生态补偿政策情境下家庭资源禀赋对养猪户环境行为影响——基于湖北省 248 个专业养殖户(场)的调查研究》,《农业经济问题》2015 年第 6 期。

④ Pred A. " Structuration and Place: On the Becoming of Sense of Placeand Structure of Feeling". *Journal for the Theory of Social Behavior*, 1983, 13(1):45–68.

联时期对苏联和周边欧洲国家进行研究,其理论与现存制度相比具有局限性,比如:当今中国市场经济的实行,大多数农民已从自给自足的生产向商品生产转变。美国学者舒尔茨的"理性小农"说对我们具有一定的借鉴意义,但美国的土地制度是建立所有权与经营权合一的家庭农场,与我国土地国有的制度不相符合。

二、农民行为决策的理论基础

(一)农民技术采纳行为理论

农民在生产中对新技术的采纳行为影响了农业的技术进步,促进了技术的革新,而且,农民采纳新技术也是出于自利性的特点,即为了获得更大的经济效益,由此农民在生产中的技术采纳行为得到很多学者的关注。农户技术采纳行为是农户经济行为的一种,关于农户经济行为研究的理论假设主要有3种:速水和拉坦的农业技术诱导变迁理论、格里利克斯和曼斯菲尔斯的新技术扩散 S 型曲线模型以及威拉德科克伦的农业踏车理论。

其一,农民是用采纳技术的行为来代替某种生产要素的稀缺。基于技术创新的产生原理,1970 年速水和拉坦提出了农业技术诱导变迁理论,该理论认为农业技术的产生是由于生产的诱导,而生产诱导产生于生产要素价格的变动。当某种资源变得稀缺时,上涨的价格会诱导产生此种资源节约型技术,提高这类技术被采纳的可能性[①]。速水和拉坦的农业技术诱导变迁理论说明,在动物疫情的危机下,农民的技术采用行为,是受到公共危机的影响,当动物疫情发生时,健康的肉类会变得稀缺,农民养殖的家禽家畜价格会受到市场价格波动的影响,为了自己的经济利益不受损害,农民会倾向于采用一些措施来减少损失,上涨的动物价格会促使健康养殖技术的产生,比如:安全兽药的

---

① 姜鑫:《农业技术创新的速水-拉坦模型及在中国农业发展中的实证检验》,《安徽农业科学》2007 年第 11 期。

使用、对病死猪的无害化处理等。

其二,农户的技术采纳行为是农业新技术扩散过程中最重要的环节。农户作为农业技术采纳的主体,其采纳行为决定着农业技术的最终扩散程度。技术的扩散既包括宏观层面的技术的整体扩散情况,也包括微观层面的农户技术采纳行为。Griliches(1957)在前人研究的基础上提出了新技术扩散的S型曲线模型①。Mansfield(1961)等后来的学者均在不同程度上发展了总体技术扩散的S型曲线模型。S型曲线理论认为,新技术的扩散呈现S型增长的趋势,新技术的扩散从无到有,直到全部的潜在用户都采用了该项新技术为止,则该项技术的扩散过程结束②。格里利克斯和曼斯菲尔斯的理论说明,在动物疫情的危机下,农民的技术采用的行为具有关键作用,从微观层面来讲,在疫情发生时,有些农民选择使用安全兽药的行为,这种安全兽药的使用行为给农民带来利益,即可能兽药残留更小、带来危害更小,农民养殖的牲畜卖出的价格就更高,减少了经济损失;随着时间的推移,动物疫情发生次数的增多,农民发现使用安全兽药相比没有使用带来的好处更多,越来越多的农民会使用安全兽药这一技术行为。

其三,农户对技术的采纳与否完全取决于技术采纳的经济效益。威拉德科克伦提出农业踏车理论来解释技术采纳和扩散行为:技术进步造成供给增加导致产品价格下降,由于农产品需求弹性小,技术的早期采纳者享有超额利润,随着技术的扩散,供给曲线右移,价格下降超额利润消失,为避免损失,落后者被迫采用新技术;在利润的驱使下,农户率先采纳新技术和后继者被迫采纳新技术,由市场竞争带来的一种压力迫使农户采纳新技术③。威拉德科克伦的农业踏车理论说明,在动物疫情的危机下,农户是否采取使用安全兽药和

---

① Griliches. "Hybridcorn: An exploration in the economics oftechnological change". *Econometrica*.1957,25:501-522.

② Mansfield E."Technical change and the rate of innovation".*Econometrica*,1961,29:741-766.

③ 俞培果、蒋葵:《农业科技投入的价格效应和分配效应探析》,《中国农村经济》2006年第7期。

对病死猪进行无害化处理的行为完全取决于采取这些措施带来的经济效益，当农户采取使用安全兽药行为，发现能够使得养殖的家禽家畜更健康环保，更满足消费者的需求，使得获取更大的经济利益时，农户会倾向使用安全兽药；同时，如果养殖户能够对病死猪进行无害化处理，政府相关部门能够给农民补贴，那么农民会倾向对病死猪进行无害化处理的行为。

农户技术采纳行为理论是在进行农业操作时，农民所采取的技术采纳行为的理论研究。根据本章内容，在动物疫情公共危机中，农民的技术采纳行为一般是指为了防控动物疫情，农民采用新技术来减少或避免疫情的发生实现利润最大化，比如：安全兽药的使用、对病死猪进行无害化处理行为。

（二）农户行为理论

农户行为由于具有行为的一般属性，使得农户行为研究首先应具有行为科学研究的一般性；但由于农户行为的制约因素不同于其他行为研究，使之研究又具有独特性。从 20 世纪 60 年代起，一部分经济学家逐渐开始把注意力投向农业，研究小农经济条件下农户的经济行为等问题，研究农户行为理论主要有三种，分别是美国诺贝尔经济学家舒尔茨的"理性小农说"、苏联经济学家恰亚诺夫的"自给小农说"、美国华裔黄宗智教授的"过密化理论"。由于农民的养殖行为目的与舒尔茨的"理性小农说"相符合，都是为了实现利润的最大化，农民的养殖行为具有自利性的特点；在恰亚诺夫的"自给小农说"中农民的目标与动物疫情危机中农民为了社会安全的目标是一致的，因此，本章是从舒尔茨和恰亚诺夫的两大理论来阐述动物疫情危机下，农民的行为选择。

一是理性小农说。农户的行为选择是理性的，目的是追求利润的最大化。从经济学的角度分析农民的经济行为。舒尔茨沿用西方形式主义经济学来研究对人的假设，认为小农像任何资本主义企业家一样，都是"经济人"，坚持把传统农业部门的农民看做是与资本主义企业家一样有理性的,传统农业的农民如同在特定的资源和技术条件下的"资本主义企业",追求利润最大化;改造传统农业最好的选择是依靠经济刺激来指导农民做出生产决策,并根据农民要素配置的效率对农民进行奖励;该学派的特点是强调小农的理性动机,改造传统农业需要的是在合理成本下的现代投入,一旦现代技术要素投入能够保证利润在现有价格水平上的获得,农户就会毫不犹豫地成为最大利润的追求者①。

根据舒尔茨的观点,在动物疫情危机下,农民的养殖行为选择是为了追求利润最大化,农民在养殖过程中投入成本、选择无害化的养殖方式都是从养殖长远利益出发,当农民发现其去政府进行无害化公证会使得消费者更青睐此类产品,带来更大经济效益时,农民会选择进行无害化养殖;当动物疫情发生时,农民的家禽家畜出现死亡,为了减少损失,农民可能倾向乱丢弃病死禽畜甚至将其低价卖给不良商家,如果政府对病死家禽家畜无害化处理有补贴,农民为了利益可能倾向进行无害化处理。

二是自给小农说。农民主要是为自己的生计而生产,往往追求的是一种家庭效用的最大化。苏联经济学家恰亚诺夫为代表的"自给小农说",该学派主要是从社会学角度观察农民的经济行为,恰亚诺夫在基于"劳动消费均衡论"和"家庭生命周期论"基础上,主要目标是从微观层面,以静态分析方法,分析农民家庭经济活动的运行机理;具体表述为:劳动的投入和消费的满足这两个因素都决定了农户家庭的经济活动量,当农民增加劳动引起的"劳动辛苦程度"与产品增加带来的"消费满足感"达到均衡时,农民就不会再增加劳动,家庭经济活动量便确定了下来;农民主要是为自己的生计而生产,往往追求的是一种家庭效用的最大化,不存在追求最大利润的问题,对家庭收入及利润等市场经济下的概念也无考虑②。美国经济学家詹姆斯·C.斯科特(Scott,

---

① 西奥多·W.舒尔茨:《改造传统农业》,梁小民译,上海:商务印书馆2006年版。
② A.恰亚诺夫:《农民经济组织》,萧正洪译,北京:中央编译出版社1996年版。

1976)通过细致的案例考察进一步阐释和扩展了上述逻辑,并提出了著名的"道义经济"命题。在斯科特看来,农民家庭的关键问题是安全生存问题,具有强烈生存取向的农民宁可选择避免经济灾难,也不会冒险追求平均收益的最大化①。

根据恰亚诺夫(Chayanov)的观点,农民的生产目标是为了满足家庭消费,一旦农民家庭消费需要得到满足后,就没有继续追加生产投入的动力。在动物疫情的危机下,农民的行为选择是取决于家庭的消费满足与劳动辛苦程度之间的均衡,即农民是否对病死家禽家畜进行无害化处理关键在于他在此中获得利益和他付出的劳动之间的比较,假设政府补贴能够减少农民的损失甚至能影响到他的生计时,则他进行无害化处理时不会考虑到花费更大的劳动力成本。根据斯科特的观点,在经济欠发达地区,农民的养殖行为不可能完全基于经济效益而作出选择,在动物疫情的危机下,农民的行为选择的关键是安全生存,所以政策制定者要考虑到农民的安全需要。当动物疫情发生时,动物卫生部门执法力度和监管力度较大,如果发现销售病死家禽家畜的行为,则会进行罚款或行政拘留,对农民产生震慑的作用,农民对病死家禽家畜的处理方式就倾向于无害化处理。

农户行为理论中舒尔茨和恰亚诺夫的观点共同反映了农民的行为在不同的时代背景和社会经济条件下,都具有不同的需求,表现具有差异性,但同时又是合理的。通过农户行为理论,可以看出动物疫情危机下农民的防控行为是受农民的经济因素、安全生存的意愿、政策环境所影响。为了更好地解决动物疫情带来的问题,促进病死动物无害化处理落到实处,隔绝重大动物疫情,保障动物和肉制品质量安全,政府应当加强对农民的行为决策管理。

---

① 詹姆斯·C.斯科特:《农民的道义经济学》,程立显、刘建译,江苏:译林出版社 2001 年版。

第二节　重大动物疫情中农民行为决策范式

范式是指一个公认的模型或模式①，农民行为决策的范式主要包括四种：市场导向范式、政府导向范式、资源与资金导向范式及技术导向范式。其中，农民采用最普遍的决策范式是市场导向型，因为农产品价格最受农民关注；而政府导向范式是政府决策命令所形成的，所以政府导向型比较受争议；资源导向范式受到当地的自然环境、交通、气候等资源与资金所制约，所以这种范式需要因地制宜；由于某种技术的成熟度以及农民对这种技术的掌握程度决定了农民是否采用这一技术，所以技术导向范式的重要因素是技术的成熟度和农民对此类技术的掌握程度。

一、市场导向范式

即主要由农产品市场价格和市场需求等市场信息所引导的农民生产经营决策行为范式。由于大多数农民把收益多少作为种植的目的，因此，农产品的市场价格是这类农民最关心的，一般来说，农产品当期价格的高低决定着当期种植的种类和当期种植面积的情况，又决定着农产品来年的产量和市场价格，这就是为什么市场上经常出现某些农产品产量和价格起伏不定的原因。这种决策范式是目前农民最普遍采用的决策范式。由于受市场变化不可预测性的影响，这种决策范式正受到越来越大的挑战。在重大动物疫情的公共危机中，按照市场导向型决策范式，农民是否采取疫情防控的行为或疫情防控行为的程度取决于当时家禽家畜的价格。当某年家禽家畜的需求较大价格比较高，农民会扩大养殖规模，随着养殖规模扩大，若发生动物疫

---

① 托马斯·库恩：《科学革命的结构》，金吾伦、胡新和译，北京：北京大学出版社 2012 年版，第 19 页。

情,农民的损失大大增加,因此,农民会更倾向进行疫情防控来减少疫情发生的次数。

二、政府导向范式

即主要由政府政策指导下的农民生产经营决策行为范式。例如,政府要打造示范农村、搞大面积规模种植,最常见的如"万亩××园","世界××"等,这种范式下,农民本身基本上无自主权,而是由政府部门越权决策。农民对政府的这种行为看法不一,既有赞成者,也有反对者。调查发现,赞成者占多数,这是因为,当前个体农民的分散种植遇到来自市场的巨大风险,农民对政府所产生的依赖意识在加强,一方面说明农民个体种植的边际效益在下降,农民经济发展遭遇瓶颈期;另一方面说明,农民渴望提升种植规模扩大所带来的规模效益和整个行业扩大所带来的外部经济。在动物疫情的危机下,法律法规和政府的政策对农民的行为选择有很大的影响,当动物卫生防疫部门的法律监管和宣传力度较大时,可能有农民出于自利性的特点,不愿遵循法律和政策的规定对病死家禽家畜进行无害化处理,但大多数农民会倾向对病死家禽家畜进行无害化处理。

三、资源与资金导向范式

即主要由当地自然资源状况、气候、交通、通信等资源与资金所引导的农民生产经营决策行为范式。根据当地的自然资源选择种植方式也就是要因地制宜,不要把不适合本地情况和市场状况较好的品种搞异地嫁接,这种违背自然规律的措施只能以失败告终。在动物疫情的危机下,资金的多少也影响农民养殖行为决策的形成,如果农民在养殖上投入的成本较大和养殖规模较大,那么农民会倾向进行疫情防控,如果当地的禽畜防疫站和无害化处理措施存放点离农民的养殖基地较近,那么农民会倾向对病死家禽家畜进行无害化处理。

四、技术导向范式

即主要由某类农业技术的成熟度、农民的掌握程度所引导的农民生产经营决策行为范式,对某些农产品种植技术的掌握程度,以及在部分范围内技术程度成熟度,对农民的决策行为产生影响。在动物疫情的危机下,使用安全兽药的行为对大多数农民来说是比较成熟的,那么选择这一技术行为的农民比较多,如果对于使用安全兽药的行为掌握者寥寥,则大多数农民不敢冒险。或某个农民认为在动物疫情防控时哪一种防控方式他更擅长,则选择这种行为方式的可能性就大一些。

第三节 重大动物疫情公共危机中
农民自利行为的驱动因素

农民的自利行为主要是为了获得更多的收益,即农民对每一种养殖行为都会衡量其代价和利益,通常会选择对自己最有利的方案来行动。当前农民在养殖生产中的利益来源于其在养殖过程中的先进技术采纳。一般而言,优先采纳先进技术者,其获利就高。虽然生产领域一直是市场交易的来源,但养殖技术必须符合社会发展的需要。因此为了与农村社会、文化、环境相适应,在养殖过程中,政府倡导"禁止随意处置病死牲畜"的无害化处理技术的应用,但这种技术可能会减少农民利益,对此,政府会提供相应的补贴。本章在探讨农民自利行为时,将自身利益是否获得归为在动物养殖过程中是否采纳无害化处理技术。如果不采纳无害化处理技术,那么农民获得的收益就会更大化,反之,如果采纳无害化处理技术,农民必然会损失一定的利益。所以,农民是否采纳无害化处理技术就是利益获得的关键因素。农民是否无害化处理会受到多方因素的影响,不仅包括各级政策、法规等正式制度,也会受到当地习惯等非正式制度的影响。西方学者诺斯从概念这一角度对正式制度与非正式制度进行了区分,他认为正式制度是人类为了构建更好的社会,从而设计一些约束人们不当行为的规则。正式制度主要包含成文的法律规范和条例,非正式制度则是一些不成文的习俗、风俗和自我约束的行为规范等①。本章的非正式制度指那些不成文的养殖风俗习惯和养殖个人行为准则等,而正式制度指关于农民养殖方面的政策法规等。那么,如何提高农民在正式制度与非正式制度相互作用下参与病死动物无公害化处理的积极性? 如何通过这些制度因素引导农户进行无害化处理?

一、农民自利行为的研究假设与理论模型

在没有其他的前提和条件下,农民自利行为就是为了自己的利益作出行为决策,但动物疫情的危机下,农民的自利行为受各种因素影响。闫振宇等认为,养殖户在动物疫情危机下的行为决策的影响因素包括养殖户的个人特征、养殖年限、养殖规模、对动物疫情的了解程度、是否接受过畜牧部门的培训,得出的结论是:女性、文化程度较低的养殖户倾向不上报动物疫情,年纪越大的养殖户倾向不上报疫情,对动物疫情的了解程度越高的养殖户越倾向上报疫情,接受过畜牧部门培训的养殖户倾向上报动物疫情②。彭玉珊等(2011)认为养殖户健康养殖实施意愿的影响因素包括政府的宣传和对健康养殖提供支持;而且认为政府的宣传和支持能够鼓励和帮助更多的养殖户实施健康养殖,比如:政府的宣传可以为健康养殖的农民提供在技术、资金和信贷等方面的支持③。鉴于学者们对于农民行为影响因素的大量研究,结合本章的具体需要,本章将从三个方面的影响因素进行分析。

---

① 诺斯:《制度、制度变迁与经济绩效》,上海:上海三联书店 2000 年版。

② 闫振宇、陶建平、徐家鹏:《养殖农户报告动物疫情行为意愿及影响因素分析》,《中国农业大学学报》2012 年第 3 期。

③ 彭玉珊、孙世民、陈会英:《养猪场(户)健康养殖实施意愿的影响因素分析——基于山东省等 9 省(区、市)的调查》,《中国农村观察》2011 年第 2 期。

（一）农民的基本情况

农民基本情况的差异导致农户自利行为的决策,学者们认为影响农民自利行为的自身因素有:农户的年龄、学历、养殖规模、养殖年限等主要因素(浦华等,2014;石晶等,2014;胡浩等,2009)。学者们对农民基本情况影响农民自利行为决策的研究比较多,研究结果显示,养殖户的年龄与他进行病死家禽家畜无害化处理是负相关关系,即养殖户年龄越大,他就越不会进行病死猪无害化处理;养殖户学历越高就越倾向于选择进行病死猪无害化处理;养殖规模越大,养殖户所要承担的风险就越大,养殖户更倾向于选择病死家禽家畜无害化处理;养殖户养殖年限越长,积累的养殖经验越丰富,对疫情的应急能力越强,其防控参与意愿和防控强度越小。浦华认为,养殖户基本情况不是影响养殖户对政府卫生部门动物疫病防控公共服务满意度的主要因素;随着养殖年限的增加,养殖户对养殖技术掌握程度也会增加,关于动物疫情防控信息慢慢增加,与动物卫生疾病防控部门人员的熟悉程度也会增加,则对相关的动物疫病防控的满意度也会随之增加[1]。石晶认为,男性更倾向于采纳农民养殖技术行为(疾病防控类技术、动物繁育类技术和饲料营养补给技术);随着受教育程度的提高,养殖户会增加对养殖技术的需求;年龄越大,养殖经验越丰富,越倾向于依靠自身养殖经验来对动物进行疫情疾病的防控,对养殖技术的需求则会降低;技术培训会显著促进养殖户对动物养殖技术的需求和采用[2]。胡浩认为,养殖户选择健康养殖行为的影响因素包括农民自身特征(如文化程度的高低、性别、年龄等)以及农民的家庭收入、耕地禀赋、劳动力禀赋等、合作组织的发展和支持程度、畜产品的价格和政府的相关政策

---

[1] 浦华、胡向东:《生猪养殖户疫病防控公共服务满意度研究——基于安徽省规模生猪养殖户的实证分析》,《中国农业大学学报》2014年第4期。

[2] 石晶、肖海峰:《养殖户畜牧养殖技术需求及其影响因素研究——基于绒毛用羊养殖户问卷调查数据的分析》,《农村经济》2014年第3期。

等,价格预期越高养殖户选择健康养殖的可能性越大;随着养殖规模增大,农民进行健康养殖获得经济效益就越高,农民进行健康养殖的积极性就高①。

结合本章在公共危机中关于动物疫情的研究,以及借鉴上述学者的观点,对于农民的基本情况,给出以下假设:

H1:动物疫情公共危机下养殖户进行病死牲畜无害化处理的意愿

(a)学历越高的农民进行病死牲畜无害化处理的意愿越高;

(b)养殖年限越长的农民进行病死牲畜无害化处理的意愿越高;

(c)养殖规模越大的农民进行病死牲畜无害化处理的意愿越高。

(二) 非制度因素

本章的非正式制度指那些不成文的养殖风俗习惯和养殖个人行为准则等,在动物疫情的公共危机下,学者们认为影响农民进行无害化处理的非制度因素主要是养殖方式环保度、养殖法规了解程度、有无养殖风俗习惯、对兽药的认识程度和病死猪危害认识程度、农民的认知程度,比如:对动物疫病的认知、对法律法规的认知程度、对于兽药的认知程度(吴秀敏,2007;吴林海等,2015;陈雨生等,2011)。吴秀敏认为,采用安全的兽药是一种农民的技术采纳行为,养殖户采用安全兽药的影响因素包括养殖户的个人特征、对安全兽药的认识程度,得出结论是养殖年龄越大、养殖年限越长的养殖户采用安全兽药的意愿越小;养殖户对兽药残留的危害和安全兽药的效果了解程度越高,就越倾向采用安全兽药②。吴林海认为,农民处理病死牲畜的选择行为受到农民基本特征的影响,包括养殖年限、养殖规模、对政府政策和法律法规的了解程

---

① 胡浩、张晖、黄土新:《规模养殖户健康养殖行为研究——以上海市为例》,《农业经济问题》2009年第8期。

② 吴秀敏:《养猪户采用安全兽药的意愿及其影响因素——基于四川省养猪户的实证分析》,《中国农村经济》2007年第9期。

度、对生猪疫情以及防疫认知程度;养殖年限越长的农民就越倾向不接受病死猪无害化处理和对病死猪出售的行为;养殖规模越大,为了养殖名声,农民越倾向接受病死牲畜无害化处理的行为;养殖农民对政府政策和法律法规的了解程度越高,农民就越倾向接受病死猪无害化的行为;养殖农民对牲畜疫情和疫病认知程度了解越深,为了长远的利益,农民就越倾向接受病死牲畜无害化处理的行为[①]。陈雨生以海水养殖业为例,认为影响养殖户使用安全兽药行为的影响因素包括:养殖户的文化程度、动物卫生防疫部门的食品召回制度、所在地区的养殖户是否遵守安全规定和标准生产、对兽药使用期的认知程度;养殖户的文化程度越高、动物卫生防疫部门的食品召回制度越强、养殖户遵守质量安全制度的程度越高,那么养殖户实施兽药的可能性就越小[②]。结合动物疫情下公共危机农民的行为决策,以及借鉴上述学者的观点,给出以下假设:

H2:动物疫情公共危机下农民进行病死牲畜无害化处理的意愿

(a)养殖方式环保度越大,农民进行病死牲畜无害化处理的意愿越小;

(b)养殖法规了解程度越高,农民进行病死牲畜无害化处理的意愿越大;

(c)养殖风俗习惯对农民进行病死牲畜无害化处理的意愿有抑制作用;

(d)对兽药的认识程度越高,农民进行病死牲畜无害化处理的意愿就越大。

(三)制度因素

本章的正式制度指关于农民养殖方面的政策法规等,在动物疫情的公共危机下,学者们认为影响农民进行无害化处理的制度因素主要是补贴额度、宣传力度、处罚力度、执法力度(李燕凌等,2014;张跃华,2012;郑建明

---

① 吴林海、许国艳、HU Wuyang:《生猪养殖户病死猪处理影响因素及其行为选择——基于仿真实验的方法》,《南京农业大学学报(社会科学版)》2015 年第 2 期。

② 陈雨生、房瑞景:《海水养殖户渔药施用行为影响因素的实证分析》,《中国农村经济》2011 年第 8 期。

等,2011）。李燕凌等认为,政府对农民养殖户进行无害化处理的行为有补贴,养殖户实施病死猪无害化处理的行为增多①。张跃华认为,与监管力度相关的因素,包括出售病死牲畜被发现的可能性、政府对出售病死牲畜行为的惩罚力度,监管力度作为养殖户是否出售病死牲畜的背景,可以通过养猪户出售病死牲畜的行为表现出来,即惩罚力度越大,养殖户出售病死牲畜的意愿越小。郑建明等认为,政府提供资金补贴和政策性保险降低养殖户的生产成本和生产风险,使得养殖户倾向增加养殖生产来提高经济效益;而法律规定养殖违规有较大的惩罚措施②。结合上文以及借鉴上述学者观点,本章提出以下假设:

H3:动物疫情公共危机下农民进行病死牲畜无害化处理的意愿

（a）政策的补贴额度越大,农民进行病死牲畜无害化处理的意愿越高;

（b）疫病危害的宣传力度越大,农民进行病死牲畜无害化处理的意愿越高;

（c）动物卫生监管部门的执法力度越大,农民进行病死牲畜无害化处理的意愿越高;

（d）动物卫生监管部门的处罚力度越大,农民进行病死牲畜无害化处理的意愿越高。

基于以上理论假设,构建了动物疫情公共危机下农民自利行为影响因素理论模型,进行了通径分析,S.Wright 提出的通径系数法可以比较准确地表现 X 与 Y 之间的关系,由于直接通径系数就是标准回归系数,因此因变量对自变量的效果能直观地显示,本章采取通径模型能较好地反映自变量与因变量的关系,直观表现无害化处理各影响变量对结果的直接和间接作用。

---

① 李燕凌、冯允怡、李楷:《重大动物疫病公共危机防控能力关键因素研究——基于 DE-MATEL 方法》,《灾害学》2014 年第 4 期。

② 郑建明、张相国、黄滕:《水产养殖质量安全政府规制对养殖户经济效益影响的实证分析——基于上海的案例》,《上海经济研究》2011 年第 3 期。

二、农民自利行为选择的调查数据及评价指标

（一）数据来源

本章数据来源于 2022 年对湖南全省的养殖业主产区的入户调查,共选择了全省 14 个市州的 30 个县乡,在每个县乡的养殖业主产区抽选 5 个村镇,每个村镇选 7 户养殖牲畜的农民,由调查员直接入户进行问卷调查,一共发出问卷 1050 份,回收有效问卷 1014 份,有效率达 96.57%。

（二）指标设计

变量的基本内容分为三个部分,分别是农民基本情况,正式制度影响因素和非正式制度影响因素。其中农民基本情况变量包括学历(X_1)、养殖年限(X_2)和养殖规模(X_3)等变量;非制度因素变量包括养殖法规了解程度(X_4),养殖方式环保度(X_5)对兽药的认识程度(X_6)、有无养殖风俗习惯(X_7);制度因素变量包括补贴额度(X_8)、疫病危害宣传力度(X_9)、动物卫生监管部门的执法力度(X_{10})和处罚力度(X_{11})等变量(见表 3-1)。

表 3-1　影响因素变量表
Table 3-1 Thevariable of influencing factors

	变量	衡量指标
基本情况	学历 X_1	(初中及以下=1,高中=2,大专及以上=3)
	养殖年限 X_2	(1 年以下=1,2—3 年=2,4—5 年=3,5 年以上=4)
	养殖规模 X_3	(0—50 只=1,51—100 只=2,101—150 只=3,151 只以上=4)
	养殖法规了解程度(X_4)	(完全了解=1,了解大部分=2,了解一点=3,完全不了解=4)
非制度因素	养殖方式环保度(X_5)	(很高=1,较高=2,一般=3,较低=4,很低=5)
	兽药的认识程度(X_6)	(非常了解=1,比较了解=2,一般=3,有点了解=4,不了解=5)

续表

变量		衡量指标
制度因素	养殖风俗习惯(X_7)	(有＝0,无＝1)
	补贴额度(X_8)	(300 以下＝1,301—600＝2,601—1000＝3,1001—2000＝4,2001 以上＝5)
	疫病危害的宣传力度(X_9)	(非常高＝1,较高＝2,一般＝3,有点高＝4,不高＝5)
	执法力度(X_{10})	(非常高＝1,较高＝2,较低＝3,低＝4)
	处罚力度(X_{11})	(重＝1,适中＝2,轻＝3,没有处罚＝4)
Y	是否会对病死牲畜随意处置	(是＝0,否＝1)

非制度因素变量中,养殖法律法规了解度(完全了解＝1,了解大部分＝2,了解一点＝3,完全不了解＝4)了解一点占大多数为55.3%,而完全了解仅3.6%,说明在法律法规的普及方面,农民普遍存在盲区;养殖方式环保度(很高＝1,较高＝2,一般＝3 较低＝4,很低＝5),其中环保度较高占16.5%,一般占52.4%,很低仅占8.4%,说明农民的环保意识有一定提高;对兽药认识程度(非常了解＝1,比较了解＝2,一般＝3,有点了解＝4,不了解＝5)其中比较了解占18.8%,一般为38.2%;特别添加了养殖风俗习惯(有＝0,无＝1)这个指标,以探求乡规民约在农民无害化行为中的影响度,结果显示有48.5%的农民受养殖风俗习惯影响;在情景假设意愿调查中,设置了以下问题"为了追求更高的经济利益,您是否会随意处理病死牲畜",结果显示52.4%的农民会随意处置,47.6%的农民会进行无害化处理。

制度因素变量中,补贴额度是指农民上一年采用无害化行为,所获得的全年补贴总量,其包括以下几个指标:300 元以下＝1,301—600 元＝2,601—1000 元＝3,1001—2000 元＝4,2001 元以上＝5,其中 300 元以下占45.6%;疫病危害宣传力度(非常高＝1,较高＝2,一般＝3,有点高＝4,不高＝5),结果显示非常高和比较高分别为 12.6%和 1.6%,说明政府对疫病的宣传力度较弱,作用较小;执法力度由以下几个指标反映:非常高 = 1,较高 = 2,较低 = 3,低 = 4,其中较高占 20.4%,较低 46.3%,而非常高所占比例只有 1.6%;动物卫生监管部门处罚力度的指标反映,轻和没有处罚分别占比 37.9% 和 23.0%,表明政府对动物卫生监管缺位,对随意处置病死牲畜的处罚力度也不大。

利用 SPSS 软件对数据进行基本统计,得出各变量基本分布情况,如表 3-2 所示。其中教育和学历层次中,初中及以下学历会对染病牲畜随意处置的可能性比较高,为 65.1%,学历越高,对染病牲畜随意处置可能性就越低;养殖年限选项中,一年以下养殖经验的农民对染病牲畜随意处置可能性较大,占 84.0%,且养殖年限越长,进行无害化处理行为可能性越大;养殖规模变量反映养殖规模越大,对染病牲畜随意处置可能性越小。

表 3-2　农民基本信息交互表

Table 3-2 Exchange table of Farmers basic information

		Y:是否会对染病牲畜随意处置	
		1 是	2 否
1. 学历	1. 中学以下	65.1%	34.9%
	2. 高中	47.1%	52.9%
	3. 大专以上	4.2%	95.8%
2. 养殖年限	1. 一年以下	84.0%	16.0%
	2. 1—3 年	66.2%	33.8%
	3. 3—5 年	45.1%	54.9%
	4. 5 年以上	21.2%	78.8%
3. 养殖规模	1. 0—50 只	76.7%	23.3%
	2. 51—100 只	42.6%	57.4%
	3. 101—200 只	40.4%	59.6%
	4. 201 以上	3.1%	56.9%

三、农民自利行为选择的实证分析

(一) 模型设计

为了进一步了解上述各因素对农民无害化行为的相对重要性,对其进行了通径分析。S.Wright 提出的通径系数法可以比较准确地表现 X 与 Y 之间的关系,由于直接通径系数就是标准回归系数,因此因变量对自变量的效果能直观显示,通径系数还可以分辨各自变量对因变量的直接作用和间接作用[①]。故采取通径模型能较好地反映自变量与因变量的关系,直观表现无害化处理各影响变量对结果的直接和间接作用。通径分析用 Y 表示农民无害化行为,X_1、X_2、X_3、X_4、X_5、X_6、X_7、X_8、X_9、X_{10}、X_{11}、表示影响农民无害化行为的因素,剩余因素用 e 表示。这样,通径分析模型如图 3-1 所示。

设 y 与 x_1、x_2 间存在线性关系

回归方程:$\hat{y} = b_0 + b_1 x_1 + b_2 x_2$

$$y = b_0 + b_1 x_1 + b_2 x_2 \qquad (1)式$$

其中 $e = y - \hat{y}$,且 $\sum e = 0, \bar{e} = 0$

由(1)式可知:(2)式 $\bar{y} = b_0 + b_1 \bar{x}_1 + b_2 \bar{x}_2$

(2)式-(1)式得:(3)式 $y = b_1(x_1 - \bar{x}_1) + b_2(x_2 - \bar{x}_2) + e$

(3)式$\div \sigma_0$ 得:$\dfrac{y - \bar{y}}{\sigma_0} = b_1 \dfrac{\sigma_1}{\sigma_0} \dfrac{x_1 - \bar{x}_1}{\sigma_1} + b_2 \dfrac{\sigma_2}{\sigma_0} \dfrac{x_2 - \bar{x}_2}{\sigma_2} + \dfrac{\sigma_e}{\sigma_0}$

记 $y' = \dfrac{y - \bar{y}}{\sigma_0}, x_1' = \dfrac{x_1 - \bar{x}_1}{\sigma_1}, x_2' = \dfrac{x_2 - \bar{x}_2}{\sigma_2}, e' = \dfrac{e}{\sigma_e}$

[①] Bhatt GM. "Significance of pathco efficient analysis in association". *Euphytica* 1973. 22(2): 338-343.

y'、x_1'、x_2'、e' 为 y、x_1、x_2、e 的标准化

$$y'=b_1\frac{\sigma_1}{\sigma_0}x_1'+b_2\frac{\sigma_2}{\sigma_0}x_2'+\frac{e}{\sigma_e}e' \qquad \hat{y}'=b_1\frac{\sigma_1}{\sigma_0}x_1'+b_2\frac{\sigma_2}{\sigma_0}x_2'$$

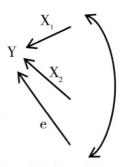

图 3-1　通径模型示意图
Figure3-1 Path schematic model

（二）农民自利性的无害化行为采纳的驱动因素

1. 模型检验

为了检验所选用模型的拟合优度、显著性、剩余效应以及是否存在多重共线性,对模型进行正态检验和多元回归分析。

表 3-3　模型摘要
Table 3-3 Model summary

模型	R	R 平方	调整后 R 平方	标准偏斜度错误
1	0.912[a]	0.832	0.826	0.209

表 3-3 给出了模型摘要,其中 $R^2=0.832$,$F=133.654$,由公式可知道误差对因变量的通径系数为:$P_{ey}=1-R^2=0.168$,剩余效应 e 较小,结果显示通径分析模型已经把握主要影响,模型拟合度比较好,可以认为回归模型成立。

表 3-4 多元线性回归分析
Table 3-4 Multiple linear regression analysis

模型	非标准化系数		标准化系数	T	显著性	共线性统计资料	
	B	标准错误	Beta			允差	VIF
（常数）	2.721	0.120		22.595	0.000		
X_1	0.066	0.020	0.083	3.326	0.001	0.915	1.093
X_2	0.032	0.015	0.058	2.107	0.036	0.759	1.318
X_3	0.023	0.015	0.046	1.542	0.124	0.639	1.564
X_4	-0.035	0.018	-0.052	-1.975	0.049	0.807	1.239
X_5	-0.098	0.016	-0.185	-5.991	0.000	0.619	1.615
X_6	-0.037	0.015	-0.075	-2.515	0.012	0.645	1.551
X_7	-0.671	0.034	-0.671	-19.902	0.000	0.497	2.010
X_8	0.034	0.012	0.075	2.936	0.004	0.874	1.144
X_9	0.002	0.016	0.003	0.096	0.924	0.768	1.303
X_{10}	0.019	0.015	0.031	1.216	0.225	0.879	1.137
X_{11}	-0.035	0.016	-0.059	-2.236	0.026	0.810	1.234

注：a. 因变量：是否会对染病牲畜随意处置。

表 3-4 为偏回归系数、标准回归系数、显著性、共线性及相对应的模型检验结果。Y 关于 X 的直接通径系数（P_y）就是 Y 关于 X_1-X_{11} 的标准化系数，由表 3-4 可知 X 关于 Y 的通径系数分别为：$P_{1y}=0.083$，$P_{2y}=0.058$，$P_{3y}=0.046$，$P_{4y}=-0.052$，$P_{5y}=-0.185$，$P_{6y}=-0.075$，$P_{7y}=-0.671$，$P_{8y}=0.075$，$P_{9y}=0.003$，$P_{10y}=0.031$，$P_{11y}=-0.059$。由显著性结果可知 X_1、X_2、X_4、X_5、X_6、X_7、X_8 和 X_{11} 偏回归系数显著，X_3、X_9 和 X_{10} 不显著，由于 X_3，X_9 和 X_{10} 这三个变量不显著，故后文通径分析移除这三个变量。

表 3-5　各变量相关系数表

Table 3-5 Variable correlation coefficient table

	Y	X_1	X_2	X_4	X_5	X_6	X_7	X_8	X_{11}
Y	1								
X_1	0.314**	1							
X_2	0.393**	0.059	1						
X_4	0.248**	0.075	0.152**	1					
X_5	-0.637**	-0.151**	-0.254**	-0.250**	1				
X_6	-0.469**	-0.146*	-0.296**	-0.309**	0.461**	1			
X_7	-0.877**	-0.254**	-0.351**	-0.265**	0.554**	0.390**	1		
X_8	-0.359**	-0.138*	-0.170**	-0.188**	0.272**	0.382**	0.374**	1	
X_{11}	-0.424**	-0.125*	-0.167**	-0.164**	0.266**	0.276**	0.412**	0.208**	1

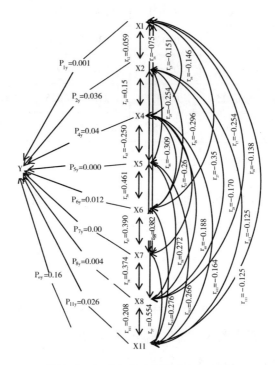

图 3-2　无害化处理通径分析矢量图

Figure3-2 Path analysis vector of Harmless processing

表 3-5 是各自变量之间的相关系数,即通径分析自变量之间对因变量的间接作用。根据表 3-4 的标准化回归系数(直接作用)与表 3-5 的相关系数(间接作用),绘制无害化处理通径分析矢量图,如图 3-2 所示,直观反映通径分析中无害化行为影响变量对因变量直接作用与间接作用的大小。

2.研究结果

以上研究结果验证了 H1(a)、H1(b)的假设,接受原假设,然而 H1(c)假设,拒绝原假设,说明农民的学历和养殖年限对其进行病死牲畜无害化处理行为的影响显著,而养殖规模的显著性不高。非正式制度中农民的基本情况与农民参与无害化处理的意愿与行为在影响农民选择何种处理方式上有一定作用,而正式制度(动物卫生监管与宣传力度,补贴政策等)会对农民自利性的无害化处理行为与非正式制度产生影响。农民无害化行为主要受到正式制度与非正式制度的影响,所以农民无害化行为是上述各因素相互作用的结果。从而认为引导农民采取无害化处理行为的非正式制度已成为实施牲畜绿色养殖与农业可持续发展的不可或缺的部分,对保护环境和保障公共卫生,甚至对稳定社会都有重大影响。

表 3-6 无害化影响因素通径系数和相关系数

Table 3-6 Diameter Coefficient and Correlation Coefficient of Harmless influencing factors

变量	与 Y 简单相关系数	通径系数 Py(直接作用)	间接通径系数 R							
			X_1	X_2	X_4	X_5	X_6	X_7	X_8	X_{11}
X_1	0.314	0.083		0.005	-0.004	0.028	0.011	0.171	-0.010	0.007
X_2	0.393	0.058	0.005		-0.008	0.046	0.022	0.236	-0.013	0.008
X_4	0.248	-0.052	0.006	0.009		0.045	0.023	0.178	0.014	0.010
X_5	-0.637	-0.185	0.013	-0.015	0.013		-.035	-0.372	0.020.	-0.016
X_6	-0.469	-0.075	-0.012	-0.017	0.016	-0.083		-0.262.	0.029	-0.016
X_7	-0.877	-0.671	-0.021	-0.020	0.014	-0.100	-0.029		0.028	-0.024

续表

变量	与Y简单相关系数	通径系数Py（直接作用）	间接通径系数 R							
			X_1	X_2	X_4	X_5	X_6	X_7	X_8	X_{11}
X_8	-0.359	0.075	-0.011	-0.010	0.010	-0.049	-0.029	-0.251		-.012
X_{11}	-424	-0.059	-0.010	-0.010	0.009	-0.048	-0.021	-0.276	0.016	

通过表3-6的数据，将直接通径系数按照绝对值的大小，由大到小排序分别是X_7、X_5、X_1、X_6、X_8、X_{11}、X_2、X_4，说明各个解释变量对农民采取无害化行为的直接影响效果作用最大的前五项分别是：X_7（风俗习惯）、X_5（养殖方式环保程度）、X_1（学历）、X_6（对兽药的认识程度）和X_8（补贴额度）。其中P_{1y}、P_{2y}、P_{5y}、P_{6y}、P_{7y}、P_{11y}与r_{1y}、r_{2y}、r_{5y}、r_{6y}、r_{7y}、r_{11y}同号，说明其他因素形成的间接作用是正向效果；而P_{4y}与P_{8y}与r_{4y}、r_8符号相反，这说明最终作用结果与直接通径相反。从表3-6可以看出，各变量的直接通径系数和简单相关系数差值较大，说明在研究这些变量对无害化行为的作用时，不能简单地靠增减变量来施加影响，而应该更加深入研究各因素影响外的间接因素，即间接通径系数，从而判断哪些因素对无害化处理有影响。

（1）非正式制度因素通径分析。风俗习惯（X_7）的直接通径系数最大（$P_{7y}=-0.671$）其对农民是否随意处置病死牲畜起直接的反作用，且作用最大，即X_7每增加一个标准单位，农民随意处置病死牲畜的可能性减少0.671个单位。风俗习惯（X_7）的简单系数为-0.877，与直接通径系数差距较大，说明存在一些间接因素对Y产生了间接作用。分析间接通径系数可知，除了X_4和X_8通过Y对X_7为正值，其余各变量间接通径系数均是负值；且X_4（$r=0.014$）和X_8（$r=0.028$）的间接作用与直接作用相比，产生的间接效果较小，说明风俗习惯（X_7）对Y（是否随意处置病死牲畜）主要以直接作用为主。间接作用中，养殖方式环保程度（X_5）对Y产生了较大的间接作用（$r=-0.100$），说明养殖方式环保程度对风俗习惯有较大影响，可以相互促进。风俗习惯

(X_7)是抑制农民随意处置病死牲畜、采取无害化处理行为的重要指标,对无害化行为研究起至关重要的作用。

养殖和补贴法律了解程度(X_4)的直接通径系数$(P_{4y}=-0.052)$和简单相关系数$(r=0.248)$异号,直接通径系数小于简单相关系数,说明养殖和补贴法律了解程度(X_4)对Y(是否随意处置病死牲畜)主要以间接作用为主。分析间接系数可知,所有变量通过X_4对因变量Y产生的都是正向的间接作用,其中风俗习惯(X_7)、养殖方式环保程度(X_5)和对兽药认识程度(X_6)的间接贡献最大,分别是0.178、0.045和0.023,以通过风俗习惯(X_7)的正效应影响为主。养殖方式环保程度(X_5)的直接通径系数为$P_{5y}=-0.185$,对Y(是否随意处置病死牲畜)的直接作用为负向影响,即X_5每增加一个标准单位,农民随意处置病死牲畜的可能性减少0.185个单位,增加了农民采取无害化处理的可能性。而且其通过X_1(学历)、养殖和补贴法律了解程度(X_4)和X_8(政府补贴额度)的正向间接作用均较小$(r=0.013,r=0.013,r=0.020)$,在间接作用中,通过$X_7$的最大间接系数为-0.327,间接贡献巨大,以通过风俗习惯(X_7)的间接负效应影响为主,且与Y(是否随意处置病死牲畜)的相关性仅次于X_7,是第二大影响指标。由此可知,非正式制度因素在无害化处理行为选择方式上起主要作用。以上结果验证了H2(a)、H2(b)、H2(c)、H2(d)的假设,接受原假设,说明,在非制度因素中,养殖法规的了解程度、养殖方式环保度、对兽药的认识程度、有无风俗习惯对农民的病死牲畜无害化处理行为的影响显著。

(2)正式制度因素通径分析。政府补贴额度(X_8)的直接通径系数$(P_{8y}=0.075)$和简单相关系数$(r=-0.359)$异号,直接通径系数小于简单相关系数的绝对值,说明虽然X_8对Y的直接作用为正向,但是最终结果是负向(即抑制农民随意处置病死牲畜),说明政府补贴额度(X_8)对Y(是否随意处置病死牲畜)主要以间接作用为主。分析间接系数可知,除养殖和补贴法律了解程度(X_4)以外,所有变量通过X_8对因变量Y产生的都是负向的间接作用,其中风俗习惯(X_7)、养殖方式环保程度(X_5)的间接贡献最大,分别是-0.251和-0.049,

以通过风俗习惯(X_7)的正效应影响为主。正式制度因素在无害化处理行为选择方式上起次要作用。

除风俗习惯(X_7)、养殖和补贴法律了解程度(X_4)和政府补贴额度(X_8)这三个作用较大的变量外,学历(X_1)、养殖和补贴法律了解程度(X_4)、兽药的认识程度(X_6)和惩罚力度(X_{11})对 Y 的直接通径系数分别为 $P_{1y} = 0.083$,$P_{4y} = -0.052$,$P_{6y} = -0.075$,$P_{11y} = -0.059$,通过风俗习惯(X_7)有最大间接作用,间接通径系数分别为 $r = 0.171$,$r = 0.178$,$r = -0.262$,$r = -0.276$。学历(X_1),养殖年限(X_2)、养殖和补贴法律了解程度(X_4)和惩罚力度(X_{11})对 Y(是否随意处置病死牲畜)的直接作用都相对较小,主要通过 X_7(风俗习惯)或养殖方式环保程度(X_5)的间接作用对 Y(是否随意处置病死牲畜)产生影响,其中处罚力度(X_{11})通过 X_7 对 Y 产生的间接作用较大,为 -0.276。因此,综合来看,通过提高 X_7(风俗习惯)可以在一定程度上阻碍农民随意处置病死牲畜,从而提高无害化参与度。同时,在提高农民无害化行为的过程中,也不能忽视对这些间接影响较大的指标,特别是养殖方式环保程度(X_5)。以上结果验证了 H3(a)、H3(d)的假设,接受原假设,拒绝了 H3(b)、H3(c)的假设。说明在制度因素中,政府的补贴和动物卫生监管部门处罚力度对农民进行病死牲畜无害化处理的影响显著,而疫病危害宣传力度和动物卫生部门监管的执法力度对农民进行病死牲畜无害化处理的影响不显著。

通过上述研究可知:一方面,从非正式制度角度来说,非正式制度与农民自利性无害化参与意愿之间存在较为直接的联系。非正式制度不仅直接作用于农民自利性无害化行为,不同的非正式制度对农民自利性无害化行为产生的作用也不同;而且在特定情况下,这些非正式制度会互相作用从而强化影响程度。农户风俗习惯和乡规民约潜移默化地影响农户个人品德和修养,在无形中就影响了农户的科学养殖观念,从而促进无害化行为。另一方面,从正式制度因素来看,执法力度和惩罚力度等制度因素对制止随意处置病死牲畜依然有较大的现实意义,这类与农民养殖相关的正式制度,如:处罚力度和政府补贴额度等不仅可以直接影响农民自利性无害化行为,又与非正式制度之间相互作用从而产生影响,这种影响既有可能是异号彼此相互抵消,也有可能是同号彼此相互强化。

综上所述,重大动物疫情公共危机作为一个复杂系统,不仅对人民日常生活有重大的影响,而且影响农民自利行为选择。由于农民的自利行为决策在疫情防控中占主导的地位,会促使农民不进行无害化处理,最终导致重大动物疫情公共危机这个复杂系统失衡。因此,本章农民的自利行为就是在动物疫情危机下是否采取无害化行为的选择,是否能够维持这个复杂系统的稳定状态。所以政府为了调控养殖市场,需要制定政策来激励和监管农民的自利行为,会对进行病死家禽家畜的无害化处理的农民给予政策补贴,以此激励农民进行健康养殖,并且动物卫生防疫部门会加大监督和执法力度来强制要求农民不出售病死家禽家畜。从上述的研究结论中可知,在动物疫情中,农民的自利行为决策受到正式制度和非正式制度的影响,其中的正式制度包括法律法规、政策补贴额度、政策的处罚力度和监管力度,而非正式制度包括农民的个人基本情况、养殖习俗、养殖规模和养殖年限、认知程度(包括对政策的了解程度、对动物疫病的认知、对兽药的认知)等。对于动物疫情的危机,政府可以加大无害化处理的宣传力度、提高无害化政策执行中的补贴额度、提高执法力度和惩罚力度、重视农村风俗习惯和乡规民约的养成等方面来影响农民的自利行为选择,从而应对动物疫情,缓解社会冲突和矛盾,促进社会的稳定。

第四章 重大动物疫情公共危机中
消费者行为决策

"风险社会"的到来使得普通消费者更易于暴露在风险之中。近些年,疯牛病、禽流感等动物疫情的出现,不仅使得客观消费风险攀升得越来越高,更是严重影响了消费者主观消费风险认知及其购买行为。动物疫情的突发性、威胁性、扩散性、紧急性、不确定性等特点使得处于常态的消费者更是难以适应。而市场信息的不对称性也加重了消费者的担心和焦虑,使其在购买食品时更加担心病从口入。消费者由于风险规避的心理对肉蛋类产品的担忧则会使动物疫情复杂系统失衡,从而影响复杂系统内其他主体的行为决策。而对动物疫情复杂系统进行优化则需要在动物疫情的传播中依然能为消费者提供安全的食品,使消费者能够在动物疫情危机下依然可以放心地享受肉蛋类产品。因此,本章对消费者在动物疫情公共危机中的行为决策进行研究,并探索其行为决策的驱动因素。

第一节 消费者行为决策:文献简述
及理论基础

一、消费者行为决策文献简述

学者们关于消费者行为决策研究大部分是从经济学视角出发,基本上都是基于企业角度为了提高自身效益拉动消费者消费的研究。从经济学视角对于消费者行为研究主要包括以下几个方面:一是认知是消费者购买决策的基础。消费者在进行消费行为决策时,多是基于自己对产品的认知状况,消费者认为某些产品是可以并且值得购买的就会进行购买行为;反之消费者认为某些商品是不值得购买的则不会进行购买。消费者在购买产品的过程中,多是在自己认知水平基础上进行(尹世久等,2014;刘增金等,2014;甄静等,2014;高世宏等,2014)。二是消费者购买决策的一般过程为:首先信息搜集,其次对产品的功能、安全性、性价比等进行评估,作出选择,最后作出购买行为。消费者在进行商品购买之前都会对产品的信息进行了解,甚至会去了解整个产业的商品信息;然后会对产品本身的信息进行了解,比如性能和性价比等;最后对了解到的各类信息进行一个整体的筛选,并且作出决策,购买还是不购买都是经过一系列的信息处理完成的。如杨晓燕(2003)的 AIDMA 原则、廖卫红(2013)AISAS 过程、王恒彦等(2006)的 CSMW 信息加工理论。三是当危机情况与社会心理相互作用时,会加强消费者对风险的感知,最终会影响消费者的消费行为(尚旭东等,2012;何清,2013;徐莉,2003)。在危机状况下,消费者的实际认知和常态下的消费者认知是存在一定差异的,危机的信息对消费者的行为会产生很大的影响。消费者对于风险的感知情况在很大程度上会影响消费者的行为,当在一定的危机情景下,消费者认为某一个产品的购买会对自身产生负面影响则会选择停止购买;而同样的危机情境下,消费者认为这样的危机情景对于另一个产品的购买没有影响,可能会选择继续购买这一产品。四是消费者对于食品安全性的认知是影响消费者购买意愿的重要因素之一。消费者进行食品购买时考虑到的不仅仅是产品是否值得购买,可能更多地会考虑购买食品的食用会不会对自己的身体健康产生影响。当消费者能够识别食品安全时,消费者会表现出更强的购买意愿和支付意愿;当消费者购买到有质量问题的产品时,绝大多数消费者认为是食品制造业、商家没有充分负责、养殖户缺乏职业道德以及政府没有做好监督等,很少认为是自己没有很好的鉴别能力(赵越春等,2013;曾寅初等,2007)。而消费者认为企业、商家、养殖户、政府等食品购买相关主体的行为对消费者的购买行为会产生很大的影响,当消费者认为在食品存在安全问题的情况下,商品销售各主体的处理行为到位的话,在食品危机过去之后还会再次选择消费该产品。消费者行为及其影响因素的研究在国内外都很成熟,决策行为过程和各个影响因素之间的关系和影响程度都有很深入的研究,对本书的消费者决策行为研究有很大的意义。

(一)消费者行为决策研究

目前,国内已有很多学者对消费者行为进行研究,学者们大多从消费者的认知和消费者购买决策的过程进行研究。消费者的行为与其消费认知密切相关,消费者在购买产品的过程中,多是在自己认知水平基础上进行,学者们普遍认为消费者对于产品的认知是其购买决策的基础。尹世久等(2014)在对广东消费者进行调查研究后发现,消费者本身对要购买的物品信息的认知是影响消费者是否购买安全食品的重要因素[1]。刘增金等(2014)认为消费者对可追溯食品的认知低下严重影响了消费者对其的购买行为[2]。甄静等(2014)以武汉市汉口的消费者为对象,进行调查发现这一范围内的消费者对于绿色食品的认知水平较高,但对绿色食品的信任度偏低,消费者的行为决策也存在一定的差异性[3]。高世宏等(2014)以陕西省为调查对象,研究了消费者对瓜果蔬菜农药残留的认知度、关注度以及购买因素、支付意愿等问题,并对政府部门、消费者、生产者提出了建议[4]。张小霞、于冷(2006)以上海消费者为对

---

[1] 尹世久、吴林海、徐迎军:《信息认知、购买动因与效用评价——以广东消费者安全食品购买决策的调查为例》,《经济经纬》2014年第3期。

[2] 刘增金、乔娟:《消费者对可追溯食品的购买行为及影响因素分析——基于大连市和哈尔滨市的实地调研》,《统计与信息论坛》2014年第1期。

[3] 甄静、郭斌、谭敏:《消费者绿色消费认知水平、绿色农产品购买行为分析》,《陕西农业科学》2014年第1期。

[4] 高世宏、曹林元、谢祥梅等:《消费者对瓜果蔬菜农药残留认知与购买行为研究——基于陕西省消费者的调查》,《陕西农业科学》2014年第3期。

象,分析了其对绿色食品的认知与绿色食品购买率之间的关系①。

在国内,大多数学者也偏好于对消费者购买行为过程的研究。杨晓燕(2003)认为,消费者在购买商品时,其行为遵循 AIDMDA 原则,即消费者在面对琳琅满目的商品时,首先会产生注意(Attention),随后消费者会对某些商品表现出更多的兴趣(Interest)和需求(Desire),然后将此记忆(Memory)保存在脑海中,最后作出购买决定(Decide),产生购买行动(Action)②。王恒彦等(2006)认为,消费者在购买食品的过程中,会经过由认知过程、选择过程、情感过程、意志过程等人类认知心理的一般过程,最后对安全食品产生购买行为③。廖卫红(2013)提出消费者在网购时遵循的消费行为过程 AISAS 即注意(Attention)、兴趣(Interest)、搜索(Search)、购买行为(Action)、分享(Share)④。由此可以看出消费者购买决策的过程一般为:在市场中对大量的信息进行搜集,然后对产品的功能、安全性、性价比进行评估,并作出选择,最后做出购买决策。

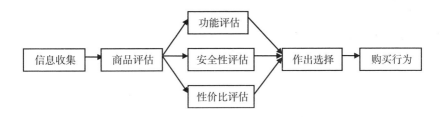

图 4-1　消费者购买行为的过程

Figure 4-1 the process of consumer buying behavior

食品是人们维持生命的必需品,与人们生活息息相关。而近年来,随着各

---

①　张小霞、于冷:《绿色食品的消费者行为研究——基于上海市消费者的实证分析》,《农业技术经济》2006 年第 6 期。

②　杨晓燕:《中国消费者行为研究综述》,《经济经纬》2003 年第 1 期。

③　王恒彦、卫龙宝:《城市消费者安全食品认知及其对安全果蔬消费偏好和敏感性分析——基于杭州市消费者的调查》,《浙江社会科学》2006 年第 6 期。

④　廖卫红:《移动互联网环境下消费者行为研究》,《科技管理研究》2013 年第 14 期。

种添加剂的加入以及动物疫情的不断发生,食品危机越来越多地出现在人们视野中。对此,国内学者也对消费者面对食品危机的消费行为进行研究。夏茵、晁钢令(2014)从"归因理论"和"印象管理理论"两个角度来探索产品危机情况下的消费者行为①。张蓓等(2013)采用数据和实证相结合的方法,从多个维度构建了农产品质量安全危机下的无公害猪肉购买行为研究模型②。当动物疫情等危机情况与社会心理相互作用时,就会加强消费者对风险的感知,然后就会影响消费者的消费行为。尚旭东等(2012)通过建立 Logistic 回归模型分析了消费者对可追溯食品购买意愿的影响因素③。何清(2013)认为,人类社会已经进入了"风险社会",食品安全问题的频繁发生,使得消费者会产生过高的主观风险认知,从而使消费者行为趋向保守,严重影响了消费者的理性消费④。徐莉(2003)认为,要从制度、政策等方面上加强消费主体建设,从而化解消费风险,形成理性消费社会⑤。

对食品危机下消费者决策购买的相关研究表明,食品的安全性是影响消费者购买意愿的重要因素之一。当消费者能够识别食品安全时,消费者会表现出更强的购买意愿和支付意愿;当消费者购买到有质量问题的产品时,绝大多数消费者认为是食品制造业、商家没有充分负责、养殖户缺乏职业道德以及政府没有做好监督等,很少认为是自己没有很好的鉴别能力⑥(赵越春等,2013;龚璐等,2014)。

---

① 夏茵、晁钢令:《产品危机情境下的消费者行为的研究》,《现代管理科学》2014 年第 2 期。

② 张蓓、黄志平、文晓巍:《农产品质量安全危机下的无公害猪肉购买行为研究》,《商业研究》2013 年第 7 期。

③ 尚旭东、乔娟、李秉龙:《消费者对可追溯食品购买意愿及其影响因素分析——基于 730 位消费者的实证分析》,《生态经济》2012 年第 7 期。

④ 何清:《主观消费风险攀升背景下消费行为的异化》,《商业时代》2013 年第 33 期。

⑤ 徐莉:《论理性消费与消费风险机制的建立——面对 SARS 时的理性消费思考》,《科技进步与对策》2003 年第 8 期。

⑥ 赵越春、王怀明:《消费者对制造企业社会责任的认知及影响因素研究——江苏食品制造业案例》,《产业经济研究》2013 年第 3 期。

（二）消费者行为决策的诱因

消费者行为指消费者在生活中为了满足个人或者家庭的需要,而在市场中购买各种产品和服务的行为。消费者的行为会受到各种因素的影响,营销学中消费行为理论认为个人、经济、心理、媒体、认知、政治等因素是影响购买者购买行为的主要因素。

1. 个人因素

个体之间的差异对于消费者的消费行为具有很大的影响,男性和女性个人思维上的差异会影响消费者的消费行为,随着年龄的增长,个体的消费行为也会存在一定的差异。同时个体的受教育程度对消费者的消费行为也会产生一定的影响,消费者的受教育程度不一样,所接受到的知识水平不一致,个人采取的消费行为也会存在一定的差距。且个人的婚姻状况对消费者的消费行为同样有影响,是否结婚表示消费者的购买行为是只针对自己还是要为一整个家庭负责,也会导致消费者的消费行为产生差异。曾寅初等（2007）认为,消费者个体的性别、年龄、文化程度、月收入、地域、家庭结构等因素是影响消费者的主要影响因素[1]。基于计划行为理论,罗丞分析了国内消费者对于安全食品的消费意愿,表示消费意愿是愿意消费和消费多少的统一过程,同时通过研究证明了消费者的个人收入和年龄对消费意愿有显著影响[2]。在食品安全问题发生时,作为生产链上的目标指向和价值实现的推动者,消费者在对待事件的态度和消费意愿对政府行为和企业生产产生很大的影响。根据学者们的研究,消费者的个体差异对消费行为的作用很大。

2. 经济因素

消费者的职业、家庭人口、家庭收入和家庭的社会群体共同构成了消费者

---

① 曾寅初、夏薇、黄波:《消费者对绿色食品的购买与认知水平及其影响因素——基于北京市消费者调查的分析》,《消费经济》2007 年第 2 期。

② 罗丞:《消费者对安全食品支付意愿的影响因素分析——基于计划行为理论框架》,《中国农村观察》2010 年第 6 期。

的经济状况,消费者的职业和社会群体表现了消费者消费质量,而消费者的家庭人口和家庭收入则表现了消费者人均消费需要控制在某一个范围之内,这个范围也表现了消费者的消费层级。所以消费者自身的经济因素对消费者的消费行为有很大的影响,也可以说是消费者最主要的影响。尹世久、徐迎军、陈默通过研究显示不仅仅是消费者的年龄这类个人因素,消费商品的价格、消费者个人收入等经济因素对消费行为也会产生影响,同时安全意识、信任度及购买行为的便利都会对消费者的购买行为产生影响,与别的因素一同作用于消费者行为,但是经济因素在其中起到的作用是无法替代的①。

3.心理因素

每个消费者的内心活动都是不一样的,消费者的心理因素也是消费者购买行为的重要影响因素之一。个人的消费心理虽然是由于个体因素一步步慢慢形成的,但是每个人所形成的消费心理都有各自的心智因素。杨倍贝、吴秀敏(2009)从社会人口变量、经济学变量、心理学变量等几个变量对消费者的购买意愿进行了研究,表示消费者在购买商品的过程中,虽然宏观方面会受到大众媒体传播的信息以及政府颁布相关政策的影响,但是微观上也会受到个人的兴趣爱好、个人偏好、个人收入水平等因素的影响,消费者对这些信息进行处理,然后形成自己的消费心理,并在以后的购买活动中随时提取,作为判断和选择的依据②。薛海波认为心智导向可以影响消费者的决策行为,心智导向在长时间内是比较稳定的,并且心智导向具有认知和情感的特征,表示了消费者做出决策的方式③。李爱梅、李连奇、凌文辁在研究情绪对决策行为的影响时,表示在风险情况下,个体如果处于积极的情绪中,会对高风险表现出规避的倾向,而对低风险表现出偏好的倾向;同时也指出了每个人对于自己情

---

① 尹世久、徐迎军、陈默:《消费者有机食品购买决策行为与影响因素研究》,《中国人口·资源与环境》2013 年第 7 期。

② 杨倍贝、吴秀敏:《消费者对可追溯性农产品的购买意愿研究》,《农村经济》2009 年第 8 期。

③ 薛海波:《消费者购物决策风格量表研究述评与展望》,《消费经济》2007 年第 5 期。

绪的体验不一致,而且对于情绪体验更加敏感的人则对其决策的作用更明显,在时间的压力下,也会加强情绪对决策的影响力①。个人的情绪、心理对消费者的消费行为会产生很大的影响,消费者的心理活动不同,最后所采取的消费行为也会不一致。

4. 媒体因素

当前正处于一个随处充斥着媒体的时代,信息无处不在。而公众也在随时随地接受来自各个地方的信息,面对大量复杂的信息,消费者难以对所有信息都全盘接受。消费者对媒体信息发布过程中会产生一些对于媒体的看法,如媒体信息发布是否及时、媒体对于事件信息曝光程度、媒体对事件宣传的可信度等,消费者根据自己对媒体信息的以往判断会影响消费者的消费行为。马骥、秦富认为,相比较个人收入的因素,消费者信息不对称对消费者消费意愿的影响更大②。对于安全的农产品,消费者认知水平的高低,不仅仅影响着消费者的消费意愿,同时也是信息不对称的原因;而消费者认知水平主要是由消费者的购买经历、产品价格、消费者学历、消费者家中是否有儿童及消费者自身对于食品安全的担心程度决定的;消费者对于食品安全的担心程度不一样,对消费者的消费意愿有很大的影响,同时消费者对食品安全的认知和判断不一致,可能导致信息不对称,消费者的购买行为则是取决于个人偏好。荣梅称口碑是最廉价的信息传播工具且是最高可信度的宣传媒介,对消费者的消费意愿和购买行为有很大的影响③。现在的公众,对于口口相传的东西信任度很高,并且都非常愿意去尝试,但是其中社会情境对于口口相传的影响也非常大。在现在的社会中,消费者感知风险越来越高,消费者在不断地搜寻信息来确保购买的安全性。消费者在进行购买时,对于信息处理显得尤为谨慎,所

---

① 李爱梅、李连奇、凌文辁:《积极情绪对消费者决策行为的影响评述》,《消费经济》2009年第4期。

② 马骥、秦富:《消费者对安全农产品的认知能力及其影响因素——基于北京市城镇消费者有机农产品消费行为的实证分析》,《中国农村经济》2009年第5期。

③ 荣梅:《社会网络分析方法在口碑传播中的应用研究》,《求索》2013年第2期。

以口碑传播的信息更加重要。传播的信息对消费行为有很大的影响,这些作用于消费者消费行为的因素都是可以通过媒体进行控制的,通过适当的宣传,消费者的消费行为会发生相应的改变。

5.认知因素

消费者对于将要消费的产品的了解程度对消费者的消费行为也会产生很大的影响。消费者对于产品进行了解之后可能会改变自己的消费意愿,而消费者对自己感知到的对产品的了解程度也会影响自己的消费行为。对于某些产品,可能消费者觉得自己的了解不够多而对这类产品的消费意愿比较低。董雅丽、李晓楠表示感知到的风险是影响消费者最终购买决策的重要因素,也是消费者行为决策研究的重要内容;并且通过网络购物这一例子验证了在信任模型的基础上,信任是消费者感知风险的前因变量,并且对消费意愿产生影响;感知易用性和信任一起影响感知的有用性,从而影响消费者的最终决策行为,同时消费者对于商品的信任程度对消费者的购买行为也产生直接的影响,提升消费者的信任度可以降低消费者的感知风险从而增加消费者的消费意愿[1]。王崇、李一军、叶强运用结构方程模型研究了消费者感知价值对消费者消费意愿的影响,并表示在网络购物这一环境中,通过网络和人工的调查问卷,得出消费者的感知价值与消费者本身的消费意愿有显著的正相关性[2]。邓新民基于伦理视角研究了消费者的消费意向,表示消费者的行为态度与感知行为、主观规范是影响消费者消费意愿的最主要的因素;并且消费者的伦理购买行为受到社会规范的作用,同时感知行为会通过影响消费者的行为态度作用于消费者的购买行为[3]。王崇、赵金楼表示消费者的消费行为,目的都是

---

① 董雅丽、李晓楠:《网络环境下感知风险、信任对消费者购物意愿的影响研究》,《科技管理研究》2010 年第 21 期。

② 王崇、李一军、叶强:《互联网环境下基于消费者感知价值的购买决策研究》,《预测》2007 年第 3 期。

③ 邓新明:《中国情景下消费者的伦理购买意向研究——基于 TPB 视角》,《南开管理评论》2012 年第 3 期。

以较小的支出获得效用最大化的商品,消费者感知到的购买风险在消费者的决策行为中占据很大的影响作用;消费者本身所秉持的消费原则、价值取向共同决定了消费者的消费意愿,并且同时也要考虑到购买商品的质量、价格等①。张剑渝、杜青龙从行为经济学的角度出发,认为参考群体对于消费者的社会认同、自我归类、认知偏差都存在显著的影响,而这些则对消费者对于某一商品的购买行为也产生一定的影响。消费者在进行购买行为时,其理性是不确定的,经常会参考群体行为来帮助自己进行购买决策②。从行为经济学的角度看,社会认知是非常重要的,消费者的认知状态、信息处理及其行为之间存在许多的关联。消费者的认知情况是可以根据所处的环境进行改变的,政府和企业可以通过一定的措施增加消费者对于某些产品的感知情况。

6.政治因素

在不同的环境中,政府对于消费者权益的保护程度不一致,消费者对于政府行为的满意程度也会影响最终决策。当消费者觉得政府行为充分照顾消费者的权益时,对政府的满意度会更高,对政府新闻报道过的产品的消费意愿会更高。所以政府在消费者消费行为中也占据很高的影响地位,当政府在产品监督、消费者维权方面的措施做得到位的时候,消费者对政府管理会更满意,对产品的接受程度会更高。仇焕广、黄季焜、杨军在研究中证明了消费者对于政府管理能力的信任度显著作用于对转基因食品的接受程度,并且表明了消费者的消费意愿不仅仅是由文化、习惯等因素影响的,政府管理的信任程度也是影响消费者行为的一个关键性因素;消费者对于政府信任的提高可以弥补消费者由于自身知识不足而对食品安全的担心,同时个体的消费水平对消费

---

① 王崇、赵金楼:《电子商务下消费者购买行为偏好的量化研究》,《软科学》2011 年第 8 期。

② 张剑渝、杜青龙:《参考群体、认知风格与消费者购买决策——一个行为经济学视角的综述》,《经济学动态》2009 年第 11 期。

者消费意愿也存在显著相关性①。苏淞、孙川、陈荣等提到由于我国幅员辽阔,虽然都生活在一个国家,可能还是存在文化差异,对于消费意愿也有一定的影响;并且不同城市化程度的城市中消费者的文化价值、感知价值和决策行为都有很大的差异,且体现城乡差异的地方基础设施、经济水平、居民收入等对消费者的消费意愿存在一定的影响②。戚海峰在研究中国消费者的从众问题时发现,由于消费者受到本土社会的价值取向影响,在消费行为过程中会借助焦点选择来实现维护自身与周围群体之间的和谐关系;从众的消费行为具有主动调整自我、积极适应等特点。同时也指出消费者的从众消费行为不是从来就有的,而是一些非正式约束影响而来,长期的群体规范和压力久而久之就形成了非正式的约束;这类非正式约束主要是与传统和风俗等文化意识形态相关的,所以可以形成持久且强大的约束力,在这种约束力下使得个体消费者对群体会产生一定的依附,从众消费的行为可能性是更高的③。根据学者们的研究,消费者所处的政治环境对消费者本身的消费行为的决策过程会产生很大的影响,改善消费者的政治环境,提升消费者的满意度对消费者消费决策行为有一定的积极作用。

二、消费者行为决策的理论基础

国外对消费者的研究比我国早,并且国外学者们经过对消费者进行长时间深入地研究形成了习惯建立理论和消费信息理论两大理论。

(一)习惯建立理论

美国堪萨斯大学商学院的游伯龙教授提出习惯建立理论,指出消费者在

---

① 仇焕广、黄季焜、杨军:《政府信任对消费者行为的影响研究》,《经济研究》2007 年第 6 期。

② 苏淞、孙川、陈荣:《文化价值观、消费者感知价值和购买决策风格:基于中国城市化差异的比较研究》,《南开管理评论》2013 年第 1 期。

③ 戚海峰:《中国人从众消费行为问题探究——基于控制的视角》,《经济与管理研究》2011 年第 1 期。

购买商品时会表现出比较固定的思考模式和行为模式。消费者在没有外界因素刺激的情况下,由于大脑内储存的各种购买商品以及过去选择等相关信息会处于相对稳定和平稳的状态。因此在面对食品危机时,消费者会喜欢到熟悉的地方或者店家去购买物品①。对一般的消费者而言,选择一个商品时,会存在一个固定的考量模式。比如某一个消费者在购买商品时将商品质量放在自己考虑的第一位,那么对几乎所有要购买的商品,都将质量放在自身考虑的第一位。而针对这类消费者,商品生产厂家就要针对商品的质量进行改良以获得这类消费者。

在重大动物疫情中,消费者在购买肉蛋类产品时可能会依照固有的考量模式,依照原来购买过的产品及相关信息来做最后的决策。基于习惯建立理论,消费者都倾向于关注自己经常性购买的产品品牌,所以其他品牌产品因疫情发生的变化对消费者的购买决策影响并不大。消费者经常性购买的肉蛋类产品没有被疫情影响时,消费者对于肉蛋类产品的购买决策不会随着疫情的转变而发生太大的改变;相反,消费者经常购买的肉蛋产品受疫情的影响较大时,消费者的对于肉蛋产品的需求极大可能会降低。针对这一类消费者,经营肉蛋类产品的商家保证自己产品未受疫情影响就足够了。

(二)消费信息理论

盖瑞·彼得森(Gary Peterson)、詹姆斯·桑普森(James Sampson)、罗伯特·里尔登(Robert Reardon)在1991年提出消费信息理论,认为消费者就像一个信息处理器,消费行为就是一个信息加工处理的过程,即对信息进行输入、加工处理、提取和使用的过程。② 消费者会根据自己获得的信息进行思考,根据自己的思考过程来作出购买行为的判断。消费者在购物的过程中,首

---

① 游伯龙:《习惯领域理论》,北京:机械工业出版社 1980 年版。
② 信息加工理论,http://baike.baidu.com/link? url=bneN7Wr3Ya6Fp4sLlfRyuwjcomHVxRLeV lqhrqckYZwQFZEbK45hHpPVoCiJPC1eSh0ZF-_xt8P62swIFEJZuq。

先会对信息进行选择性输入（Input），然后对这些输入的信息进行选择（Select），最后作出购买的决定（Decide），即消费行为遵循 ISD。

在动物疫情发生时，消费者接受疫情信息是多种多样的，如染病动物种类、染病人数、扑杀情况等信息，消费者在了解这些信息之后会根据自身的消费需求对疫情的相关信息进行判断和选择。当消费者认为自己所要购买的肉蛋类产品在疫情发展过程中受到影响较大时，为了规避风险，消费者可能会降低自己的需求；而当消费者认为疫情发展对自己的影响较小时，其消费决策可能会依旧倾向于购买该商品。

综上，当前国内外学者们对于消费者行为的研究都非常深入和广泛，但纵览相关文献就会发现现有文献对消费者行为的研究，多是对消费者对于购买产品的认知以及购买决策过程的研究，而且也多基于描述分析，AIDMA 原则刚好体现这一点。学者们大都是从常态下对消费者进行研究，常态下的消费者可能更多的是关注所要购买商品的本身特征和性质及消费者的个体差异，而关于消费者所处的消费环境的差异性对于消费购买行为的影响研究较少。而且大多数研究从常态下消费者的消费习惯以及过程入手，对公共危机情景下消费行为的研究很少。但是处于风险社会中，当风险成为一种常态，而对风险社会中消费者行为研究却没有成为常态。将消费者所处环境作为消费者行为研究的一大要素，不管是对于风险社会还是安定社会都是必要的。风险社会中，消费者的行为不仅仅考虑到商品本身的性质，从自身角度出发，周边的环境对于消费者决策行为的影响也是不可忽视的。消费者的满意度不再是针对企业，更有消费者对于媒体环境的满意度，媒体关于某些自身要消费的商品的报道程度对消费者的行为有很大的影响。同时政府对商品的生产过程的监管和对消费者的保护措施，这一类政府因素对消费者决策行为的影响也是不可忽视的。

第二节　重大动物疫情公共危机中
消费者行动逻辑

在重大动物疫情中,消费者的购买决策会发生一定的变化,但是在进行购买的过程中依然遵循着固有的逻辑。动物疫情的发展和扩散在很大程度上会从环境方面影响消费者的购买行为,并且引起消费者的心理波动,从而改变消费者在动物疫情环境中的需求。消费者购买行为有多种典型的逻辑模式,按照风险规避动机,消费者有固有的购买逻辑,符合其自身的选择动机,并且有购买决策"路标",最终决定消费者是否在动物疫情的环境中有肉蛋类产品的需求。

一、消费者购买行为典型模式

(一)科特勒刺激反应模式

科特勒提出的"科特勒刺激反应模式"认为,消费者购买行为的一般模式为(S-O-R 模式)即"刺激(stimulus)——个体生理、心理(organism)——反应(response)"。认为消费者的购买行为是在其自身的内部生理、心理因素和外部环境的刺激下产生,消费者在进行消费行为时不一定都是理性的,各种信息的刺激使消费者产生动机,而在刺激和动机的综合作用下,消费者最终作出决定,产生购买的行为[①]。在市场上,经常会有商家采取一些刺激消费者进行消费的措施,消费者受到刺激后可能会改变自身既定的消费模式而进行冲动消费。

基于科特勒刺激反应模式,在动物疫情环境中消费者受到的刺激不容忽视,消费者为了规避风险很可能会改变自身的消费需求。而在动物疫情的整个发展过程中,消费者的心理也会随之发生改变,在发展过程中疫情的各种信

---

① 科特勒:《管理科学》,北京:机械工业出版社 1990 年版。

息都会刺激使得消费者改变自己的反应。消费者的反应在疫情发展中与常态下的反应会存在一定的差异,疫情通过刺激消费者使得消费者心理和生理发生变化从而改变消费者对动物肉蛋类产品的反应。

(二)EKB 模式

恩格尔—科拉特—布莱克威尔模式(EKB 模式),则提出消费者的购买决策的五个步骤,即问题认知、信息收集、方案评估、商品选择和购买结果[①]。EKB 模式解释的是关于消费者消费的一个完整的过程,从对商品的问题认知到购买行为的决定都做了一个完善的解释,不同于之前的几类观点,EKB 模式是一个对消费行为最为完整的研究和解释。

在动物疫情的环境中,消费者需要对疫情发展问题有明确的认知,基于此消费者会对有关疫情的各种信息进行搜集和判断,从而确定是否会有对动物肉蛋类产品的购买需求。一般而言,为了规避疫情带来的风险,消费者对于疫情熟悉之后会大大减少对肉蛋类产品的需求。

(三)霍华德—谢思模式

霍华德—谢思模式则认为消费者在购买产品时会受到产品本身质量和以往购买经验的影响,其在对产品信息的收集和选择的过程中,会形成一系列购买决策的中介因素,如选择评价标准、喜好等。在经验和中介因素的相互作用下,消费者便产生对某种产品的倾向和态度[②]。

霍华德—谢思模式中则表示消费者在进行购买时会关注产品本身的质量,而在动物疫情中,基于风险规避的心理,消费者对于肉蛋类产品的质量基

---

① 恩格尔—科拉特—布莱克威尔模式,http://wiki.mbalib.com/zh-tw/EBK%E6%A8%A1%E5%BC%8F。

② 霍华德—谢思模式,http://baike.baidu.com/link?url=SDkfkhEJltQryO4kCMI6gHxheiHY2TBoZ3vlnQ2n_GvfIQnxwBi9alKW9IOU47eqRcLzEd_3p-m8yBSQyIii5q。

本上处于不信任的状态。也有消费者会根据自身一贯的习惯并且结合当时对产品信息的搜集和确认,从而确定自己是否对肉蛋类产品进行购买。消费者的消费态度不是简单地看到商品就产生的,可能跟过去的经历和可能得到的信息是有关的,消费者行为受到中介因素的影响也很大。

不管是"科特勒刺激反应模式""EKB 模式",还是霍华德—谢思模式,消费者在动物疫情发生过程中对于肉蛋类产品的需求,在很大程度上都会受当时环境的影响,面对疫情的危机环境,消费者为了规避疫情的风险在很大程度上会减少对肉蛋类产品的需求。

二、消费者决策过程

消费者决策过程(CDP)模型是一个简单的消费者购买决策"路标",该模型捕获了消费者在决策生成过程中所采取的行为和心理活动,以及各个内外部因素是如何相互作用,并且影响消费者的想法、评估以及最终的行为决策①。在面对动物疫情的外部因素时消费者决策很可能改变,而同时由于自利行为和羊群效应等因素的共同作用,在很大程度上会影响消费者的行为选择。

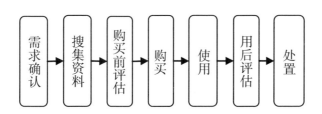

图 4-2 消费者决策过程模型
Figure 4-2 The model of consumer decision process

正如模型所显示的一样,消费者进行购买决策的过程有七个主要步骤:需求确认、搜集资料、购买前评估、购买、消费、用后评估及处置。当动物疫情发

---

① 迈克尔·R.所罗门:《消费者行为学》,北京:中国人民大学出版社 2009 年版,第 15 页。

生时,由于消费者的自利行为,就有可能会降低消费者对动物产品的需求,并会对相关信息加以关注,在购买之前对产品的评估会更加仔细,而某些消费者购买之后的后续处置也会更加严格。

一是消费者作出任何购买决策的出发点都是出于自身的需求。当动物疫情发生时,消费者面对非常态情形,基于风险规避其需求会产生很大的变化。只有当消费者确认需求的动物肉蛋产品没有安全问题时,才会作出购买决策。动物肉蛋产品不是生活的必需品,在发生动物疫情时,消费者为了规避风险,可能会选择其他替代食物,产生新的需求。

二是一旦需求确认以后,消费者就开始搜集自己想要了解的有关产品的资料。可以是内部搜集,即从自身原有的记忆中或从想要购买的产品起源中寻找;也可以是外部搜集,即从同族人、家庭或市场上搜集。当进行外部搜集,有很多消费者在动物疫情发生过程中依然对肉蛋产品有需求时,可能会引起羊群效应,其余消费者跟随一起产生需求。很多时候,消费者会被环境因素所激发,而无意识地进入搜集信息的过程,这完全不由自身控制。搜集资料的广度和深度是由消费者的个人特征及社会、文化经济等因素来决定的。当消费者对搜集到关于动物肉蛋产品的信息并不满意时,就会搜集其他可替代的食品信息。

三是消费者行为决策过程的下一个步骤就是基于已经搜集到的信息进行选择和评估。在这个阶段中,消费者会对自己想要了解的产品从质量、价格、品牌等各方面进行比较和挑选。在面对动物疫情时,消费者首先会关注自己想要购买的肉蛋类产品各品牌是否在疫情发展中采取措施,然后缩小自己的选择范围,最后做出购买行为决策。在这一过程中,影响消费者行为决策的主要因素就是动物疫情,消费者为了规避动物疫情带来的风险,其评估标准可能也会产生一定的差异。

四是消费者在对想要购买的产品进行评估之后的下一个阶段就是购买。在消费者做了购买决策之后,会经历两个过程。第一个过程是消费者需要从众多商家中选择在各方面综合起来最为满意的一个;第二个过程就是到商家进行选择自己最终购买的产品。消费者必须经历购买决策过程模型中的前三个阶段,对某个产品有了购买计划之后才会执行这一阶段,但是某些时候消费者可能也会由于购买时的因素变化作出与计划完全不一致的购买决策。在动物疫情中,这种改变尤其多,可能当消费者已经有了购买计划,但是去商家选择产品的时候对于疫情的发展进一步了解之后,会使原来的购买计划发生改变。

五是当消费者购买完成之后,对于该产品就有了所有权,对其使用也会随之发生。消费者购买了产品以后,可以立即使用,也可以延迟使用。肉蛋类产品作为食品,其保质期不是很长,消费者对于肉蛋类产品的使用一般都会较快。消费者对肉蛋类产品进行加工处理食用后,可能会马上对产品有一个满意度,并进一步影响以后的购买决策。

六是消费者在对产品进行使用后,下一个阶段就是用后评价。在这个阶段里面,消费者会对自己购买的产品有一个相对的评判。在动物疫情中,消费者对于肉蛋类产品评判的最重要的因素就是产品是否足够安全,其食用口感等影响因素可能都处于相对重要的地位。当消费者对于产品的体验达到预期要求时,就会感到满意;相反,产品不能达到预期效果时,消费者就会感到不满意。消费者对产品使用的满意程度非常重要,因为消费者会把对产品的满意度作为以后的购买决策参考,同时也有可能会影响他人的消费过程。

七是消费者决策过程模型的最后一个阶段,即处置。在进行评价过后,消费者对于产品的处置可以有几种选择,将其完全丢弃、回收利用或是低价转让。而对动物肉蛋产品的消费一般是食用,进行食用之后如果感到不满意最可能的处置方式都是丢弃。

在动物疫情频发的环境中,消费者行为决策过程中,不仅仅遵循消费者决策过程模型的原理,还有可能受到环境和心理因素的影响。基于消费者的自利心理,以自身利益为购买的关键,面对动物疫情时,在很大程度上会放弃动物肉蛋产品。而受到环境的影响,身边的人并没有放弃动物肉蛋产品,那么消费者可能自身也会产生一定的购买需求,这就是羊群效应。但是消费者最终是否会购买,除了心理因素和环境因素之外还受其他各种因素影响。基于以上这些问题,本章将采用定量研究,通过建立 Probit 模型来分析消费者在动物疫情危机中行为决策的诱因。

第三节　重大动物疫情公共危机中消费者风险规避行为的诱因

在公共危机事件中,消费者的行为决策与常态下的购买行为决策有很大不同,不能以常态下的消费者购买行为来解释在危机事件中的消费者行为。分析公共危机事件中消费者行为决策的影响因素和购买行为的倾向是非常有必要的,可以通过消费者购买行为影响因素的分析来采取一定的措施稳定公共危机事件过程中消费者的消费行为,减少消费者的非理性消费行为,提升消费者消费行为的理性。动物疫情不仅仅在我国频发,世界范围内的动物疫情发生也非常频繁。研究动物疫情中的消费者行为决策及其影响因素对于公共危机中消费者行为决策具有代表性的意义。

一、消费者风险规避行为的研究假设与理论模型

消费者行为是指消费者在生活中为了满足个人或者家庭的需要,通过市场购买各种产品和服务的行为。生活中,消费者的购买行为会受到各种因素的影响。罗青军、何圣东(2005)认为文化因素、社会因素、经济因素、心理因素、个人因素等是影响消费者购买行为的主要因素。[①] 杨倍贝、吴秀

---

① 罗青军、何圣东:《基于顾客终生价值分析的营销策略研究》,《商业经济与管理》2005 年第 1 期。

敏(2009)则认为社会人口变量、经济学变量、心理学变量等几个变量是影响消费者购买行为的主要因素。[①] 鉴于学者们对于消费者购买行为影响因素的大量研究,结合本书的具体需要,本章将对以下六个消费者购买行为的诱因进行分析。

(一)个人因素与消费者行为

消费者个体差异性导致其消费行为的不一致。学者们认为影响消费行为的自身因素有:个体的性别、年龄、文化程度、地域、家庭结构等主要个体因素(曾寅初,2007;张利国等,2006;朱洪革等,2013)。学者们对于消费者个体因素对消费者购买行为的影响有大量的研究,研究结果显示,消费者性别、年龄、教育程度与消费者行为之间存在显著的相关性,且通过证明得知,在面对动物疫情的情况下,相比较于男性消费者,女性消费者的购买意愿更低;就年龄层面而言,年长的消费者购买意愿更低;受教育程度高的人,在面对动物疫情时购买意愿更低;在动物疫情发生时,不同鉴别能力的消费者,鉴别能力高的消费者,购买意愿会更高;个人的婚姻状况中,已婚人士较未婚人士会表现出更低的购买意愿。结合本书对于公共危机中的动物疫情的研究,对于动物疫情中个体影响因素,对此假设如下:

H1:动物疫情危机下消费者消费意愿

(a)女性消费者消费意愿更低;

(b)年长的消费者消费意愿更低;

(c)教育程度高的人消费意愿更低;

(d)鉴别能力越高的消费意愿更高;

(e)已婚的人消费意愿更低。

[①] 杨倍贝、吴秀敏:《消费者对可追溯性农产品的购买意愿研究》,《农村经济》2009年第8期。

（二）经济因素与消费者行为

朱洪革、佟立志等（2013）认为消费者的职业、收入状况和所属社会群体与生态消费者行为选择相关性很强。尹世久等（2014）在对广东消费者进行调查后发现消费者的职业、家庭结构、社会群体是影响消费者购买安全食品的重要因素。学者们认为相对于从事第三产业的务农人员而言，从事二、三产业的人会表现出更高的消费意愿；而家庭人口数量对于消费者的消费意愿有负向的影响；家庭收入情况中，家庭收入越高的，消费者的消费意愿越低；而社会群体方面，社会群体越高，其消费者的消费意愿更低。借鉴上述研究成果，同时结合本书对于公共危机中的动物疫情下消费者的特点，提出如下假设：

H2：动物疫情下消费者的消费意愿

（a）职业类影响因素：教师、个体经商户、企事业单位、兽医会表现出更高的消费意愿，务农人员则更低；

（b）家庭人口越多，消费意愿越低；

（c）家庭收入越高，消费意愿越低；

（d）处于中等收入及以上社会群体的人，消费意愿更低。

（三）心理因素与消费行为

影响消费者购买行为的另一个主要因素就是消费者自身的心理状况，消费者对产品的风险感知以及个人偏好都直接或间接影响着消费行为（徐莉，2003；何清，2013）。学者们认为消费者的效用感知和个人偏好对消费者的购买行为有正向影响，而消费者的风险感知状况对消费者的购买行为有负向影响。借鉴前人研究，并结合本书公共危机中动物疫情的实际情况，对消费者购买行为提出如下假设：

H3：动物疫情下消费者的消费意愿

（a）消费者的效用感知对消费意愿有正向影响；

（b）消费者的风险感知对消费意愿有负向影响；

（c）消费者的个人偏好对消费者意愿有正向影响。

（四）认知因素与消费者行为

消费者的行为与其消费认知密切相关。尹世久等（2014）在对广东消费者进行调查研究后发现，消费者对于产品信息的认知是消费者行为决策的重要影响因素之一。刘增金等（2014）也认为消费者对可追溯食品的认知低下严重影响了消费者对其的购买行为。高世宏等（2014）以陕西省为调查对象，研究了消费者对瓜果蔬菜农药残留的认知度、关注度以及购买因素、支付意愿等问题，并对政府部门、消费者、生产者提出了建议。根据学者们对于消费者的认知因素和其购买意愿的研究可以发现：消费者对于要购买的食品的认知越清晰，其消费意愿越高。消费者的认知分为很多方面，结合本书的分析对象，在动物疫情中，消费者的认知主要是对动物疫情的传播方式、动物疫情的预防方式、动物疫情的产生原因、动物异性的影响后果、感染动物疫情的可能性、动物疫情的危险程度等因素。鉴于以上学者的研究，结合本书研究的内容，对此提出以下假设：

H4：动物疫情下消费者消费意愿

（a）消费者对动物疫情传播方式、动物疫情预防方式、动物疫情产生原因、动物疫情的影响越熟悉和清楚，其购买消费意愿越高；

（b）感染动物疫情的可能性、动物疫情的危险程度越小，其消费意愿越高。

（五）政治因素与消费者行为

消费者所处的政治环境对消费者的购买意愿存在一定的影响，罗青军、何圣东（2005）认为政治环境是影响消费行为的主要因素之一。张爱勤[1]从法律层面表示环境税法的存在促进了人们养成勤俭节约的消费行为，也有利于建

---

[1]　张爱勤：《环境税在资源节约型社会中的作用》，《税务研究》2006 年第 12 期。

立节约型社会。在众多的政治因素中,索赔保障措施保障效果、安全监管是否合理、食品安全法是否起作用、安全标准是否合理、政府处理事件速度的快慢、信息公开程度、疫情免疫效果、紧急免疫效果等因素都对动物疫情中消费者的消费意愿产生很大的影响。基于以上学者的研究,并且结合本书的实际情况对此提出以下假设:

H5:动物疫情下消费者消费意愿

(a)索赔保障措施对消费者消费意愿有正向影响;

(b)安全监管对消费者消费意愿有正向影响;

(c)食品安全法对消费者消费意愿有正向影响;

(d)安全标准对消费者消费意愿有正向影响;

(e)政府处理速度对消费者消费意愿有正向影响;

(f)信息公开程度对消费者消费意愿有正向影响;

(g)政府惩戒力度对消费者消费意愿有正向影响;

(h)疫情检疫效果对消费者消费意愿有正向影响;

(i)紧急免疫效果对消费者消费意愿有正向影响。

(六)媒体因素与消费者行为

消费者在购买商品的过程中,宏观方面会受到大众媒体传播的信息以及政府颁布相关政策的影响,微观上会受到个人的兴趣爱好、个人偏好、个人收入水平等因素的影响,消费者对这些信息进行处理,然后形成自己的消费行为。王晓展(2015)提出社交媒体的普及、社交媒体传播是影响消费者购买决策的因素。① 邓志彬、严泽和等认为社会化媒体传播是影响社会化电子商务中消费购物决策的行为因素。根据学者们的研究,疫情信息及时发布会提高消费者的消费意愿;媒体对于疫情曝光程度越高,消费者的消费意愿也会更

---

① 王晓展:《社交媒体对消费者购买决策的影响》,《中国园地》2015年第6期。

高;消费者对于媒体关于疫情的宣传的信任程度越高,消费者本身的消费意愿会更高。基于以上几点,联系动物疫情危机情况,对此本书作出以下假设:

H6:动物疫情下消费者消费意愿

(a)疫情信息及时性对消费者消费意愿有正向影响;

(b)疫情曝光度对消费者消费意愿有正向影响;

(c)媒体宣传可靠程度对消费者消费意愿有正向影响。

基于以上理论假设,本书构建了动物疫情危机下消费行为影响因素理论模型(如图4-3)。模型描述了影响消费者的行为因素由两部分组成:第一,商品,这里的商品包括商品本身以及对商品的宣传。商品本身指商品本身所具有的功能及它的属性(安全性、实用性、美观性、耐用性等)。商品的宣传包括商家对产品进行的促销活动、媒体的广告宣传和政府的政策宣传。这些因素都会影响消费者的购买行为。第二,消费者本身的影响。消费者在受其个人的年龄、性别、职业、文化、收入等和社会相关群体、参照群体、家庭状况、社会群体等因素的影响下,会形成不同的消费认知、消费价值观、消费心理、消费偏好、消费习惯,而不同的消费者对风险感知是不同的,这些因素都会直接或者间接地影响消费者消费行为。

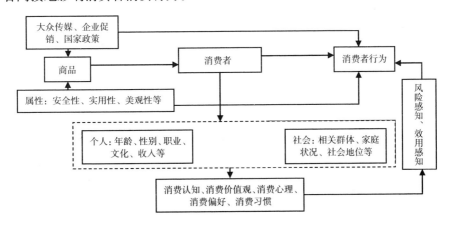

图4-3　消费者消费行为影响因素
Figure 4-3 Influencing factors of consumer behavior

二、消费者风险规避行为分析的指标和数据来源

(一)指标设计

消费者的决策行为结果是简单的,选择购买或者是不购买,但是对于作出这个决策的心路历程却是复杂的。消费者的行为不仅仅是一个简单的决策过程,而是消费者根据自身的需要,再通过自己对于购买商品的考量而作出的选择。其中消费者自身的需求和通过需求作出的自身考量则是需要研究的,针对消费者的需求和消费者侧重考虑的方面进行改善而提高消费者的满意度。影响消费者决策行为的不仅仅是个人的个体差异、经济因素,消费者本身的心理状态、消费者对于商品的认知情况都对消费者的决策行为产生很大的影响。而消费者的消费状况不仅仅是从这些个体的因素出发进行考虑,影响程度相当的还有所处的政治环境和媒体环境。政府关于消费安全采取的措施、媒体对于商品的披露,可以说会改变消费者固有的消费认知,从而改变消费者的消费行为。根据大量文献的支持,本书结合学者们关于消费者行为的研究基础,再从本书公共危机这一具体情况出发,选择了个体因素、经济因素、心理因素、认知因素、政治因素、媒体因素作为影响消费者行为的六个一级指标。由于本书的公共危机是以危机中的动物疫情危机为例,根据动物疫情的实际情况,选择了符合动物疫情情况下的各个二级指标作为来描述消费者行为的影响因素,根据其具体情况进行赋值,并给出了相应定义。

表 4-1 变量定义

Table 4-1 Variable definition

一级指标	二级指标	变量赋值
自身因素	X1 消费者性别	男 = 1 　女 = 0
	X2 消费者年龄	实际年龄
	X3 婚姻状况	未婚 = 1 　已婚 = 2 　离异或丧偶 = 3
	X4 受教育程度	教育年限
	X5 个人鉴别能力	不能鉴别 = 1 　很少能够鉴别 = 2 　有时能够鉴别 = 3 多数能够鉴别 = 4 　完全能够鉴别 = 5

一级指标	二级指标	变量赋值
经济因素	X6 个人职业	务农 = 1　打工 = 2　个体户/经商 = 3　教师 = 4　村干部 = 5　兽医 = 6　企事业单位 = 7　其他 = 8
	X7 家庭结构	实际人口数
	X8 家庭收入	实际收入
	X9 社会群体	低收入 = 1　中低收入 = 2　中等收入 = 3　中上收入 = 4 高收入 = 5
心理因素	X10 效用感知	自身需求 = 1　肉类价格 = 2　安全程度 = 3　其他 = 4
	X11 风险感知	很强 = 1　较强 = 2　一般 = 3　较差 = 4　很差 = 5
	X12 个人偏好	特别不喜欢 = 1　不喜欢 = 2　一般 = 3　比较喜欢 = 4 非常喜欢 = 5
认知因素	X13 动物疫情传播方式	非常熟悉 = 1　比较熟悉 = 2　一般 = 3　不太熟悉 = 4 完全不熟悉 = 5
	X14 动物疫情预防方式	非常熟悉 = 1　比较熟悉 = 2　一般 = 3　不太熟悉 = 4 完全不熟悉 = 5
	X15 动物疫情产生原因	非常熟悉 = 1　比较熟悉 = 2　一般 = 3　不太熟悉 = 4 完全不熟悉 = 5
	X16 动物疫情的影响	非常熟悉 = 1　比较熟悉 = 2　一般 = 3　不太熟悉 = 4 完全不熟悉 = 5
	X17 感染动物疫情的可能性	非常严重 = 1　比较严重 = 2　一般 = 3　不太严重 = 4 完全不严重 = 5
	X18 动物疫情的危险程度	非常严重 = 1　比较严重 = 2　一般 = 3　不太严重 = 4 完全不严重 = 5
政治因素	X19 索赔保障措施	没有 = 1　较少保障 = 2　较好保障 = 3　保障很好 = 4
	X20 安全监管	完全不合理 = 1　比较不合理 = 2　比较合理 = 3　非常合理 = 4
	X21 食品安全法	没有任何作用 = 1　很难起作用 = 2　比较有用 = 3　非常有用 = 4
政治因素	X22 安全标准	完全不合理 = 1　比较不合理 = 2　比较合理 = 3　非常合理 = 4
	X23 政府处理速度	不处理 = 1　处理较慢 = 2　处理较快 = 3　及时处理 = 4
	X24 信息公开程度	全力隐瞒 = 1　部分隐瞒 = 2　很少隐瞒 = 3　全部公开 = 4
	X25 政府惩戒力度	不够严厉 = 1　比较严厉 = 2　足够严厉 = 3　过于严厉 = 4
	X26 疫情检疫效果	没有检疫措施 = 1　没有效果 = 2　效果很差 = 3　效果较好 = 4　效果很好 = 5
	X27 紧急免疫效果	没有紧急免疫 = 1　没有效果 = 2　效果很差 = 3　效果较好 = 4　效果很好 = 5

一级指标	二级指标	变量赋值
媒体因素	X28 疫情信息及时性	不及时=1　一般=2　及时=3　非常及时=4
	X29 疫情曝光度	很少曝光=1　有时曝光=2　一般=3　充分曝光=4　过分曝光=5
	X30 媒体宣传可靠度	不可信=1　有时可信=2　一般=3　基本可信=4　完全可信=5

（二）数据分析

1.数据来源

本次研究是基于湖南地区消费者在动物疫情危机中的行为决策及影响因素,针对不同婚姻状况、年龄、文化程度、职业、家庭结构、消费认知的消费者发放了1100份调查问卷,其中剔除漏答关键信息以及出现明显错误的问卷76份,可以采用的调查问卷1024份,有效回收率为93.1%。本次调查采用的调查方式为非结构式访谈法和随机抽样法,在正式调查开始前,先对长沙市的市民进行预调查,以判断问卷的不合理性并对问卷内容进行调整,再在湖南省的14个地州市中展开。问卷调查分为四部分,分别为个人基本信息、对动物疫情的认知状况、政府信任度以及社会状况认知。

动物疫情危机下消费者行为影响因素统计量包括统计样本的均值、中位数、最大值、最小值、标准差、偏度(见表4-2)。

表4-2　描述性统计分析
Table 4-2 Descriptive statistical analysis

	平均	中等	最大	最小	标准差
Y	0.45117	0	1	0	0.4981
X1	0.37891	0	1	0	0.48559
X2	1.75977	2	3	1	0.45856
X3	36.168	37	78	15	11.1953
X4	11.6289	12	19	2	3.44981

续表

	平均	中等	最大	最小	标准差
X5	2.54297	2	5	1	1.15277
X6	4.62305	3	8	1	2.66977
X7	3.89648	4	7	1	1.18661
X8	6.5877	5	80	0.5	5.22438
X9	2.49414	3	5	1	0.71602
X10	2.13086	2	5	1	1.03011
X11	1.89453	1	5	1	1.12114
X12	3.3418	4	4	1	0.91003
X13	2.92578	3	5	1	1.08285
X14	2.9707	3	5	1	0.99957
X15	3.32031	3	5	1	1.14972
X16	2.71094	3	5	1	1.06282
X17	2.56836	3	5	1	1.09938
X18	2.38867	2	5	1	1.23521
X19	2.07617	2	4	1	0.85554
X20	2.46289	3	4	1	0.69284
X21	2.49414	2	4	1	0.65013
X22	2.66602	3	4	1	0.59988
X23	2.82031	3	4	1	0.81746
X24	2.60938	2	4	1	0.75577
X25	1.65039	2	4	1	0.73814
X26	3.36133	4	5	1	0.8488
X27	3.375	4	5	1	0.91946
X28	2.68164	3	4	1	0.70933
X29	3.11328	3	5	1	0.85257
X30	3.44727	4	5	1	0.91152

2. 信度效度检验

为了确保问卷有意义,检验该问卷是否合格,在正式进行数据运算之前,本书进行了信度和效度的分析检验。可观测指标设计是否科学合理决定了模型的运算能否成立,所以在运算观测指标数据模型前,对问卷展开信度和效度检验是十分必要的一个步骤。

信度检测是为了测算数据的可靠程度,普遍使用的指标是 Cronbach's 系数。本书的信度检验结果(如表4-3所示)由 SPSS 软件运行得出。从表中可知 Cronbach's 系数为0.609,这一数据表明本次调查所获得的数据信度较好,通常 0.5≤Cronbach's 系数<0.7,表示很可信;0.7≤Cronbach's 系数<0.9,表示非常可信。

表4-3 可靠性统计量
Table 4-3 Reliability statistics

Cronbach's Alpha	基于标准化项的 Cronbachs Alpha	项数
0.609	0.664	31

效度检验是为了测量测算数据的有效程度,即测量指标所能反映潜在变量所要表达涵义的多少。效度数据分析方法越高,则表明测算出的结果与所要观察研究对象的契合度越高,相反,效度越低则表明契合度越低。本书采用计算因子负荷值检验问卷调查可测变量的效度,运用 SPSS 软件做因子分析的适合度检验,求得 KMO 值=0.747,适合做因子分析。

表4-4 KMO 和 Bartlett 的检验
Table 4-4 KMO and Bartlett test

取样足够度的 Kaiser-Meyer-Olkin 度量。		0.747
Bartlett 的球形度检验	近似卡方	4810.002
	df	435
	Sig.	0

通过 SPSS 软件对数据进行因子分析可以得到各变量对整个问题的累计解释,运算结果如表4-5,可知累计贡献率为65.332%,即变量共解释了65.332%,可见效度较高。

表 4-5　解释的总方差

Table 4-5 The total variance of the explanation

成分	初始特征值			提取平方和载入			旋转平方和载入		
	合计	方差的%	累积%	合计	方差的%	累积%	合计	方差的%	累积%
1	4.96	16.532	16.532	4.96	16.532	16.532	3.039	10.131	10.131
2	3.097	10.324	26.856	3.097	10.324	26.856	2.669	8.898	19.028
3	2.535	8.449	35.305	2.535	8.449	35.305	2.5	8.335	27.363
4	1.793	5.977	41.282	1.793	5.977	41.282	2.042	6.808	34.171
5	1.503	5.01	46.292	1.503	5.01	46.292	1.887	6.291	40.462
6	1.354	4.513	50.804	1.354	4.513	50.804	1.847	6.155	46.618
7	1.193	3.976	54.78	1.193	3.976	54.78	1.626	5.42	52.037
8	1.123	3.743	58.524	1.123	3.743	58.524	1.414	4.714	56.751
9	1.025	3.417	61.941	1.025	3.417	61.941	1.324	4.412	61.163
10	1.017	3.391	65.332	1.017	3.391	65.332	1.251	4.169	65.332
11	0.93	3.1	68.432						
12	0.861	2.87	71.301						
13	0.802	2.672	73.974						
14	0.732	2.439	76.412						
15	0.709	2.364	78.776						
16	0.703	2.343	81.119						
17	0.666	2.219	83.338						
18	0.569	1.896	85.235						
19	0.551	1.836	87.071						
20	0.501	1.669	88.74						
21	0.479	1.597	90.337						
22	0.431	1.438	91.775						
23	0.421	1.404	93.179						
24	0.403	1.344	94.523						
25	0.326	1.086	95.609						
26	0.316	1.053	96.662						

续表

成分	初始特征值			提取平方和载入			旋转平方和载入		
	合计	方差的%	累积%	合计	方差的%	累积%	合计	方差的%	累积%
27	0.297	0.991	97.653						
28	0.262	0.873	98.526						
29	0.231	0.77	99.296						
30	0.211	0.704	100						

注:提取方法:主成分分析。

3. 数据处理

本书对数据的处理分为三步:(1)消除数据的量纲性,本书选择用MAX-MIN 方法对数据进行归一处理;(2)对变量进行多重线性检查,剔除存在比较严重的多重共线性变量;(3)鉴于动物疫情危机下消费者购买禽类食品的行为是二元选择,即购买和不购买两种行为。该特点适合采用 Probit 模型对其进行分析。因此本书以动物疫情危机下消费者购买禽类食品的与否作为解释变量 Y,以若干影响动物疫情危机下影响消费者行为的因子作为被解释变量 X,包括自身因素、经济因素、心理因素、认知因素等。使用计量经济学分析软件 Eviews5.0,运用 Probit 模型对数据进行回归处理分析。模型的一般函数形式如下:

$$P = E(Y = x_1 + x_2 + \cdots + x_n) = F(\beta_0 + \beta_1 x_1 + \beta_2 x_2 + \cdots + \beta_n x_n)$$

其中,Y 是一个关于 X 的函数,表示消费者在动物疫情危机下购买禽类食品的行为(未购买 = 0,购买 = 1);其中 P 为消费者在一定条件下购买某种物品的概率,在本书中指消费者在动物疫情危机下购买禽类食品的概率;x_1,x_2,$\cdots$,x_n 是影响消费者做出购买决定的因素;β_0 为常数项;β_1,β_2,$\cdots$,β_n 为待估系数,$f(x)$ 服从标准正态分布,是取值严格介于 0 到 1 之间的函数,$E(\cdot)$ 为消费者在动物疫情危机下购买或不购买动物类食品的数学期望。

三、影响消费者购买行为的驱动因素

本书应用 Eviews 软件,对 1024 个样本进行 Probit 回归分析,检验了前文

提出的假设,结果如表4-6:

表4-6　回归结果
Table 4-6 regression results

Variable	Coefficient	Std.Error	z-Statistic	Prob.
C	2.264022	0.908583	2.491815	0.0127
X1	−0.075860	0.165918	−0.457217	0.6475
X2 ***	0.785114	0.242267	3.240696	0.0012
X3 **	−0.021871	0.010567	−2.069812	0.0385
X4	0.027733	0.029322	0.945805	0.3442
X5	−0.095896	0.079898	−1.200239	0.2300
X6 ***	0.090114	0.033302	2.705942	0.0068
X7 ***	0.173281	0.065787	2.633976	0.0084
X8	−0.022232	0.018121	−1.226848	0.2199
X9	0.120134	0.129388	0.928484	0.3532
X10 ***	0.276507	0.083930	3.294517	0.0010
X11	−0.078682	0.073058	−1.076987	0.2815
X12 ***	1.493151	0.122709	−12.16824	0.0000
X13 ***	0.369104	0.112671	3.275941	0.0011
X14 ***	−0.385006	0.126866	−3.034737	0.0024
X15	0.041574	0.094802	0.438537	0.6610
X16	−0.037391	0.085445	−0.437605	0.6617
X17 **	−0.207050	0.091630	2.259640	0.0238
X18 **	−0.179062	0.081351	−2.201103	0.0277
X19	−0.109379	0.114419	−0.955952	0.3391
X20	0.074996	0.161454	0.464503	0.6423
X21	0.058816	0.152005	0.386932	0.6988
X22	0.100008	0.181440	0.551191	0.5815
X23	0.015307	0.114984	0.133127	0.8941
X24	−0.169215	0.116697	−1.450044	0.1470
X25 ***	0.377347	0.131603	2.867303	0.0041
X26 *	0.191984	0.129388	1.483789	0.09

Variable	Coefficient	Std.Error	z-Statistic	Prob.
X27 ***	0.284237	0.109748	−2.589905	0.0096
X28	−0.132371	0.129682	−1.020737	0.3074
X29	−0.043728	0.113971	−0.383680	0.7012
X30	−0.133674	0.106100	1.259886	0.2077

注:*** 表示在1%的水平上显著,** 表示在5%的水平上显著,* 表示在10%的水平上显著。

(一)个人因素与消费者行为

由表4-6可知,个人因素会对消费者行为产生影响。其中婚姻状况在1%的显著水平上对消费行为产生正向影响。这是由于已婚人士已经组建家庭,更善于处理家庭事务,更注重饮食的营养搭配,也更关心家庭人员的身体健康,因此,已婚人士比未婚人士在面对动物疫情危机时会更加关注疫情的有关信息。同时,这一类消费者为了保证家人的身体健康,在面对动物疫情危机时会表现出更低的消费意愿。消费者年龄则表现在5%的显著水平上对消费行为产生负向影响。年龄越大的人,在面对动物疫情危机,其消费行为表现得更加保守,不敢或者不愿意购买禽类食品。动物疫情危机下老年消费者购买禽类食品的担心明显高于年轻人。该现象存在的原因:(1)年龄大的人虽然有经验,但是由于上了年纪,思想更加拘谨,行为更加谨慎。(2)老年人更加关注健康,所以在动物疫情危机下不愿意冒险购买禽类食品。此结果验证了前文的H1(b)、H1(e)假设。而性别、受教育程度、个人鉴别能力对消费者行为的影响并不显著。

(二)经济因素与消费者行为

模型回归结果显示,动物疫情危机下个体的职业与消费者行为存在正相关,并且在1%水平上显著。人们因为从事的职业不同,所以对动物疫情的风险感知不同。职业的不同也导致参照群体不同。企事业单位的动物疫情信息来源较多,因此在动物疫情危机下,消费行为会比较理性。而有些群体信息比较闭塞,也不了解食品安全法以及食品安全标准,面对这种危机情况,则会表现出更加保守的消费行为,当动物疫情发生时,会选择保守行为,不再购买肉蛋类食品。家庭结构与动物疫情危机下消费者行为存在负相关,即家庭人口数越多,在面临危机时,会表现出更加消极的消费行为。因为在人口多的家庭,考虑到动物疫情危机下吃肉蛋类食品可能会给家人带来不利的影响,为了家人的安全着想,会选择不去购买肉蛋类食品。此结果验证了 H2(a)和 H2(b),而 H2(C)和 H2(d)的假设没有得到本书研究结果的支持。

(三)心理因素与消费行为

从模型回归结果看,效用感知与动物疫情危机下消费者行为存在正相关。即当在动物疫情危机下,消费者购买动物疫情的效用感知越高,则其购买肉蛋类食品的可能性越大。当消费者自身对肉蛋类食品的渴望大于其自身对肉蛋类食品安全隐患的估计时,消费者会选择去购买肉蛋类食品。其显著性明显,表明效用感知是影响动物疫情危机下消费者行为的重要因素。当生理与心理需求相互交融杂糅时,人们感性选择往往会战胜理性选择。当消费者对肉蛋类食品产生较高的效用评价时,即使在面对危机的情况下,消费者也仍然会选择购买。从回归系数来看,个人偏好与动物疫情危机下消费者行为存在正相关。即消费者十分喜爱肉蛋类食品,在面对动物疫情危机时,也不会约束自己,不会减少购买肉蛋类食品。此结果与 H3(a)、H3(c)之前的假设一致,H3(b)其影响不具有显著性。

(四)认知因素与消费者行为

模型回归结果显示,H4(a)假设中消费者对动物疫情传播方式、动物疫情预防方式越熟悉和清楚,其购买肉蛋类食品的意愿越高得到验证。H4(b)假设中感染动物疫情的可能性、动物疫情的危险程度越小,其购买意愿越高也得到验证。动物疫情传播方式在1%的显著水平上对消费行为产生正向影响,即消费者了解动物疫情传播方式,其在动物疫情危机会表现出更加积极的消费心理,会更加理性地面对动物疫情。动物疫情预防方式的回归系数为负数,而且其显著性在1%水平上。消费者熟悉动物疫情预防的方式时,不会选择购买肉蛋类食品。因为消费者认为肉蛋类食品是动物疫情的传播的载体之一,做好预防动物疫情的方式之一就是不去购买肉蛋类食品。从模型回归结果看,了解感染动物疫情可能性在5%的显著水平上对消费行为产生负向影响。也就是说,当消费者认为感染动物疫情可能性较大时,会表现出保守的消费行为。在面对动物疫情危机时,不会选择去购买肉蛋类食品。而动物疫情的危险程度的回归系数为负数,即消费者认为动物疫情的危险程度越高,其购买肉蛋类食品的可能性更小。反之,其购买肉蛋类食品的频率不会下降。消费者需要提升自己的认知,理性对待危机事件中的个人消费行为。

政府难以从消费者的个体情况来改变消费者的消费行为,但是通过对于外界因素的调控来让消费者更加理性地消费是完全有必要的。所以必须提升消费者的认知情况,消费者在危机状况中对于某些商品采取不理性的购买行为,在很大程度上可能是由于对事件的认知程度不够。比如在2011年由于日本福岛核电站泄漏事故,导致国内居民大规模的抢盐,盐价一直居高,市场混乱,给公众也造成很大的恐慌。而这一事件的发生便是由于谣传,居民对事件的认知不够,导致了非理性的购买行为。

(五)政治因素与消费者行为

模型回归结果显示,政府惩戒力度的回归系数为正数。当消费者认为目前政府对问题肉类的惩戒力度足够严厉时,消费者会对政府以及市场更加信任。消费者认为在此情况,店家不敢再售卖问题动物,因此当动物疫情危机降临时,依然可以像往常一样购买肉蛋类食品。而且其显著性在1%水平上,说明政府惩戒力度是影响消费者行为的重要因素。在动物疫情危机情况下,政府加大对问题肉蛋类食品的惩戒力度,可以减少消费者面对动物疫情危机的惶恐和担忧。消费在此情况下,会更加理性地消费。预防动物疫情的检疫工作在10%显著水平上对消费行为产生正向影响。如果预防动物疫情的检疫工作做得好,人们在动物疫情危机下购买禽类食品的意愿就更高。而紧急免疫效果在1%的显著水平上对消费行为产生正向影响。如果紧急免疫效果工作做得好,人们在动物疫情危机下会表现出积极的消费行为。此结果验证了H5(g)、H5(h)、H5(i)之前的假设,而其他假设并没有得到本书研究结果的支持。

在动物疫情中,消费者对于不法行为的惩戒力度与消费者的消费意愿正相关,这表明政府对不法销售行为的打击会增加公众对于商品本身的信任度,而倾向于消费这一类商品。现在存在许多不法商贩,在动物疫情发生之后,为了牟取暴利而不顾政府的规章制度贩卖染了疫病的动物食品,染病动物食品在市场上进行销售很容易造成公众恐慌,并且有可能使购买的消费者染病,这不仅会给购买者带来生命财产的损失,还会造成公众对于市场很长时间的不信任。政府的惩戒力度加大,就会增加消费者的信任度,消费者也能理性消费。在公共危机事件中,总有一些人不顾他人的安危,甚至是违法犯罪,为了自己私人的利益来欺骗消费者。这类人不仅仅会伤害直接消费者,对于间接消费者造成的恐慌也是难以比拟的,消费者的不信任很难修复。政府对于这些行为的惩戒既能保证消费者的安全,也能控制由于违法犯罪行为造成的恐慌。

面对每年春季多发的动物疫情,政府的预防和紧急免疫对消费者的消费行为也有很大的影响。目前我国对于危机事件的研究越来越多,各类危机事件都不再有神秘的面纱,针对不同危机事件政府都有很多防控条例。而对于动物疫情这种频发性的危机事件来说,其可控制程度是非常高的,政府的预防行为在疫情发展过程中的作用不可小觑。虽然动物疫情频发,但是动物疫情的发生仍然具有危机事件的特征,就是其突发性。面对动物疫情的突发性,政府的紧急免疫措施必不可少。政府的紧急免疫是保证疫情不会进一步扩大的关键。政府对于疫情的紧急免疫到位的话,可以在很大程度上正向影响消费者的行为决策。消费者面对动物疫情时,其对动物食品的消费意愿很明显是降低的,但是在动物疫情过后,消费者可能也并不会提高自身的动物食品消费意愿。如果政府在动物疫情发生时就采取了及时有效的紧急措施,对往后动物疫情过后消费者的消费意愿产生积极影响。政府对于动物疫情的预防和紧急免疫措施是客观的,可以通过改变消费者的主观心理,而影响消费者的客观消费行为。

(六)媒体因素与消费者行为

从回归模型,可以看出消费者对危机下媒体疫情信息及时性、疫情曝光度、媒体宣传可靠性都存在不满,认为媒体在动物疫情危机下,媒体对疫情进行报道的速度一般,而且疫情的曝光度一般,以及信息的可靠性也一般。这些因素都导致了消费者在动物疫情危机下会采取保守性的消费行为,以最大限度地保护自己的利益。在动物疫情危机的环境下,消费者的行为都或多或少地会受到影响。理性面对动物疫情危机,不仅需要消费者个人提高消费心理的承压能力,还需要政府加大对食品危害的惩戒力度、疫情检疫效果、紧急免疫效果等方面的措施,也需要媒体做到信息的及时公开,及时披露。

在动物疫情中,政府和媒体对于相关事件进行及时报道,不仅仅是各地的疫病状况,对于动物疫情的传播方式、预防方式等都及时进行详细的报道,就会让消费者对于禽类食品有一个理性的认识,在消费时也会进行理性消费。在发生公共危机时也一样,危机一旦发生,不仅仅是要报道事件详情,对于事件可能产生的影响,对社会各界都需要有一个明确表示。不然公众在面对发生的公共危机事件时,凭借自己对事件的了解进行猜测,或者是相信各种渠道谣传的一些信息,很容易造成不理性的行为。在不理性的情况下,购买行为是最容易改变的,当消费者处于不理性的情况下,很容易冲动消费。消费者不仅仅是要被动接受政府、媒体所发布的信息,更要自己主动去了解危机情况中各种问题,对自己的消费行为要理性。不要由于一些片面的谣传信息而进行冲动消费,要根据实际的情况理性对待。

综上所述,动物疫情作为公共危机的一种,在动物疫情情景下对消费者行为进行研究有很大的意义,消费者在动物疫情情况下的消费行为在公共危机状况中有很大的代表性。而政府可以根据消费者的决策习惯来作出一定的措施稳定消费,当市场由于危机而变得难以控制时,需要政府采取措施来控制市场的良性运转。从数据分析的结论可以看到,在动物疫情中,消费者的消费行为受到自身个体因素和经济因素的影响,并且与消费者的效用感知、偏好等心理情况相关,同时消费者的认知情况对消费行为也有显著影响。政府和媒体的行为更是在很大程度上影响消费者的购买行为。政府可以从这些角度采取一定措施,来应对消费者由于风险规避而产生的不理性消费。动物疫情中的消费者行为是可以通过一定的措施进行调控的,通过政府行为改变消费者的决策行为进而稳定市场,稳定消费者对于动物疫情公共危机状况下消费市场的看法,可以减少消费者由于对于动物疫情公共危机认知不够造成的消费恐慌。某些危机是可以控制的,并不是消费者认为的洪水猛兽,由于消费者的认知不够而造成的市场恐慌可以通过政府、媒体和社会各界的努力而改善。

第五章　重大动物疫情公共危机中网络媒体信息传播行为

　　如何做好重大动物疫情公共危机防控工作已成为当前社会各界普遍关注的敏感问题。当动物疫情发生时,以往通行的政府单一管制方式和理念已不能适应当前多元化的社会实际,政府还必须考虑到媒体的舆论引导作用。媒体作为动物疫情危机信息传播中的一环,在重大动物疫情公共危机的应对、化解和修复中占据极其重要的地位,其舆论引导作用甚至可能会直接关系到动物疫情危机的发展乃至最终结果。因此在重大动物疫情公共危机事件中,研究如何发挥媒体积极的舆论引导作用,具有重要的理论和现实意义。

第一节　公共危机与媒体行为的研究知识图谱

　　本章拟通过对媒体和动物疫情公共危机事件相互关系这一研究领域的回顾和展望,以及对研究前沿和研究热点的追踪,来深入分析该研究领域的发展路径和发展规律,使相关学者能准确把握本研究领域的发展趋势和研究动态。近年来,国际上对新兴的科学知识图谱的研究基础是引文分析方法和信息可视化技术,主要涉及的领域包括数学、信息科学、认知科学和计算机科学等诸多学科,被认为是科学计量学和信息计量学的新发展①。鉴于此,拟采用 CNKI 数据库,利用 CiteSpace 可视化软件绘制媒体和动物疫情公共危机研究的科学知识图谱。但由于用"媒体"和"动物疫情"作为关键词在中国知网里检索文献偏少,不具有代表性,而动物疫情属于公共危机的一类,因此本章选取"媒体"和"公共危机"为关键词,利用 CiteSpace 分析历年来媒体参与公共危机领域的研究进展、研究前沿以及知识基础,为国内科研单位在媒体参与公共危机研究方面进行规划和管理,也为公共危机研究者在科研选题方面提供参考。

一、公共危机与网络媒体的分析工具

(一)数据来源

本研究基础数据来源于中国知网(CNKI),选取"媒体"和"公共危机"作为关键词进行检索,不限制检索年份,但检索文献得到的时间为 2003—2023 年,CNKI 数据库检索结果得到的文献总共有 1599 篇,检索时间为 2023 年 11 月 20 日。

由于 CiteSpace 可视化软件是以 Web 检索数据格式为模板,CNKI 导出的检索数据与 CiteSpace 可视化软件存在不兼容性,因此作者在导出科学图谱之前必须利用 CiteSpace 软件对 CNKI 得到的检索数据进行转换:点击菜单 Date—Import\Export—CNKI(Refwork),输入原检索数据源,点击 Format Conversion 完成数据转换,得到的新结果即为 CiteSpace 软件的数据源。

(二)研究工具

1. 文章采用的研究工具软件为 CiteSpace3.8。CiteSpace3.8 是由美国德雷塞尔大学陈超美博士基于 Java 语言开发的一款知识图谱可视化分析工具,

---

① 刘则渊、王贤文、陈超美:《科学知识图谱方法及其在科技情报中的应用》,《数字图书馆论坛》2009 年第 10 期。

能够得到某一研究领域隐含的内容:其研究进展和当前的研究前沿以及对应的知识基础①。文章主要采用了以下步骤和操作:进入 Project-New,选择检索数据源,在 Language 处选择 Chinese。

2. 在主窗口右侧配置处,选择年代范围为 2003 年至 2023 年,时间切片为 1 年,节点类型(Node Types)选择作者(Author)、机构(Institution)、关键词(Keyword),阈值(Threshold)在下文介绍,路径(Pruning)选择(Pathfinder)、Pruning sliced networks 切片网络和 Pruning the merged network 合并网络,展示 Visualization 选择(Cluster View)静态聚类和(Show Merged Network)合并网视图。

二、公共危机与网络媒体的研究主体分析

在 CiteSpace 软件界面,将时区跨度分割设为 2003—2023 年,单个时间分区为 1 年,主题聚类词来源为标题、摘要、关键词与标识符,阈值选择各时区前 30 个节点,选择路径网络简化算法,可视图显示为静态聚类视图和合并网络视图。

(一)合著者网络分析

为分析不同作者的合作情况,网络节点类型选择为作者,进行合著者网络分析(见图 5-1)。合著者网络知识图谱能够清晰地展现某一学科领域中的学术流派及研究方向,以及流派中各个作者之间的合作关系,同时可以发现该研究领域有哪些重要贡献的学者②。设置阈值为 top30,节点表示参与研究的作者,节点大小表示参与研究作者合作频度,节点环表示年代,节点标签字号

①　陈超美:《CiteSpace Ⅱ:科学文献中新趋势与新动态的识别与可视化》,《情报学报》2009 年第 3 期。
②　王林、冷伏海:《施引关键词与被引作者交叉共现分析方法及实证研究》,《情报学报》2012 年第 4 期。

大小表示中心性的大小,灰色节点表示作者出现的突变性,如果两位作者共写一篇论文,则两个节点用线条相连接,线条越粗,表示合作关系越紧密①。

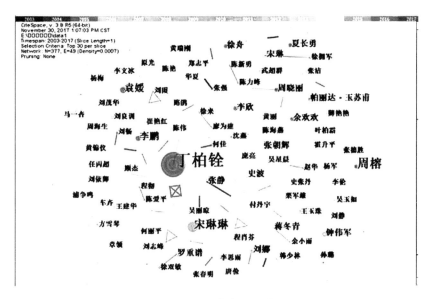

图 5-1　作者合作图谱
Figure 5-1 the map of co-Author

图 5-1 的结果显示,作者合作图谱网络中存在 21 根线条,网络整体密度为 0.0028,还处于较低水平层次。表明作者在我国媒体参与公共危机防控领域的研究力量分散,大多数作者都是独自研究,相互之间交流和合作偏少;即便存在合作关系,大多数也只是在他们所处的机构和地域内部,跨机构和跨区域的合作相对比较匮乏,在一定程度上制约媒体在公共危机方面的研究成效。

从合著关系来看,图谱中作者节点之间的连线比较稀疏,只有 49 条,且线条偏细,表明从论文合著角度看,学者们以媒体这一视角研究公共危机的合作程度不高,鲜少合作,媒体与公共危机领域还没有形成一个稳定的合作团队,

①　张大伟、薛惠峰、寇晓东:《复杂网络领域科学合作状况的网络分析研究》,《情报杂志》2008 年第 8 期。

研究者之间的资源共享还很薄弱。

统计期刊发文相对稳定的作者可以客观地显示高影响力作者和其研究的主要领域。对公共危机和媒体研究 2003 年至 2017 年 11 月 1 日刊文第一作者进行统计,涉及作者 1739 人次。发文一篇的有 1592 人,占到总数的 91%;发文两篇以上的有 147 人,占比 8%,说明在媒体和公共危机领域持续发文的作者少。根据普赖斯定律,核心作者发文数 m,必须满足 $m = 0.749 \times \sqrt{n_{max}}$,($n_{max}$ 表示发文最多作者的论文数)[1]。表 5-1 中发文量最多的作者的论文数为 14 篇,所以核心作者发文数为 2.8 篇,因此本章将发文量在 3 篇及 3 篇以上的作者定为核心作者,统计得到核心作者 28 人,见表 5-1。统计表明核心作者共同发表文献有 106 篇,占总发文量的 6.6%。这表明国内在媒体对公共危机这一领域的研究还未形成核心作者群,作者分布比较分散。其中丁柏铨、周榕等人的发文量超过了 4 篇,对以媒体这一视角研究公共危机这一领域作了重要贡献,但是学者们以独著居多,合作研究偏少。核心作者还需进一步放宽研究视野,与其他领域、其他机构的学者开展广泛的学术交流和合作,学习他人的研究思维,引入新思路和新方法,推动以媒体这一视角参与公共危机研究领域朝着更广阔的方向发展。

表 5-1　核心作者列表
Table 5-1 the list of core authors

作者	发文量	作者	发文量
丁柏铨	14	徐国源	3
周榕	7	徐舟	3
宋琳琳	6	张怡	3
李鹏	4	王颖	3
袁媛	4	史波	3
余欢欢	3	罗重谱	3

----

[1] 靖继鹏、马费成、张向先:《情报科学导论》,北京:科学出版社 2009 年版,第 56—57 页。

续表

作者	发文量	作者	发文量
郭珍	3	蒋冬青	3
帕丽达·玉苏甫	3	宋琳	3
王鑫	3	刘娜	3
张朝辉	3	骆正林	3
张鹏	3	张静	3
李欣	3	钟伟军	3
周晓丽	3	吴欢	3
张娟	3	夏长勇	3

根据图 5-1 中灰色节点突变性信息,即能够显示某段时间内某个作者发文量的增多情况,得到详细信息图 5-2,包括各个机构的突变性强度以及突变的起始时间。

References	Year	Strength	Begin	End	2003—2017
周榕	2003	**3.7509**	2013	2014	
丁柏铨	2003	**3.5742**	2012	2017	
李鹏	2003	**1.8738**	2011	2013	
蒋冬青	2003	**1.8373**	2012	2012	
宋琳	2003	**1.7828**	2010	2010	
罗重谱	2003	**1.7828**	2010	2010	
余欢欢	2003	**1.6072**	2008	2009	
徐舟	2003	**1.589**	2014	2015	
袁媛	2003	**1.5499**	2014	2017	
帕丽达·玉苏甫	2003	**1.5043**	2009	2010	
夏长勇	2003	**1.5043**	2009	2010	
李欣	2003	**1.5043**	2009	2010	
周晓丽	2003	**1.5043**	2006	2008	

图 5-2　作者凸显率排名

Figure 5-2 the ranking of the author's prominence rate

图 5-2 中显示,凸显率最高的是作者周榕,凸显时间在 2013—2014 年,总发文量有 7 篇,且都是在这个时期发文,之后没有发过与媒体和公共危机相关的文章,其合作作者有张德胜和李伦以及其博士生导师夏琼。周榕和夏琼认为由于媒体受到政府监管,导致在公共危机事件中媒体对政府的监督实际上成为一种有限的监督①。周榕和张德胜提出地方政府通过三种模式干预媒体对公共危机事件报道:一是地方政府将相关信息完全封锁,二是媒体获取信息的时间被地方政府拖延,三是在地方政府的协助下向公众提供部分信息②。周榕和李伦认为要树立起公民的权利意识,促进政府和媒体公开信息,以及引导公民如何正确识别各类危机信息的媒介素养③。凸显率排名第二的是作者丁柏铨,凸显时间为 2012—2017 年,总发文量 13 篇。其次凸显率较高的有李鹏、蒋冬青、宋琳、罗重谱、余欢欢、徐舟、袁媛等。

(二)研究机构网络分析

为分析媒体参与公共危机研究的核心学术团体和机构,本章统计了 2003 年至 2023 年各个研究单位在媒体参与公共危机研究方向发表的论文数量,按发文数量排名得到的机构名称参照表 5-2。

表 5-2 核心机构列表
Table 5-2 the list of core institutions

机构	发文量	机构	发文量
武汉大学新闻与传播学院	15	暨南大学新闻与传播学院	6
南京大学新闻传播学院	14	辽宁工业大学文化传媒学院	6
华中科技大学新闻与信息传播学院	9	中国人民大学新闻学院	6

---

① 周榕、夏琼:《公共危机事件中媒体的监督困境分析》,《青年记者》2013 年第 33 期。

② 周榕、张德胜:《公共危机事件中媒体与地方政府的沟通困境——以 2008—2013 重大公共危机事件为例》,《青年记者》2014 年第 21 期。

③ 周榕、李伦:《加强媒体危机报道的公众路径》,《科技创新导报》2014 年第 12 期。

续表

机构	发文量	机构	发文量
四川大学文学与新闻学院	8	中国人民公安大学	6
新疆大学政治与公共管理学院	7	郑州大学新闻与传播学院	5
中南财经政法大学公共管理学院	7	北京大学政府管理学院	5
燕山大学文法学院	7	河南大学新闻与传播学院	5
武汉体育学院新闻传播学院	7	黑龙江大学新闻传播学院	5
复旦大学	6		

从发文机构来看,发文量大多集中在高校,说明高校是推动这一领域的主力。高校中又以新闻传播学院和公共管理学院发文量最多,这与现实环境密不可分。公共管理学院一直致力于研究公共危机,专家学者发文量很大,无可厚非;同时随着互联网的高速发展,媒体作为信息传播的主渠道,在公共危机舆论引导方面发挥着越来越重要的作用,因此新闻传播学院也致力于从媒体角度研究公共危机。从表5-2中,可以看到以武汉大学新闻与传播学院和南京大学新闻与传播学院发文量最多,占据发文量的前两名,说明这两个机构在媒体参与公共危机研究方面投入了较大的人力和物力,具有较强的研究潜力,当然这从侧面体现了这两个机构在媒体参与公共危机研究领域有一定的影响力。但是从整体上看,论文数量偏少,规模不大,显示出我国媒体在公共危机研究方面受到的关注度并不高。

为考察媒体参与公共危机研究领域不同机构之间的合作情况,设置阈值top30,生成了以媒体这一视角研究公共危机防控的机构合作图谱,详情如图5-3所示。其中知识图谱的节点表示参与该研究领域的机构名称,节点大小表示该机构发文的数量,节点环表示年轮,颜色对应相应的年份,节点标签字号大小表示其中心性,灰色表示机构的突变性。

从图5-3的结果显示,该机构合作图谱网络中各机构之间只有35条边相连接,并且线条较细,网络整体密度为0.0007。说明我国的机构在媒体参与公共危机防控研究方向团体分散,各自为政,相互之间缺乏交流与沟通,合作

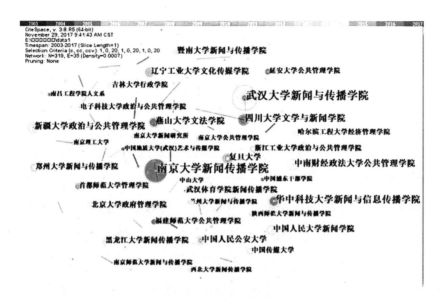

图 5-3 机构合作图谱

Figure 5-3 the map of co-institution

相对匮乏；即便有合作的机构之间合作关系也并不紧密，相互交流较少。

根据图 5-3 中灰色节点突变性信息，列出各个机构的突变性强度以及突变时间，如图 5-4。

从图 5-4 中，可以看到南京大学新闻传播学院的凸显强度为 3.64，排名第一，凸显时间为 2013 年至 2023 年，说明这一段时间该机构比较重视以媒体的视角来研究公共危机领域，以作者丁柏铨为代表，发表论文高产，总共有 14 篇，主要研究新媒体语境下重大公共危机事件与舆论的关系，认为要将信息公开，正确处理媒体和政府间的辩证关系。其次还有作者邓利平等，主要研究媒体要如何提高报道能力，正确引导舆论走向，提升公众对于公共危机事件的风险感知与辨别能力①。

2008—2010 年，华中科技大学新闻与信息传播学院、四川大学文学与新闻学院、武汉大学新闻传播学院、中国人民公安大学、南昌工程学院人文系、新

---

① 邓利平、马一杏：《"老酸奶"谣言中媒体呈现的反思》，《新闻界》2013 年第 4 期。

References	Year	Strength	Begin	End	2003—2017
南京大学新闻传播学院	2003	3.6412	2013	2017	
华中科技大学新闻与信息传播学院	2003	2.5968	2009	2010	
武汉体育学院新闻传播学院	2003	2.5784	2013	2014	
中南财经政法大学公共管理学院	2003	2.1126	2013	2013	
福建师范大学公共管理学院	2003	2.0092	2012	2013	
四川大学文学与新闻学院	2003	1.9717	2008	2012	
复旦大学	2003	1.8606	2016	2017	
武汉大学新闻与传播学院	2003	1.8154	2008	2009	
南京大学新闻研究所	2003	1.8059	2012	2013	
中国人民公安大学	2003	1.7166	2009	2010	
浙江工业大学政治与公共管理学院	2003	1.6977	2013	2013	
南昌工程学院人文系	2003	1.6097	2008	2009	
燕山大学文法学院	2003	1.5751	2009	2012	
中国地质大学(武汉)艺术与传媒学院	2003	1.5383	2013	2014	
中国浦东干部学院	2003	1.5383	2013	2014	
新疆大学政治与公共管理学院	2003	1.5369	2009	2010	
首都师范大学管理学院	2003	1.4671	2016	2017	
延安大学公共管理学院	2003	1.4671	2016	2017	

图 5-4　机构凸显率排名

Figure 5-4 the ranking of institutional prominence rate

疆大学政治与公共管理学院出现了第一波突变性。这主要与 2008 年的南方雪灾和四川汶川地震相关,在这两起重大事件中,政府和专业机构纷纷借助媒体及时发布信息,媒体的作用日益凸显,受到越来越多的重视。因此 2008 年至 2010 年的机构发文量增多。

2012—2014 年,武汉体育学院新闻传播学院、中南财经政法大学公共管理学院、福建师范大学公共管理学院、南京大学新闻研究所、浙江工业大学政治与公共管理学院、中国地质大学(武汉)艺术与传媒学院、中国浦东干部学院出现了第二波突变性。其中武汉体育学院新闻传播学院总共发文量 5 篇,均为作者周榕所著,研究内容前文已述。中南财经政法大学公共管理学院这个时期发文量总共有 6 篇,吴丽琼、徐双敏、章领各发文两篇,其中吴丽琼立足于网络危机公关,提出政府和媒体要尊重网络危机公共事件相关信息的及时性和准确性,完善媒体对于公共危机的应对机制,实现政府公信力提升①;徐双敏研究主要针对多元化主体共同治理公共危机,提出重点要提高各个主体共同参与和协同治理公共危机的能力,完善公共危机治理主体多元化的外部机制②;章领从网络公共危机诱因提出网络公共危机演化的三个阶段:潜伏与孕育阶段、发展扩散阶段和演变与终结阶段③。

2016—2017年,复旦大学、首都师范大学管理学院、延安大学公共管理学院出现了第三波突变性。由于这个时期周期短,暂时还没有形成核心作者群,各个作者发文量大多为一篇,主要研究在新媒体环境下,公共危机事件所面临的挑战以及该如何治理提出建议。

三、公共危机与网络媒体的文献网络分析

由于 CiteSpace 在这里不能分析期刊发表论文情况,文章采取 sati3.2 统计分析工具,剔除了博士、硕士论文,统计了各大期刊论文中发表的媒体与公共危机研究的数量,总共包括472个刊物,选取排名靠前的部分高频期刊绘制表5-3。

表5-3 期刊载文量排名

Table 5-3 the ranking of quantity of periodicals

排名	期刊	载文量	排名	期刊	载文量
1	新闻传播	30	9	东南传播	13
2	青年记者	28	10	新闻前哨	12

---

① 吴丽琼:《政府公信力构建的探讨——基于网络危机公关视角》,《中共南昌市委党校学报》2013年第2期。

② 徐双敏、罗重谱:《公共危机治理主体多元化的阻滞因素与实现策略》,《北京航空航天大学学报(社会科学版)》2010年第5期。

③ 章领:《网络公共危机诱因、演化机理及预警机制研究》,《阜阳师范学院学报(社会科学版)》2013年第5期。

续表

排名	期刊	载文量	排名	期刊	载文量
3	新闻世界	25	11	新闻界	10
4	新闻爱好者	18	12	领导科学	9
5	经营管理者	17	13	中国报业	9
6	新闻研究导刊	17	14	法制与社会	9
7	新闻知识	16	15	视听	9
8	学理论	14	16	今传媒	9

从表5-3可以看出,新闻传播以30篇论文位居载文量第一,《青年记者》和《新闻世界》分别以28篇和25篇排第二、三名。而对媒体与公共危机研究的成果大多发表在与新闻类别相关的期刊,在管理类别的期刊上发表的文章偏少,且这些期刊的影响因子大多偏低。

利用CNKI数据库二次检索得到以下数据,各大期刊的总载文量依次为《新闻传播》23966篇,《青年记者》32607篇,《新闻世界》11608篇,《新闻爱好者》22360篇,《经营管理者》106137篇,《新闻研究导刊》18459篇,《新闻知识》15137篇,《学理论》38571篇,《东南传播》9276篇,《新闻前哨》13643篇,《新闻界》10068篇。大部分的期刊公开发表媒体与公共危机研究领域的论文数量均仅占总载文量的0.01%—0.2%,普遍占比还是非常低的数值。这一结果显示,各期刊对媒体在公共危机方面的研究还没有形成一个广泛的关注度,这类期刊的载文量基本均衡,从侧面反映了这类期刊没有形成一个专业特色,追求广度,缺乏个性和深度。另外,媒体与公共危机研究有关的刊物国际化程度低。上述的期刊群中,没有出现英文期刊,中文期刊也没有被国际化的学术数据库检索,还有一部分刊物没有英文标题和摘要,国际影响力程度低。

四、公共危机与网络媒体热点与前沿的知识图谱分析

(一)研究热点的知识图谱

词频分析方法是指能够清晰显示文献的关键词在某一研究领域中所出现

的频次多少,从而来衡量这一领域出现的研究热点和动态①。由于文献中的关键词是文章主题的高度概括,因此某些关键词出现频次若相对较高,就可以将其确定为公共危机的研究热点和重要内容。另外,根据社会网络分析理论,把评估网络中经过某节点的相连接的其他两个节点与该节点之间的控制能力称为中心度,用来说明节点之间存在的某种相关关联性以及该节点在整个社会网络中的重要性程度②。因此,若公共危机中某一关键词的中心性相对较高的,则其可作为公共危机的关键词网络图谱中的重要拐点,同时在一定程度上也代表着该学科的研究热点。由此,我国以媒体视角探索公共危机的研究热点是指高频关键词和高中心性关键词,可借助 CiteSpace 可视化软件绘制关键词聚类图,来确定中国公共危机的研究热点领域。

在 CiteSpace 中,将网络节点的类型(Node types)选择为关键词(Keyword),参数设置为阈值 top30,运行软件分别绘制高频关键词聚类图和高中心性关键词聚类图,这两幅图可视为媒体和公共危机研究热点图谱,见图 5-5 和图 5-6。其中每一个节点表示一个关键词,节点大小表示关键词频度,即节点越大,该关键词就越重要,节点环表示年轮,同时关键词年轮的厚度与关键词出现的次数成正比,线条粗细表示关键词之间的共现,越粗即关键词之间的共现越高。

图 5-6 关键词共现网络共有 214 个节点,504 条边,网络整体密度为0.0221。与图 5-1 和图 5-2 相比较,关键词共现网络在结构形态方面明显要比机构共现网络和作者共现网络更具优化性,但是从整体上看,关键词共现网络的密度还是不高。说明在媒体参与公共危机领域研究浮于表面,缺乏深度性,还有很大的提升空间。从节点圆圈的厚度来看,节点越厚,表示关键词频次越高。从图 5-5 中看,节点从大到小依次为公共危机、政府、危机管理、媒体、新媒体、公共危机事件、公共危机管理等。

---

① 赖茂生、王琳、李宇宁:《情报学前沿领域的调查与分析》,《图书情报工作》2008 年第 3 期。
② 刘军:《社会网络分析导论》,北京:社会科学文献出版社 2004 年版,第 122 页。

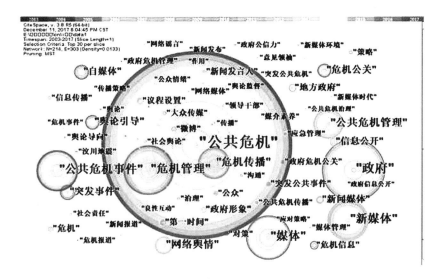

图 5-5　高频关键词图谱

Figure 5-5 the map of high frequency keywords

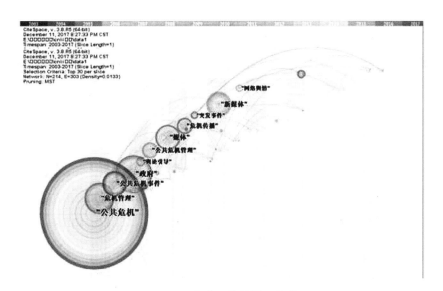

图 5-6　高中心性关键词图谱

Figure 5-6 the map of high center keywords

一般来说,认为某个节点的中介中心性在0.1以上,就具有很高的影响力和转折意义。图5-6中,中介中心性在0.1以上的排名依次为"公共危机""公共危机事件""危机管理""危机公关""政府""媒体""危机传播"。另外,图5-6中,显示出一条由高中心性关键词构成的演化路径:公共危机—危机管理—公共危机事件—政府—舆论引导—公共危机管理—媒体—危机传播—突发事件—新媒体—网络舆情。说明这些关键词在媒体与公共危机领域占据重要地位。为了更加清楚地了解关键词的具体分布,列表5-4。

表5-4 关键词中心性频次排名
Table 5-4 the ranking of central frequencyofkeywords

排名	关键词	频次	中介中心性	排名	关键词	频次	中介中心性
1	公共危机	567	0.66	31	舆论导向	23	0
2	政府	201	0.16	32	公共危机传播	22	0
3	危机管理	164	0.32	33	社会舆论	21	0.03
4	媒体	144	0.16	34	应急管理	21	0
5	新媒体	141	0.04	35	政府危机管理	20	0.05
6	公共危机事件	135	0.34	36	治理	20	0
7	公共危机管理	107	0.04	37	领导干部	20	0
8	危机传播	101	0.12	38	媒体管理	19	0
9	网络舆情	62	0.02	39	汶川地震	19	0.02
10	舆论引导	56	0.08	40	媒介素养	19	0
11	突发事件	55	0.09	41	机制	19	0
12	危机公关	53	0.19	42	网络媒体	19	0
13	自媒体	49	0.1	43	意见领袖	18	0.02
14	信息公开	43	0.02	44	舆论监督	18	0
15	新闻媒体	41	0.05	45	公众情绪	18	0.02
16	地方政府	37	0.04	46	危机事件	18	0.01
17	危机	35	0.07	47	政府公信力	17	0
18	政府形象	34	0	48	新闻报道	17	0
19	危机信息	33	0.04	49	社会责任	17	0.01
20	第一时间	30	0.02	50	舆论	17	0

续表

排名	关键词	频次	中介中心性	排名	关键词	频次	中介中心性
21	突发公共事件	29	0.05	51	网络谣言	17	0
22	议程设置	29	0.04	52	突发公共危机	17	0.01
23	新闻发言人	28	0	53	沟通	17	0
24	公众	28	0.02	54	新媒体时代	16	0.01
25	策略	27	0	55	新媒体环境	15	0
26	信息传播	26	0.01	56	危机报道	15	0.01
27	微博	25	0.01	57	传播策略	15	0.02
28	大众传媒	24	0.07	58	新闻发布	15	0.02
29	对策	24	0.01	59	传播	15	0
30	政府危机公关	24	0				

　　观察图5-5、图5-6以及表5-4可以发现,公共危机是最大的节点,"公共危机"这一关键词的年环厚度也是最大的,其次是"政府"和"危机管理";从中心性排名来看,这三个关键词的中心性均在前列,还有中心性排名第二的"公共危机事件"。一直以来,政府都是公共危机中的重要主体,公共危机的良性治理离不开政府的参与。当公共危机事件发生时,政府进行危机管理,作出正确的决策,是政府应对公共危机事件首先应该做到的事,这是避免公众因不知情的恐慌或正常信息渠道的信息来源不足产生非理性信息行为的重要方面。在某种意义上说,政府任何预防危机发生的措施、任何消除危机产生风险的努力,都是危机管理。因此,政府在危机管理应用的各个领域都有着极其重要的作用,是应对公共危机的重要主体。以上说明这四者是公共危机领域研究的主要内容,同时也是该领域很多学者研究的重点内容。

　　频次排名第四位和第五位的是媒体和新媒体,且媒体的中心性排名第六位。公共危机事件中,媒体具有多个功能的作用,如发现公共危机事件的征兆、提供预警的信息、满足公众的信息需求、引导整个社会的舆论、改善政府的形象等。另外,主流媒体在公共危机事件管理中还承担着沟通政府与大众的"桥梁"作用,但是,需要注意的是,它也非常有可能演变成公共危机事件谣言传播的主要渠道。尤其是以微博为代表的新媒体平台逐渐变成整个公共话语平台,其信息传播的速度加快,社交网络更加发达,群众表达意愿极大增强,这在一定程度上促进了民主议程。但这也会导致信息良莠混杂,谣言滋生,尤其是一旦发生公共危机,各种消息在网络上出现,真伪难辨,政府如果应对不妥当,极易激发社会种种不良情绪,最终影响社会稳定,给政府应对公共危机事件带来了前所未有的新问题、新挑战。因此在公共危机事件传播中,媒体虽然有着自身特有的优势,但同时也必须担负起更大的社会责任,在公共危机事件的传播中坚持做到"公开信息、澄清事实、平息谣言、鼓舞人心"等舆论引导的作用①。因此,在公共危机事件中,政府如何有效发挥媒体的作用具有重要的理论和现实意义,这也是目前该领域研究中非常活跃的热点之一。

频次排名第八位至第十位的依次为"危机传播""网络舆情""舆论引导"。舆论,顾名思义,是指公众的言论,英语为"public opinion"。1980年,在《多种声音,一个世界》的报告中,联合国教科文组织国际交流问题研究委员会把舆论定义为:"舆论也不仅仅是各种意见的总和,而是在广泛的知识和经验的基础上不断比较和对比一些意见的一种持续的过程。"②"舆情",指的是公众的意见以及态度,具体是指在社会生活中各个方面的问题尤其在社会热点问题上,公众对其的公开意见或者情绪部分。网络舆论,是指公众借助互联网对涉及公共事件、公共人物和公共利益所公开表达出来的观念和立场。而网络舆情是网民借助互联网对涉及公共政治和公共利益的人物、事件、观点所作出的情感评价和认知评价。

凭借着媒介技术的物理优势,互联网迅速在传播手段和传播特性上集纳了此前各种传统媒介的优势,不仅集文字、图像、视频等各种传播形式于一身,其独特的接入方式更使得原本分散的个体可以迅速聚集在网络虚拟世界,实现对同一信息、同一事件的共同关注和评论。从这个角度来看,互联网天生是

---

① 王满船:《健全公共信息系统,完善政府危机决策》,《北京行政学院学报》2003年第4期。
② 熊澄宇:《西方新闻传播学经典名著选读》,北京:中国人民大学出版社2004年版。

舆情和舆论的催熟地和集散地。另一方面,互联网舆论之所以在当下的中国蓬勃发展,不仅是网络这一载体普及而出现的结果,同时也是社会发展过程的一个必然。网络舆论的活跃与中国社会转型的大背景息息相关,其很大程度是由现实社会中不顺畅的民间表达渠道所造成的,而互联网因技术优势出现的一系列特征,让公众有了一个表达民意的主窗口。

但是一旦暴发危机事件,涉及社会热点难点的舆情事件中,民间舆论取得了对以主流媒体为主体的官方舆论的压倒性胜利。由此造成的后果,便是民间舆论一次次成功挑战了官方舆论的权威性、公信力和影响力,整个社会对官方舆论产生质疑甚至不信任。但不可忽视的事实是,网络虚拟平台上各种信息鱼龙混杂,网民表达观点和意见带着极强的主观化、情绪化等缺点,民间舆论打上了非理性的烙印。在此情况下,还必须发挥主流媒体在弘扬社会正气、通达社情民意、引导社会热点、疏导公众情绪、搞好舆论监督和保障人民知情权、参与权、表达权、监督权等方面的重大作用。

因此,在网络舆情作为网络民意的主要表达以及网络舆论作为民间舆论的主要载体与平台的背景之下,全方位提升网络舆论引导能力将成为一项系统工程,也将成为各级党政部门执政能力提升的一项重要内容。

频次排名第十一位的是"突发事件"。赵伟鹏等认为,"所谓突发事件,是指超常规的、突然发生的、需要立即处理的事件①。突发事件会对其相关的政府组织构成威胁,重大的、涉及面广的突发事件还可能使政府组织处于危机状态。因此,突发事件也可称为危机事件。"该定义从组织危机的角度说明了突发性事件的突发性和情急性等特点。再加上随着网络信息技术的飞速发展,网络成为危机信息传播与交流的全新平台,整个社会也进入了媒介化高速发展的透明时代。突发事件由于其自身的特征,经常会瞬间引起尖锐的社会矛盾,而在新媒体环境下对突发事件的处理则是对政府执政能力的巨大考验。

---

① 赵伟鹏、戴元祥:《政府公共关系理论与实践》,天津:天津人民出版社 2001 年版,第402 页。

因此对突发事件的研究也是该领域研究比较活跃的热点之一。

频次排名第十二位的是"危机公关",且"危机公关"的中心度大于 0.1,说明这个关键词具有较高的影响力和转折意义。此处的"危机公关"主要是把政府作为危机公关的主体,即政府在危机状态下,为了正确处理危机事务,借助与公共关系有关的方式方法开展公关活动,修复与社会各界的关系,达到化解危机、渡过难关、重塑形象的目的①。而在新媒体环境下,政府应对危机公关时,很大程度上是通过媒体来实现的,因为媒体是信息传播和扩散的主要渠道。因此,政府在运用媒体进行危机公关时,实质上是应用信息机理,通过媒体使得公众获得信息,从而引导和调整公众行为,实现危机公关。

但是在现实情况中,媒体往往以对立面存在。一直以来,危机信息是新闻报道和媒体追逐的热点,当危机发生时,媒体会竞相报道。这是因为在市场规律的作用下,哪家媒体报道的危机信息更丰富、更全面,就意味着谁能占据竞争优势。在此情况下,媒体倾向于不惜牺牲个体利益,甚至是以牺牲事件真相为代价,对危机进行不公正的报道。随着媒体商业化的推进和网络媒体的发展,媒体的这种"助燃"效应更明显。因此政府进行危机公关时不仅要处理好政府与公众的关系,还需要积极化解媒体和政府的冲突,积极探索和研究分析媒体行为,在充分理解媒体行为背后的出发点和原因的基础上,对媒体行为进行监督和引导。

(二)研究前沿的知识图谱

陈超美提出前沿动态是由一组凸显的动态概念和潜在的研究问题所组成,用来说明正在兴起的理论趋势和新主题的涌现,研究前沿术语是指研究出现频次增长率快速升高的专业术语②。对于某学科领域的研究者而言,研究

---

① 唐钧:《政府公共关系》,北京:北京大学出版社 2009 年版,第 32 页。

② 陈超美:《CiteSpace1:科学文献中新趋势与新动态的识别与可视化》,陈悦、侯剑华、梁永霞译,《情报学报》2009 年第 3 期。

学科领域研究前沿能够使研究者及时准确地把握研究前沿和学科研究的最新动态、预测学科发展方向和进一步研究的问题①。那么,如何获取研究前沿呢? CiteSpace 强调研究前沿和其知识基础间顺时模式的时区视图功能,来获取一组最新热点研究文献构成并获取的研究前沿②。时区视图是由一系列从左至右地表示时区的条形区域所组成,因而研究前沿指向知识基础,视图可显示学科最近几年的发展脉络以及研究前沿与知识基础间千丝万缕的联系③。因此,研究前沿是指时区视图中位于图谱右上角的出现频次增长率快速增加的文献节点。为了更加清晰地了解图谱右上角的信息,在 CiteSpace 中,时间直接选择较近的年份为 2012—2017 年,网络节点类型选择关键词,设置阈值 top20,选择 pathfinder 算法,绘制媒体和公共危机研究前沿文献的时区视图,见图 5-7。

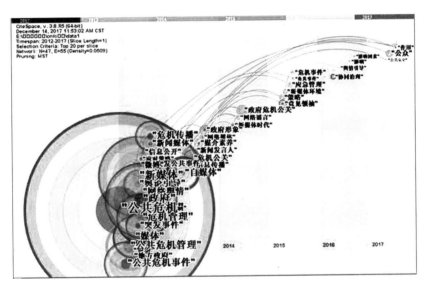

图 5-7　发展趋势的时区视图

Figure 5-7 the time zone view of the development trend

①　侯剑华、陈悦、王贤文:《基于信息可视化的组织行为领域前沿演进分析》,《情报学报》2009 年第 3 期。

②　刘泽渊、陈悦、侯海燕:《科学知识图谱:方法与应用》,北京:人民出版社 2008 年版,第 60—70 页。

③　赵蓉英、王菊:《图书馆学知识图谱分析》,《中国图书馆学报》2011 年第 2 期。

图5-7中选取每年度频次前5位的关键词作为构成中国媒体和公共危机研究前沿节点,这些关键词是该领域的研究热点,在前文已有论述,同时这也代表着公共危机研究领域的发展趋势。此外,图5-7右上角出现的一些其他关键词则表示该领域的最新研究前沿,它们分别为:"新媒体时代""新媒体环境""网络谣言""政府危机公关""意见领袖""应急管理""协同治理""舆情引导""影响""影响因素""作用""公众"。

研究前沿关键词是研究一组凸显的动态概念和潜在的问题,可利用CiteSpace工具来绘制以媒体视角研究公关危机的前沿关键词共现网络图谱,来探测该研究领域的研究前沿演化趋势。CiteSpace软件中提供膨胀词探测技术和算法功能,利用关键词词频的时间分布,可以从大量的主题词中探测出频次变化率相对较高的关键词,从而得到词频的频次高低和变动趋势,最终确定该领域的研究前沿和发展趋势①。在CiteSpace中,选择术语类型为膨胀词,网络节点类型为关键词,设置阈值为top30,选择最小生成树算法,绘制媒体和公共危机研究前沿关键词的时区视图,生成图5-8。

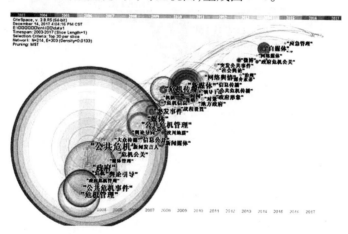

图5-8 研究前沿关键词的时区视图
Figure 5-8 the time zone view of the frontier keywords

---

① 李春娟、侯海燕、王贤文:《国际科技政策研究热点与前沿的可视化分析》,《科学学研究》2009年第2期。

图 5-8 显示,从 CNKI 来源文献来看,近 14 年媒体和公共危机研究大致经历了三个时期。第一,2003—2007 年的繁荣期,大量高频关键词聚集在这个时段,说明此时间段是公共危机研究的繁荣时期。"公共危机事件""危机管理""政府危机管理""公共危机管理""政府""媒体""媒体管理""危机公关""新闻发言人""舆论引导""舆论导向""信息公开"等关键词都出现在这个时期,形成了媒体参与公共危机研究的高潮。这些关键词大部分仍是目前公共危机的研究热点,结合前文对研究主体的研究内容的分析,发现大部分研究主体都从事了对这些关键词的相关研究,说明这些研究内容在中国情报学研究中占有重要的位置。第二,2008—2013 年的稳定期,这一时期醒目的关键词主要有"新媒体""媒体素养""政府形象""危机传播""社会舆论""网络舆情"等,它们为后期相关研究内容的兴起做铺垫。同时这一时期出现了"汶川地震"和"第一时间"等凸显词,这与当年发生的重大危机事件密切相关,科研人员就此事开展了一系列的研究。第三,2014—2017 年是新一轮繁荣期的孕育期,在这一时期可以看到自媒体明显地进入公共危机研究者的视野。自媒体时代,每个人都是媒体,全民皆可传播信息资讯,不论是政府官员、企业财团、明星艺人还是草根百姓,强大的转发传播功能让其成为信息披露、抒发心情和互动热议的平台;但同时谣言也凭借网络,得到快速传播,加大了处理公共危机的难度,所以得到了我国公共危机研究者很大的关注,公共危机研究即将进入新一轮的繁荣期。

同时图 5-8 中显示的黑色节点表示凸显词,提取排名前 20 位的凸显词信息,如图 5-9 所示。

图 5-9 显示,CiteSpace 统计显示凸显词排名前两位的关键词为"新媒体"和"自媒体",分别有 141 篇和 49 篇文献。2006 年出现的"媒体",2009 年开始出现的"新媒体",2014 年出现的"自媒体",这反映了一个外部环境的变化。由从前信息在传播之前必须经过筛选,媒体才有信息发言权,并且政府进行危机公关大多只能通过传统媒体解决;到目前政府可以通过各种载体尤其

References	Year	Strength	Begin	End	2003—2017
"新媒体"	2003	19.0157	2014	2017	
"自媒体"	2003	11.1341	2014	2017	
"舆论引导"	2003	5.8354	2015	2017	
"汶川地震"	2003	5.2961	2008	2010	
"媒体"	2003	5.2639	2010	2010	
"微博"	2003	5.1732	2012	2015	
"汶川大地震"	2003	4.6006	2008	2009	
"第一时间"	2003	4.4026	2008	2008	
"危机信息"	2003	4.3698	2007	2009	
"媒介素养"	2003	3.6088	2012	2014	
"危机传播"	2003	3.3971	2009	2010	
"大众传媒"	2003	3.3375	2005	2009	
"新闻发言人制度"	2003	3.301	2007	2009	
"领导干部"	2003	3.2109	2010	2012	
"沟通"	2003	3.1969	2011	2012	
"公共危机管理"	2003	3.1859	2016	2017	
"政府危机公关"	2003	3.1847	2013	2017	
"危机报道"	2003	3.0791	2008	2009	
"网络舆论"	2003	3.0352	2010	2012	
"公众情绪"	2003	3.0258	2007	2008	

图 5-9 关键词凸显图
Figure 5-9 the prominence map of keywords

是网络处理公共危机,信息的传递也由单一走向多元化;尤其到了自媒体被普遍使用,每一位公民都可能是信息的传播者,在重大公共危机事件发生后,舆论管控就会变得更为困难但是又极为重要,这导致政府应对公共危机的困难倍增,由此也很有可能出现一些意料之外的问题。其中,在这方面作出杰出贡献的作者有很多,例如丁柏铨认为自媒体传播信息的过程具有不受时空限制的实时交互性的特点,使得每个人都拥有方便披露信息和发表意见的渠道,这使得舆论的始发点陡增,事件舆论的发酵速率极大加快,舆论事件由发生达到高潮的时间迅速加快;针对这一情况提出的应对策略是:及时准确地发布事件信息;对新闻发布制度进行改革;充分发挥自媒体中蕴含积极因素的舆论力量;针对舆论中的质疑进行理性认识并反思自身;把根本性的问题从深层次上解决①。同时丁柏铨还认为在同一时代,面对自媒体和传统媒体两种语境,事件舆论及事件与舆论之间的关系状况的差异,会在公众参与度、公众对于事件及事件舆论的影响度等方面体现出来,甚至舆论在事件的影响方式和影响程度也具有差异性②。樊灵芝认为在新媒体时代,之所以造成民意沉没和民意放大现象,是由于民众使用媒介的差异和新信息媒介呈现民意的方式偏差;原有稳定的政策公信力基础也因此瓦解,进而引发政策公信力危机;因此,为避免此类现象,控制公信力下降的速度,重塑政策公信力,政府可以通过"信息补偿"方式,其执行方式为"控制影响—明确动机—公示论证—指导执行"③。李昊青等在文献计量法和 CiteSpace 可视化软件分析的基础上,获得公共危机信息管理研究领域在"基础理论研究""新媒体下信息传播与新闻报道研究""突发事件网络舆情研究""危机管理中政府信息公开研究""公共危机管理信息系统研究"5 个方面的前沿热点④。

　　2008—2010 年出现了多个凸显词,有"汶川地震""汶川大地震""第一时间""危机信息""危机传播""危机报道""新闻发言人制度""公众情绪"等。这与当年发生的重大危机事件密切相关,科研人员就此事开展了一系列的研究。胡登全以汶川大地震为个案探讨公共危机中传媒对受众的心理引导情况,其研究结果表明:传统媒体与新媒体作为不同受众接触媒介,在危机传播中优势互存、相互裨益;媒介对于受众的需要、情绪、认知、评价等心理特征与

──────────

　　①　丁柏铨:《自媒体对重大公共危机事件舆论影响(上)》,《中国出版》2014 年第 24 期。

　　②　丁柏铨:《重大公共危机事件与舆论关系研究——基于新媒体语境和传统语境中情形的比较》,《江海学刊》2014 年第 1 期。

　　③　樊灵芝:《信息补偿:新媒体时代的政策公信力重塑之道》,《中国行政管理》2012 年第 8 期。

　　④　李昊青、夏一雪、兰月新、张鹏:《我国公共危机信息管理研究的可视化分析(2006—2015)》,《现代情报》2016 年第 5 期。

心理反应和媒介的影响息息相关①。汤志伟等人运用方差分析和相关分析的方法来探讨不同网络媒介对公共危机信息可信度的评价情况及其差异的影响,结果显示:相比普通网络公共危机信息,网民对政府、媒体信息的可信度评价更高;相比地震前的信息,抗震救灾、灾后重建时期信息具有更高的可信度;论坛信息以及即时通信信息的可信度要低于网络新闻;网民对网络公共危机信息可信度的评价与性别、年龄没有显著关联,而与其网络经验、信任倾向呈现出显著相关②。

2015—2017 年出现了"舆论引导"和"公共危机管理"两个凸显词,分别有 56 篇和 107 篇文献。李鹏认为运用传播学和危机管理等相关理论可以应对网络传播带来的舆情新问题,这些应对公共危机传播的媒体策略和舆情治理举措可以为公共危机管理提供可靠的实践依据③。祁凯等运用演化博弈的相关理论知识,得出结论:政府的惩罚机制的力度对网民舆论的引导及舆论走向④。李宗建等认为,"相互建构"新媒体空间多元舆论、构建现代化新型主流媒体的立体传播体系、"两个舆论场"的新媒体传播以及优势舆论引导与舆论表达的良性互动是构建新媒体时代舆论引导新格局的关键因素⑤。

综上所述,基于 CNKI 2003—2017 年来源数据库,利用 CiteSpace3.8 绘制科学知识图谱来对这 14 年媒体参与公共危机的研究主体、发表期刊、研究热点和研究前沿进行可视化分析,得出以下研究结论:首先,通过对相关研究主

---

① 胡登全:《公共危机中传媒对受众的心理引导——以汶川大地震为个案》,《当代传播》2010 年第 2 期。

② 汤志伟、彭志华、张会平:《网络公共危机信息可信度的实证研究——以汶川地震为例》,《情报杂志》2010 年第 7 期。

③ 李鹏:《公共危机事件的网络传播与舆情治理》,《东岳论丛》2012 年第 9 期。

④ 祁凯、杨志、张子墨、刘岩芳:《政府参与下网民舆论引导机制的演化博弈分析》,《情报科学》2017 年第 3 期。

⑤ 李宗建、程竹汝:《新媒体时代舆论引导的挑战与对策》,《上海行政学院学报》2016 年第 5 期。

体进行研究,得出这 14 年来媒体参与公共危机研究领域的 28 位高发文作者及一些主要研究机构的知识图谱,详见图 5-1、图 5-2、图 5-3、图 5-4 和表 5-1、表 5-2。他们在媒体和公共危机研究领域中表现极为活跃,不仅推动了公共危机的学科建设与发展,还在一定程度上引领着未来公共危机的研究前沿与趋势。其次,采取 sati3.2 统计分析工具,得到部分载文多的期刊,详见表 5-3。再次,从高频关键词和高中心性关键词两个角度分析了中国情报学的研究热点,这些关键词是媒体和公共危机重要的研究领域,详见图 5-5、图 5-6、表 5-4。最后,从研究前沿和研究凸显词两个方面分析了媒体和公共危机的研究前沿领域,这些研究内容将不断拓展、创新和深化,代表着媒体和公共危机的研究前沿与发展趋势,将在未来公共危机研究领域引发新一轮的研究高潮,详见图 5-7、图 5-9。

第二节　网络媒体应对动物疫情公共危机行为决策的现状

　　近年来,网络媒体由于报道的迅捷性、社会影响的覆盖面广和交互式传播效应等特点,其在报道国内外重大新闻事件上越来越展现出"主流媒体"的地位。网络媒体的传播之迅速和影响范围之广泛对电视新闻、纸质报纸、广播等传统媒体传播方式造成了剧烈的冲击。而在全面进入信息时代之后,危机的信息传播速度要比危机事件本身的发展更加迅猛。而在处理危机事件中,政府需要的就是在极短的时间内以及不确定性的情况下作出恰当的决策。因此,媒体尤其是网络媒体对危机事件的影响极为重要。

一、网络媒体的发展现状

　　尽管网络媒体的发展趋势已经不可逆转,但是却很难给"网络媒体"一个精确且全面的定义,而学术界关于网络媒体的定义更是层出不穷。

一是计算机信息网络在传播信息和新闻方面具有同媒体一样的特征和功能,故称为网络媒体。目前主要是指全球最大最普及的计算机信息网络——互联网①。

二是网络媒体从广义上说一般是指互联网,从狭义上说是基于互联网这一传播平台进行新闻信息传播的网站②。

三是网络媒体是借助国际互联网这个信息传播平台,以电脑及移动电话为终端,以文字、声音、图像等形式来传播新闻信息的一种数字化、多媒体的传播媒介③。

在我们看来,上面的每一种定义都试图从不同的角度加以阐释,都有其可取之处,但如果我们跳出这些定义来,我们可能会得到一个关于网络媒体更为广义的概念,即借助互联网发布信息和进行信息服务的站点。这个定义既通俗易懂又面面俱到。这个网络媒体的定义不仅包括有一定规模的专业化和体制化的信息传播机构,还包括企业和行业站点,等等。

狭义上的网络媒体,是指在互联网上从事新闻信息的选择、编辑、登载和链接等信息服务的专业网站,才能被认为是网络媒体。

因此,我国网络媒体,是指"依据中国有关法律法规建立,并经国家有关部门批准、授权和认定,在国际互联网上依法从事新闻信息的选择、编辑、评述、登载和链接等信息服务的专业网站"。在中国现有的条件下,凡是具备以上条件的网站,都应被视作中国网络媒体④。

现今,网络媒体发展越来越成熟,以互联网、移动媒体为代表的新媒体,使得跨媒介和跨产业融合的全球传播领域具有了新思路和新格局。网络媒体的

---

① 闵大宏:《数字传播概论》,上海:复旦大学出版社 2003 年版,第 71 页。
② 钱伟刚:《第四媒体的定义和特征》,《新闻实践》2000 年第 7—8 期合订本。
③ 雷跃捷、金梦玉、吴凤:《互联网媒体的概念、传播特性现状及其发展前景》,《现代传播》2001 年第 1 期。
④ 刘连喜:《崛起的力量(下)》,北京:中华书局 2003 年版,第 4 页。

高速发展再一次证明推动人类文明发展的根本动力就是科学技术的进步,它以即时、海量、互动为特征的各种网络信息的涌现,深刻地影响着人类生活的各个方面。

二、网络媒体应对动物疫情公共危机行为决策的阻滞因素

网络媒体给人类信息传播速度带来了质的飞跃,包括危机事件的传播。但是,由于网络媒体本身的自由性、虚拟性,信息传播快速和无地域限制,加上网络媒体信息传播者鱼龙混杂,网络犯罪难以取证等原因,政府对网络媒体的管理困难重重,遇到很多的障碍。

(一)网络媒体信息传播者界限不明

网络媒体信息的传播者没有严格的限制,任何个人,不论年龄、种族、身份、地位,只要能接入互联网都可以对动物疫情危机事件进行传播扩散。但是由于网络传播者的为数众多、鱼龙混杂,也可能会造成某些恶意传播,引导网络舆论走向偏激,严重影响了动物疫情公共事件的正确传播。

(二)传播内容存在虚假信息

动物疫情公共危机发生后,一方面,网络媒体的刻意炒作会造成报道误差。近年来,关于动物疫情公共危机的不实新闻、虚假新闻和互相矛盾的新闻接连不断地出现,有的是开始在网络上发布,经过传统媒体的传播才扩大其影响;也有先起源于传统媒体,而后登陆网络媒体,便被大肆地复制蔓延;还有的甚至是从国外引进来的新闻也被放大,严重影响了动物疫情公共危机的有效传播。另一方面,网络媒体的主观臆断或客观失误也会造成报道误差。在很多情况下,动物疫情公共危机中的真实性得不到验证,而公众和传播者对事件的理解也截然不同。网络媒体通过自己的观察对危机事件做出判断,这个判断也有可能是错误的,进而误导了公众对动物

疫情危机事件的信息接收。

(三) 网络媒体信息泛滥

网络媒体的出现和发展,使得动物疫情危机事件信息的采集、传播的速度和规模达到了前所未有的水平,但是如此泛滥的信息有时候确实让人无所适从,要从大量的材料中快速而精准地提取自己最想要的信息就变得极其困难。在动物疫情公共危机事件的网络信息传播过程中,信息的发布和传播逐渐在人们控制之外,数不胜数的信息中混入了大量具有很强干扰性、误导性和欺骗性等各种有百害而无一利的信息,这些信息"垃圾"非但不能给人们对危机事件以正确的认识,反而还成为人们对信息进行鉴别的障碍,使得网络媒体通过议程设置的主流信息不能准确地传达给受众。

(四) 受众素质有待提高

网民是网络世界的主人。在动物疫情公共危机事件的网络信息传播过程中,不少的网民对网络媒体的认识都不够了解,认为网络媒体是一个完全可以我行我素的自由论坛。部分网民不懂得在网络媒体上谩骂别人是属于诽谤,扭曲事实是属于犯罪,更有甚者,大量网民在动物疫情危机事件中不仅不知道自己的网络行为是否属于犯罪行为,连自己的合法权益被他人侵犯了也有所不知,因此网民的网络安全意识非常淡薄。网络媒体的专业传播者的网络法律意识、网络安全意识也有待提高。我国网络媒体间的相互抄袭现象比比皆是,网络知识产权观念普遍淡薄,造成动物疫情公共危机事件信息的公信力很低。

(五) 政策法规滞后

法律的发展速度往往跟不上科学技术的发展速度,网络信息传播的高速发展也远远超过相关法律法规政策管理的速度。在动物疫情公共危机事件发生之后,可以发现相关管理机构的管理方法和手段总是要比网络信息交流所产生的问题要慢很多,同时对于网络这个虚拟世界也难以管理。一方面,我国暂时还没有出台完善的政策法规来管制动物疫情危机事件中网络媒体传播的某些不良的信息内容,这就给人们造成一种假象,即网络媒体就是一个非常自由乐园和法律的真空地带,因此,人们更加会随意且不负责任地发布各种有关于动物疫情的不实消息;另一方面,对于新出台的法律法规中的某些制度由于没有考虑客观实际问题,导致其不具有现实可操作性,执行起来就会存在各种冲突和矛盾。

第三节　网络媒体应对动物疫情公共危机行为的内容分析

一、网络媒体应对动物疫情公共危机行为模式

随着媒体传播机制的发展与创新,在重大动物疫情发生后,媒体在市场规律作用下,为了占据市场竞争优势和维护自身利益,可能会对危机信息进行不实报道,使公众负面情绪爆棚,最终导致重大动物疫情公共危机这个复杂系统失衡。因此,媒体对动物疫情危机信息是否进行真实及时的报道可能会引导舆论走向,降低公众恐慌程度,提高公众对动物疫情理性认识,从而减少动物疫情对人们健康和社会经济造成伤害和损失。

当突发动物疫情事件发生后,事件的公开透明程度交织着公众对真相和权威的求知欲,使得突发动物疫情事件的媒体报道及其影响因素更加复杂化。媒体的报道内容往往会对公众对事件的态度、认知和行为产生导向性。Robert Heath 在《危机管理》一书中提出 4R 模型,把危机管理分为四个阶段,即减少阶段、准备阶段、反应阶段和恢复阶段[①]。Steven Fink 在 1986 年把危

---

① Heath R.:《危机管理》,王成译,北京:中信出版社 2004 年版,第 66—70 页。

机传播分为 4 个阶段：潜在阶段、突发阶段、蔓延阶段和解决阶段，强调预案和信息沟通问题①。Sturges 在 Steven Fink 基础上提出了四阶段危机传播论，认为在这四个阶段应先后分别关注内化性信息（Internalizing）、指导性信息（Instructing）、调整性信息（Adjusting）和再次强调内化性信息（Internalizing）②。李志宏等提出了突发性公共危机信息传播的五阶段划分法，即前兆阶段、暴发阶段、蔓延阶段、缓解阶段和终止阶段③。郭倩倩遵循 Fink 的"四阶段"划分法将突发事件演化机理划分为五个阶段，即危机潜伏阶段、事件暴发阶段、危机蔓延阶段和事件恢复阶段④。杨乙丹认为群体性突发事件具有链式传承效应，分为变动环、孕育环、激发环、酝酿环、暴发环、升级环、减弱平息环⑤。

　　以上说明突发性的公共危机普遍都遵循着一个特定的生命周期，并且不同阶段的生命周期具有不同的特征。重大动物疫情公共危机属于突发性公共危机中的一部分，基于前人的研究，本章把重大动物疫情公共危机的信息传播过程划分为四个阶段，即前兆阶段、暴发阶段、蔓延阶段和恢复阶段。

　　前兆阶段：在前兆阶段，重大动物疫情公共危机还处在一个潜伏期，此时诱发动物疫情公共危机的各种因素正处于一个渐渐集聚的过程，来对动物疫情公共危机可能发生的区域范围内持续不断地施加压力。因此在重大动物疫情公共危机发生前的各种信息都还是萌芽状态，现有的技术水平还不能监测和察觉到疫情的发生，也就不能通过传播媒介大规模地传播。

　　暴发阶段：前兆阶段各种因素的集聚最终导致了重大动物疫情公共危机的暴发，由于重大动物疫情公共危机事件是在不能预知的时间里暴发，而且在疫

---

① Steven Fink.*Crisis Management：Planning for the Inevitable.*New York：American Management Association.1986.

② Steven Fink.*Crisis Management：Planning for the Inevitable.*New York：American Management Association.1986.

③ 李志宏、海燕：《知识视角下的突发性公共危机管理模式研究》，《科技管理研究》2009 年第 10 期。

④ 郭倩倩：《突发事件的演化周期及舆论变化》，《新闻与写作》2012 年第 7 期。

⑤ 杨乙丹：《群体性事件的链式演化与断链防控治理》，《甘肃社会科学》2015 年第 5 期。

情初期其危害性暂时还不能完全显露出来,不能引起政府和公众普遍的关注。因此在这个阶段的动物疫情信息传播并不具有广泛性,而且在很大程度上信息的传播受到政府的控制和垄断,只局限在特定的群体、区域和传播媒介。

蔓延阶段:此时重大动物疫情公共危机的破坏力持续发生作用,其危害性受到越来越多的人的关注。疫情信息的传播渠道也以多样化的方式呈现出来,杂乱而无序的动物疫情危机信息被公众借此发布出来。由于关于重大动物疫情公共危机的极端信息会冲击到大众的感官和心理,因此,与疫情相关的舆论在媒体传播过程中若得不到很好的引导和控制,就会导致疫情信息失真和泛滥,进而影响动物疫情公共危机事件的解决。

恢复阶段:此时与疫情相关的舆论传播逐渐得到引导和控制,失真和有误的信息慢慢得到澄清,政府部门会借助主流媒体这一"桥梁"给公众发布权威的信息,以阻止谣言的继续散播,慢慢地减轻和消除群众的恐慌心理,进而降低群众对动物疫情公共危机信息的需求,从而使重大动物疫情公共危机的信息传播趋向停止和恢复正常。

二、网络媒体应对动物疫情公共危机行为的个案分析

(一)网络媒体应对动物疫情公共危机行为的案例说明

基于突发性公共卫生具有突发性、多变性、复杂性、公共性、风险性等特点,本章选取 2013 年的禽流感和黄浦江死猪漂浮事件的案例进行网络媒体信息传播趋势的探究。

个案 1:禽流感,全名鸟禽类流行性感冒,是由病毒引起的动物传染病,通常只感染鸟类,少见情况会感染猪。禽流感病毒对特定物种具有高度针对性,但概率极小会跨越物种障碍出现感染人的情况。1997 年在香港发现首例人类感染禽流感之后,全世界卫生组织开始高度关注这一疫情。2013 年 2 月,不明原因的重症肺炎患者在上海市、安徽省、江苏省先后出现。2013 年 3 月 31 日,我

国 3 例人感染 H7N9 禽流感病例在上海市和安徽省发现,其中两个抢救无效死亡,人类首次发现了更具有危险性的新亚型流感病毒①。此时该病尚未纳入我国法定报告传染病监测报告系统,至 2013 年 4 月初尚未有针对此类疫病的疫苗推出。被该病毒感染的早期症状为发热等,该类型病毒是否存在人传染人的特征,至 2013 年 4 月 3 日尚未证实。2013 年 4 月 7 日,科学家们声称,通过基因序列数据分析显示,一种此前从未在人体内发现的致命禽流感病毒已经发生变异,变异结果是:这一病毒更易于在人与人之间传染。截至 2013 年 5 月 20 日,H7N9 型禽流感全国已确诊 131 人,36 人死亡,72 人痊愈②。此时,曾出现人感染的湖南、浙江、江苏、上海、山东已终止流感流行应急响应机制,防控工作转入常态化管理。

个案 2:2013 年 3 月,上海黄浦江松江段水域出现大量漂浮死猪的情况。微博名为"少林寺的猪 1986"在 2013 年 3 月 7 日发布了第一条关于黄浦江死猪的信息(图 5-10 右上方为第一条微博原帖)。而后经过转载,在微博上引起了广泛的关注,具体转载情况可参考图 5-10 和图 5-11(运用微博可视分析工具分析),并且转载情况在 2013 年 3 月 7 日 21:15 分转载达到高峰,之后转载次数降低,持续到 8 日基本结束。由于该事件已经引起了广泛关注,9 日上海市农委公布了相关数据,黄浦江松江段水域出现的漂浮死猪来自黄浦江上游,已打捞死猪 900 多头③。即日,相关宣传部门称经过初步调查显示,上海上游地区浙江是死猪的来源,并且声称死猪未对黄浦江水质造成影响,也未发现动物瘟疫。绝大部分网友对宣传部门的结论表示怀疑。接着,浙江方面对死猪来源作出回应,称死猪多来自嘉兴地区,而且"死猪多为冻死",同一时

---

① http://baike.baidu.com/link? url=d_Ct37MAm80fZ-3iWqn16AIoFSQKDuvzI63i6U7Dnfrtf BxkV2IoW2pDia45RhV-c0SlsqIh6GPeMOXbmfEXksWXlhwZa4q4Q7UccBP1Gl_U3z5bB3UbjPEMqw GV0CjlKMDXJSJ-Q7n3zXQItwJFzq,百度百科,2014 年 H7N9 禽流感疫情。

② http://baike.baidu.com/link? url=pRd1hYIkLKV13KBTCldCkirbcbPxHPJylJgMb0zc0VgSL -PFLEeT4rRH_DLhu3x2Ggi5E6cyHquvyd36F05Wp_,百度百科,H7N9 型禽流感。

③ http://baike.baidu.com/link? url=wLUt4LSrQpf6mdcNR5oipG-kBhqG2VWRmZKxsswmWt 4Vog4hKhoOy2NDZGHpbXq8o0atg6DvsdgENsoz1X6I9_#reference-[1]-10418784-wrap,百度百科,上海松江死猪事件。

间,农业部责令上海和浙江对此事件展开调查。2013 年 12 月,浙江嘉兴方面又声称死猪漂浮是因为"个别农民缺乏法律意识和环保意识",游移不定的说法引起了广大市民的愤怒,民众纷纷谴责相关部门隐瞒事情真相。2013 年 12 月 13 日,上海市宣称打捞已基本结束,通过相关部门检测,黄浦江水质正常,并没有受到死猪事件影响,并在 14 日宣布将强化对猪肉的检测,防止死猪流入市场,此时舆情经过持续发酵,达到了高峰。截至 2013 年 3 月 17 日 15 时,据不完全统计,共打捞漂浮死猪 9460 具,具体数目为:从 9 日到 12 日 15 时,已从黄浦江累计打捞死猪 5916 头,13 日不完全统计打捞起死猪 685 具,14 日为 944 具,15 日打捞死猪 809 具,16 日为 611 具,17 日 15 时,上海市相关区域内当天共打捞起漂浮死猪 495 具①;3 月 24 日,死猪打捞工作基本完成,未发生大规模动物疫情和人畜共患疾病。后续开展春季重大动物疫病集中免疫工作,人畜共患病防控工作,加强死亡生猪无害化处理工作,至此,黄浦江死猪漂浮事件才逐渐平息。因漂浮猪打捞地点位于黄浦江上游的松江水域,这里是上海市民饮用水的水源所在,所以此事引发各界广泛关注和媒体追踪报道。

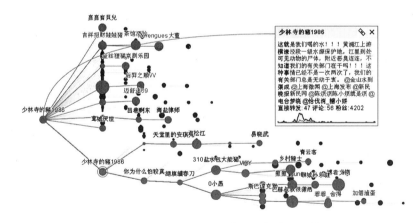

图 5-10　黄浦江死猪漂浮事件微博传播趋势图

Figure 5-10 the trend of media communication of the Huangpu River dead pig floating event

---

① http://www.chinanews.com/sh/2013/03-17/4650491.shtml,中国新闻网,上海官方:黄浦江死猪打捞量连续三天明显下降,2013-3-17。

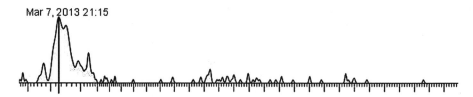

图5-11　黄浦江死猪漂浮事件3月7—8日的微博传播趋势图
Figure 5-11 the trend of media communication of the Huangpu River
dead pig floating event at Mar 7-8,2013

前文已经对网络媒体进行了界定,本章选取网络媒体中的电子报纸(以
CNKI重要报纸数据库为例)作为数据获取来源,经过数据收集和整理(数据
通过CNKI重要报纸数据库的"主题"分别以"禽流感"和"黄浦江"死猪为关
键词进行搜索并统计得出)。结合前文提到的公共危机传播阶段的划分,本
节将按照前兆、暴发、蔓延和恢复四个阶段划分,时间上以事件的关键节点为
一个媒体报道时期,禽流感事件的划分是:2013年2月1日至3月30日为前
兆,3月31日至4月6日为暴发阶段,4月7日至5月19日为蔓延阶段,5月
20日至12月31日为恢复阶段。黄浦江死猪漂浮事件的划分是:2013年1月
1日至3月8日为前兆阶段,3月9日至3月14日为暴发阶段,3月15日至3
月24日为蔓延阶段,3月25日至4月31日为恢复阶段。统计这两类动物疫
情危机被媒体报道的次数,进而研究其传播趋势。

表5-5　2013年禽流感事件媒体传播情况表
Table 5-5 the media report of avian influenza event in 2013

	前兆阶段	暴发阶段	蔓延阶段	恢复阶段
禽流感	14	59	759	264
黄浦江死猪漂浮	0	25	68	52

依据禽流感、黄浦江死猪漂浮事件媒体传播情况表数据绘制三种动物疫
情发生后各自的媒体传播趋势见图5-12。

图5-12中显示,禽流感和黄浦江死猪漂浮事件在前兆阶段至暴发阶段

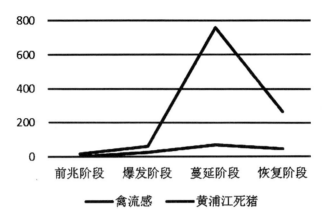

图 5-12　禽流感、黄浦江死猪漂浮事件媒体传播趋势图
Figure 5-12 the trend of media communication of avian influenza event
and the Huangpu River dead pig floating event

的媒体报道次数缓慢增加,暴发阶段至蔓延阶段的媒体报道次数急剧增加,蔓延阶段至恢复阶段媒体的报道次数有所回落,但是此阶段的报道次数仍高于前兆至暴发阶段。而且禽流感事件的媒体报道次数远高于黄浦江事件的媒体报道次数。

(二)动物疫情公共危机中网络媒体报道的影响因素

动物疫情发生后,处于动物疫情危机中的各应对方开始作出反应,使得动物疫情危机中媒体传播有了阶段性的不同变化。动物疫情发生后,公众对选择何种信息获取渠道有一定的偏好,我国公民使用率较高的渠道分别有电视、报纸杂志、网络、广播、家人或朋友、政府部门以及社团组织等[1]。王双双将信息传播视角下移动学习影响因素归结为传播者因素、信息资源因素、媒介因素和环境因素[2]。臧柏莹认为影响媒体新闻报道客观性的因素受到记者、媒体

①　张岩、玖长、戚巍:《突发事件状态下公众信息获取的渠道偏好研究》,《情报科学》2012年第4期。

②　王双双:《信息传播视角下移动学习的影响因素研究》,河南大学学位论文,2012年。

的自身定位、受众、公关业等的影响①。

本章结合前人研究通过禽流感事件和黄浦江死猪漂浮的被报道次数变化趋势进行分析,结合其变化趋势的相似性和差异性,将其影响因素总结归纳为突发动物疫情事件暴发时期的事件透明程度、信息传播渠道的广泛性、区域性事件应对的差异化、政府基于社会安全的引导和管制的有效性、公众对政府应对的信任程度。

1. 突发动物疫情事件媒体曝光的透明性

禽流感在前兆阶段的媒体报道有 14 篇,黄浦江死猪漂浮事件在第一阶段事件的媒体报道 0 篇,两个动物疫情事件均在第一阶段的媒体报道次数最少。这是由于在动物疫情的前兆阶段,主要表现为疫情暴发前的传染、环境污染等,需要一个过程才会引起公众、媒体和政府的重视,因此这个阶段的官方媒体报道很少,事件透明度不高。在动物疫情暴发后,禽流感的媒体报道有 59 篇,黄浦江死猪漂浮事件的媒体报道有 25 篇。此时,公众往往处于焦虑、紧张的状态,急于知晓事件详细信息的情况,信息需求量大,而此时事件的透明程度是公众急需了解的。但是由于事件处理状态还未明确,官方媒体还不敢大肆报道,甚至可能会隐瞒事态。到了蔓延阶段,禽流感事件的媒体报道 759 篇,黄浦江死猪漂浮的媒体报道有 68 篇。此时事态的发展已经不受控制,舆论突增,影响范围很广,且破坏程度很严重,一时间会对人们的身心健康均产生很大危害,甚至会影响社会稳定和经济发展。为了满足公众对突发事件透明程度的求知欲,媒体的争相报道引发信息传递的井喷阶段。

2. 信息传播渠道的广泛性

禽流感在前兆阶段的媒体报道有 14 篇,暴发阶段有 59 篇,蔓延阶段有759 篇;黄浦江死猪漂浮事件在前兆阶段的报道 0 篇,暴发阶段有 25 篇,蔓延阶段有 68 篇。在过去,公众获得动物疫情事件信息的渠道比较集中,一般为

---

① 臧柏莹:《浅谈影响媒体新闻报道客观性的因素》,《新闻传播》2015 年第 2 期。

传统的电视新闻报道、网络新闻、报纸刊登、新闻广播等。而在 2013 年伴随着经济和信息化发展，公众获得动物疫情事件信息的渠道拓宽，不仅可以通过传统的电视、网络、报纸和广播获取信息，而且能通过手机、平板电脑等移动终端及时了解突发事件的情况，甚至可以在微博实时跟进事件的发展。此时随着事件的深入发展，舆论已经很难控制，网络媒体之间互相影响，在市场规律的作用下，哪家媒体报道的危机信息更丰富、更全面，就意味着谁能占据竞争优势。因此，动物疫情的蔓延阶段明显高于暴发阶段和前兆阶段。

3. 区域性事件应对的差异化

黄浦江死猪漂浮事件的折线在暴发阶段至恢复阶段明显低于禽流感，说明此阶段死猪漂浮事件的报道次数远远少于禽流感的报道次数。这是由于禽流感属于在全球范围内的动物疫情事件，所以其报道数量远远高于地区性的黄浦江死猪漂浮事件。由此可见，在不同区域范围，应对动物疫情公共危机的策略是不同的。

4. 政府基于社会安全的引导和管制的有效性

禽流感在蔓延阶段的报道为 759 篇，在恢复阶段为 264 篇；黄浦江死猪漂浮事件在蔓延阶段的报道为 68 篇，恢复阶段为 52 篇。在两个动物疫情危机发生后的暴发阶段和蔓延阶段，媒体报道会有所减少并且处于相对稳定的一个量，其中政府基于社会安全的引导和管制发挥着不可忽视的作用。政府具有权威性优势，可以通过媒体发布权威数据和信息，及时地解决公众的诉求，引导公众的情绪，并对疫情的防控做出适当管制，将事件造成的损失最小化，从而在正确引导中实现维护社会稳定的功能。

5. 公众对政府应对的信任程度

禽流感在暴发阶段的报道为 59 篇，在蔓延阶段为 759 篇，在恢复阶段为 264 篇；黄浦江死猪漂浮事件在暴发阶段的报道为 25 篇，蔓延阶段为 68 篇，恢复阶段为 52 篇。由此可见，两个动物疫情危机事件的报道均是呈现先急速上升然后缓慢回落的过程，在恢复阶段的报道次数均比暴发阶段的报道次数高。无论是禽流感还是黄浦江死猪漂浮事件,此类动物疫情事件都涉及人们的日常食品安全问题。在事件暴发时,公众处于对动物疫情缺乏了解的阶段,可能对疫情产生恐慌,对政府不信任,逐步蔓延到导致规避购买涉及疫情的禽畜类食品的行为,由此畜牧业、禽畜类产品加工销售业均会受到严重打击,造成畜禽市场的波动,此时政府出面加以管控和引导,媒体报道也会根据公众的关注点作出相应调整,使公众对政府应对的信任度回升。

综上所述,本章通过对两起动物疫情危机案例媒体传播次数的趋势进行研究,初步探讨了动物疫情危机中媒体传播趋势与其影响因素的关系。在动物疫情暴发和蔓延时期,信息的传递极为迫切,公众热切地想要了解事件,媒体报道处于井喷阶段,数量最多;在动物疫情蔓延至恢复时期,随着政府的参与引导和管理,公众对事件的进一步了解而且树立了正确应对疫情危机的心态,媒体报道呈下降趋势并随着事件的动态和各方的关注度保持在一个相对稳定的状态;在动物疫情的恢复阶段,随着政府采取有效的举措,公众对政府应对的信任度有了一个新的提升。

另外,通过观察图 5-10 和表 5-5 还可以发现,两个动物疫情危机事件的报道数据也有明显差异性。传播渠道的拓展影响了突发危机事件的媒体传播趋势,由于过去传统报纸作为王牌媒体是当时公众获得信息的主要渠道之一,而现在网络媒体发达且互相竞争,故暴发阶段至蔓延阶段的报道越来越多;区域性事件应对的差异化也影响着媒体传播的趋势,全球范围内的禽流感报道数量就远远高于地区性的黄浦江死猪漂浮事件。

综上所述,重大动物疫情公共危机作为一个复杂系统,媒体在其信息传播和舆论引导方面发挥着重要作用。但是在市场规律的作用下,媒体会竞相跟踪报道动物疫情危机信息,有时甚至会为了占据市场竞争优势和维护自身利益,对危机信息进行不实报道,引导舆论走向消极的一面,最终导致动物疫情公共危机这个复杂系统失衡。

本章首先利用 CiteSpace 可视化软件绘制媒体和动物疫情公共危机研究

的科学知识图谱,梳理了 2003—2017 年的文献,得到其研究进展、研究前沿以及知识基础,为国内科研单位在媒体参与公共危机行为研究方面的规划和管理,为公共危机研究者在科研选题方面提供参考。然后论述了网络媒体应对重大动物疫情公共危机行为决策的现状分析,主要包括网络媒体现状的概述和网络媒体应对动物疫情公共危机行为决策的阻滞因素两个方面。最后论述了网络媒体应对重大动物疫情公共危机行为的内容分析,主要包括动物疫情信息传播过程的理论分析,以及用 2013 年的禽流感和黄浦江死猪漂浮两个案例进行实证研究,提出动物疫情公共危机中网络媒体报道的影响因素,进而有针对性地提出建设性意见,从而正确发挥媒体的舆论引导作用,维持动物疫情公共危机这个复杂系统的稳定。

第六章　重大动物疫情公共危机中政府行为决策

政府作为国家政治管理体系的一部分,在经济支持、社会治理和公共服务等方面发挥着关键作用。在动物疫情公共危机中,政府是应急管理的直接反应者,在社会公共治理方面处于重要地位。政府是动物疫情公共危机复杂性适应系统中的重要防控主体,在调节多主体利益冲突中扮演着重要的角色。本章根据政府在既定约束条件下追求利益最大化的"经济人"假设,综合考虑在现行公共政策与微观利益主体各方博弈条件下,动物疫情公共危机给政府带来的损失和收益变化,以及这些变化对动物疫情防控行为决策的影响。在微观层面上分析政府行为决策的经济理性,在经济理性与社会效益统一的宏观政策层面上,探索政府动物疫情公共危机应急防控体系的最优化行为决策模式。

第一节　政府行为决策:文献简述与理论基础

一、政府行为决策文献简述

(一)动物疫情财政政策方面的研究

兽医职业的公共福利性决定了动物疫病预防控制工作需要政府财政支持

和相关行业的参与。自 2004 年以来,中国的动物防疫和财政支助力度持续加大,但仍有待进一步完善。孙研①认为,我国兽医工作的公共财政保障机制仍然缺乏政策支持,存在制度设计不精确等问题。借鉴国外动物疫病预防控制的经验,可以促进我国相关政策的完善,但相关研究大多局限于回顾。白雪峰等②介绍了国外主要动物疫病的补偿制度。浦华等③介绍了发达国家采取的财政补偿政策、补偿模式和相应的财政援助政策,以减少重大动物疫病对其国内畜牧业的影响。韦欣捷等④综合分析了发达国家防治动物疫病的财政扶持政策的总体特点:资金充裕,财政支持总量稳步增加;结构平衡,与防疫紧密结合;多渠道基金管理体系的完善;并从财政支持力度、结构和模式三个方面对国内和国际的动物疫情财政支持方式进行了比较分析,提出了我国应加强强制免疫、疾病监测、检疫监管、应急措施等财政支持措施的政策建议。

(二)动物疫情评估方面的研究

如何评价动物疫病的损失,已成为政府部门有效防治传染病的重要组成部分。作为一个政府部门,成本效益分析是疾病控制的一个重要方面。在保证社会稳定的情况下,如果任何一项措施的效力大于成本,而不低于其他措施的成本效益,则视为有效措施。李扬子⑤运用总剩余理论和成本效益分析方法,以直接损失和间接损失为度量方向,从生产者、政府和消费者的角度构建了疾病损害评估的理论和方法;通过分析损失包含的所有方面和内容,对损失规模进行综合估计;经济损失的计算包括对生产者剩余和消费者剩余的估计,

---

① 孙研:《借鉴国外经验促进中国兽医事业的发展》,《世界农业》2010 年第 6 期。

② 白雪峰、张杰、李卫华、陈福加:《国外重大动物疫病补偿制度简介》,《中国动物检疫》2008 年第 9 期。

③ 浦华、王济民:《发达国家防控重大动物疫病的财政支持政策》,《世界农业》2010 年第 6 期。

④ 韦欣捷、陈雯雯、林万龙、伍建平:《发达国家动物疫病防控财政支持政策及启示》,《农业经济问题》2011 年第 7 期。

⑤ 李扬子:《动物疫病损失的经济学评估》,《统计与决策》2014 年第 13 期。

得出整个社会福利的变化。黄德林等[1]人通过建立农畜产品生产收入模型，对动物疫情对我国畜牧业及相关产业的经济影响进行了估计和测算。于乐荣等[2]人对 2005 年和 2006 年禽流感对农民的"净"经济影响进行了实证分析，发现一旦暴发禽流感，家禽养殖户的人均家禽养殖收入平均下降了 65%，禽流感的暴发对规模养殖户收入的影响很大。

国外学者对动物疫病对畜牧业生产、贸易、收入等方面产生的影响进行了评估研究。Djunaidi[3] 利用农业部部分均衡模型来评估动物疫病对农业生产、贸易和收入的影响，并假设疫情暴发后供需可能产生很大的影响，从而模拟对市场的影响。Rich[4] 首先利用流行病学模型模拟动物疫病的动态发展，然后将模拟结果纳入农业部部分均衡模型分析对农业经济的影响。

（三）动物疫情防控方面的研究

2005 年我国颁布了《重大动物疫情应急条例》，对动物疫病的预防和控制应"及时发现、快速应对、严格处理"。早发现可以增加政府应对疾病的时间和减少疾病带来的损失。

国内的研究主要集中在农户动物疾病的防治上。王静和杨屹[5]调查了上海浦东新区涉禽人员对禽流感知识的了解现状，发现禽流感相关知识的覆盖

---

[1] 黄德林、董雷、王济民：《禽流感对养禽业和农民收入的影响》，《农业经济问题》2004 年第 6 期。

[2] 于乐荣、李小云、汪力斌：《禽流感发生对家禽养殖农户的经济影响评估——基于两期面板数据的分析》，《中国农村经济》2009 年第 7 期。

[3] Djunaidi H，Djunaidi A C M."The Economic Impacts of Avian Influenza on World Poultry Trade and the U.S.Poultry Industry: A Spatial Equi-librium Analysis".*Journal of Agricultural and Applied Economics*,2007,39:313-323.

[4] Rich K M，Winter-Nelson A."An Integrated Epidemiological-economic Analysis of Foot and Mouth Disease: Applications to the Southern Cone ofSouth America".*American Journal of Agricultural Economics*,2007,89(3):682-697.

[5] 王静、杨屹：《上海市浦东新区居民和涉禽职业人群禽流感知信行现状调查》，《上海预防医学杂志》2006 年第 7 期。

面很广,但是知识的系统性和全面性还需要加强。然而,李灵辉等①人在珠江三角洲进行了一项调查,发现非从业人员预防和治疗禽流感的知晓率高于从业人员。

国外对动物疫病防治的研究主要集中在对最优动物疾病防治措施的选择上。Dijkhuizen 认为,疫病的成本包括对疫病的事前控制的成本和事后疫病的直接损失,而最优的疾病控制措施是将经济的总成本降到最低。Chi 等②人比较了在加拿大沿海地区控制四种地方性牛病的 10 种策略的成本,并确定了不同疾病对应的最低成本措施。然而,这些文献往往忽略了动物疫病的外部性,对最优预防和控制措施的研究也必须考虑人类行为与动物疫病的相互作用。近年来,有文献关注这一问题。例如,Beach 等③结合流行病学和农民模型,从理论上分析了农民行为对疾病传播的影响。Hennessy④ 运用博弈论的理论框架来分析地方性人畜共患病的最优控制。

(四) 动物疫情免疫方面的研究

1926 年,Kermack 和 McKendrick⑤ 在研究 1665—1666 年黑死病在英国伦敦的流行规律与瘟疫在印度孟买的流行规律时,首次构建了 SIR 模型。随后,SIR 模型被广泛运用于人类流行病传染的研究。

---

①　李灵辉、何剑锋、李剑森:《珠江三角洲禽类从业人员和非禽类从业人员禽流感知信行调查》,《中国预防医学杂志》2009 年第 6 期。

②　Chi J,Weersink A,VanLeeuwen J A,Keefe G P. "The Economics of Controlling Infectious Diseases on Dairy Farms". *Canadian Journal of Agricul-tural Economics*,2002,50(3):237-256.

③　Beach RH,Poulos C,Pattanayak S K. "Agricultural Household Response to Avian Influenza Prevention and Control Policies". *Journal of Agricul-tural and Applied Economics*,2007,39:301-311.

④　Hennessy D A. "Behavioral Incentives,Equilibrium Endemic Disease,and Health Management Policy for Farmed Animals". *American Journal of Agricultural Economics*,2007,89(3):698-711.

⑤　Kermack,W,O.and McKendrick,A.G. "Contributions to the Mathematical Theory of Epidemics,III. Further Studies of the Problem of Endemicity", *Bulletin of Mathematical Bioligy*,53(1-2):89-118. 1991.

国内学者浦华等[1]运用决策树法建立了 SIR 模型的相关参数,并分析了政府强制免疫在禽流感暴发中的绩效。研究发现,在疫情早期感染的家禽数量不仅会影响疾病传播率,而且对政府强制免疫的绩效也有重要影响。闫振宇、陶建平[2]以湖北省 228 户农户为研究对象,构建结构方程模型,发现湖北农民家庭预防传染病的态度和信念是影响政府的强制免疫工作的重要因素。梅付春[3]运用 Logistic 模型分析了农民对扑杀政策的配合意愿,研究发现完善补偿目标、提高补偿标准、扩大补偿范围、简化补偿金额的计算以及补偿资金的支付程序有助于提高我国政府扑杀政策的绩效。

二、政府行为决策理论基础

(一)动物环境卫生学

1. 动物与环境

广义环境是指影响动物生存、繁殖、生产和健康的所有因素,包括外部环境和内部环境。通常所说的环境,一般是指动物所处的外界环境,即指周围一切与动物有关因素的总和。动物外界环境是不断变化的,有的因素变化还具有规律性,例如空气温度,随着时间和季节的变化,呈现出昼暖夜凉和冬冷夏热的规律性变化。物质和能量的交换发生在动物的内部环境和外部环境之间。动物在不断变化的环境中,通过其自身的管理机制,使身体与环境之间的物质与能量的交换处于动态平衡状态,并保持相对恒定的内部环境;但是动物的适应能力是有限的,当环境变化超出其适应范围时,身体与环境之间的平衡

---

[1] 浦华、王济民、吕新业:《动物疫病防控应急措施的经济学优化——基于禽流感防控中实施强制免疫的实证分析》,《农业经济问题》2008 年第 11 期。

[2] 闫振宇、陶建平:《养殖户养殖风险态度、防疫信念与政府动物疫病控制目标的实现——基于湖北省 228 个养殖户的调查》,《中国动物检疫》2008 年第 12 期。

[3] 梅付春:《政府应对禽流感突发事件的扑杀补偿政策研究》,北京:中国农业出版社 2011 年版。

与统一就会被破坏。动物的生产力和健康将受到影响,在严重的情况下,甚至可能会死亡。在畜牧业中,动物的环境、品种、饲料和防疫共同决定了动物的生产力水平,其中20%—30%由环境条件决定,10%—20%由动物品种决定,剩下的40%—50%由饲料决定。适宜的环境是提高动物生产力水平的必要条件。良好的品种、充足的饲料、严格的防疫体系,只有在良好的环境条件下才能发挥作用。因此,采取合理的生产技术、工程手段或设施设备,为动物创造适当的环境条件是必要的。

2.动物环境卫生学的主要内容

动物环境卫生学是环境科学与畜牧业科学交叉渗透形成的一门新学科,它包括三个部分:第一部分是动物环境生理,讲述外部环境因素的构成,研究动物生理机能、生产性能和健康如何受到各种环境因素的特征、相互关系和变化的影响;第二部分是动物环境的控制,详细阐述了畜牧场的选址、规划、布局、设计和畜棚环境管理的技术和方法,为动物创造适宜的环境条件;第三部分是畜牧场环境保护,讲述了如何消除外部环境对畜牧场的污染和畜禽生产对外部环境的污染,防治畜禽公害。其主要内容包括:

(1)解释环境概念并阐释环境因素对动物的一般规律;

(2)适应于应激对畜禽生理机能和生产性能的影响,以及防止应激损伤的技术措施;

(3)热环境、光环境、噪声、海拔、空气等有害物质对动物的影响;

(4)水、土环境对畜禽生产健康的影响及其卫生学防护措施;

(5)动物营养与环境的相互关系以及提高不同环境条件下畜禽生产力的营养调控措施;

(6)畜牧场生产工艺与场地规划布局,既包括畜牧场概念、畜牧场建筑材料基本特性等基础知识,又包括畜牧场生产工艺设计、畜牧场选址、牧场规划、布局技术和方法等;

(7)畜舍大棚环境控制与改进的技术与方法;

（8）畜牧场环境保护的理论与技术；

（9）畜牧场环境管理与环境监测、评价的技术与方法。

结合环境科学和畜牧科学的流行病学方法，研究的主要目的是为政府实施强制免疫计划和无害化处理决策提供科学依据，以进一步提高疫情信息的管理效率，提高政府的动物疫情应急管理能力。

（二）全面应急管理理论

全面应急管理是指所有灾害的应急管理，包括战争和恐怖主义的暴力灾害，也包括各种自然灾害和技术灾害。全面应急管理研究的成果可以体现在以下四个方面：

1.形成了全面应急管理的研究视角

应急管理的内容不再局限于紧急情况或事件本身，而是紧急事件从酝酿到发生以及应对和恢复整个过程。处理单元应包括不同的响应系统，从预防的角度分析风险管理的各个要素。

2.构建了应急管理的系统

所谓应急管理的系统具体包括四个子系统：指挥系统、通信和信息系统、资源系统和后勤保障系统。

3.强化了"风险""脆弱性"等应对

风险在紧急事态管理领域，它通常被认为是"危险"和"脆弱性"。在隶属于美国联邦应急管理机构的应急管理学院的教科书中，"风险"是一种直观的公式，即风险＝概率×因果关系。

风险是发生危险的概率和可能性。在应急管理领域，脆弱性是对一个社区暴露于危险时的易感性和弹性程度的描述或衡量。简而言之，脆弱性就是在灾难面前寻找自己的问题。美国紧急事态管理学院也开设了相关课程，专门研究灾难的社会脆弱性。目前，社会脆弱性研究已成为应急管理学科和社会学的重要分支。

4.研究方法不断创新

目前,西方国家在应急管理方面有较多的理论和方法,风险管理方法是最经常在灾害预防中使用的方法,权变理论常被使用来处理灾害,在组织减灾和社区恢复方面采用组织理论。在应急管理的研究中有一种方法很受推崇,即模型系统的运用。模型系统是指多变量因素间的理论联系、群体内部或群体之间关联的表达方式。发展模式包括综合模式、部门模式或可持续的模式等。在应用方法的研究中,有一类模型最能说明输入变量是如何影响输出的,就是风险管理模型,该模型列举了一些可以放大漏洞的因素。另一种模型显示个人或机构之间信息的关联或交换,其中最著名的是美国的事故管理系统。也有人认为"抗逆力"应该成为应急管理的主要指导原则,那么是要"恢复"还是为允许事件发展到灾害性的状况呢? 也有人提出了"可持续性减灾"的思想,即引进了环境保护的理念。

本章以全面危机管理的基本理论为基础,探讨动物疫情公共危机的政府应急响应能力,即动物疫情公共危机管理系统的行政效益。从技术支持、资源支持、制度安排和人员队伍等方面对政府的危机防控能力进行了研究。

第二节　重大动物疫情政府行为决策模式

政府行为决策模式一般包括多目标决策模式、偏好性决策模式、短期性决策模式、理性决策模式、有限理性决策模式和精英决策模式等。

一、政府应对动物疫情的多目标决策

多目标决策是系统解决方案的选择,取决于多个目标的满意程度。多目标决策方法是一种从 20 世纪 70 年代中期发展起来的决策分析方法。多目标决策的理论主要包括:多目标决策过程的分析和描述;冲突分解与理想点转移理论;需求的多样性理论和层次理论。它们是多目标决策分析方法的理论基础。在多目标决策中,在比较靠后被淘汰的方案称为坏的解决方案;但是有一些方案是不能被淘汰的,也不能相互比较,这些方案被称为"非坏的解决方案"或"有效的解决方案"、"帕累托解决方案"。

多目标决策原则是在多目标决策中应遵循的行为准则。主要包括:

在最小化目标数量的前提下,要满足决策的需要,可以淘汰从属目标,类似的目标可以被合并成一个目标,或者减少次要目标,这些目标只需要达到最小的标准,而不用达到最优的标准;并通过综合指标构成综合函数的方法,用综合指数代替单一指标方法来实现目标。

根据目标的优先次序,决定目标的选择。为了达到这一目的,目标将按重要性排序,并设置重要系数,以便在最佳选择中可以遵循。

相互矛盾的目标应在总体目标的基础上进行协调,全面考虑所有目标和所有因素。

在动物疫情公共危机中,政府的行为决策目标具有多重性,既要及时控制动物疫病态势的继续恶化,采取一系列有效措施应对当地动物疫情公共危机,将动物疫情公共危机带来的经济损失和社会危害降到最低;又要让治理动物疫情公共危机的效率最大化,政府的管理效率取决于治理成本与治理效益的比较,因此政府必须合理计算治理成本。从公共选择的视角,政府在强烈的社会道德意识下本能地追求自身利益最大化的行为决策,具有理性经济人的特征。

二、政府应对动物疫情的决策偏好性分析

传统经济学理论将"经济人"的假设作为政策制定者的偏好,认为它具有完整性、可传递性和连续性三个特征。然而,决策者在现实中所观察到的行为并不完全符合经济人的假设。政策制定者的行为所反映出的偏好的形成,可能受到许多因素的影响,比如具体情况、情绪和环境,特别是参考点选择、多程序比较、不对称增益和损失的影响,因而表现出变量或动态重构特征。

（一）参照点选择

在决策方面,任何计划的比较中至少有一个隐含的参考点,即维持现状。对于可能出现的新项目的评价,可以设置两个参考点,即"理想"和"现实",从对"理想"的接近程度或者对"现状"的超越的角度来考察每一个解决方案。

（二）多方案比较

研究表明,可供选择的选项越多,作出判断和选择的难度就越大,尤其是在方案很好或者更好的时候,决策者更难作出决定。这是因为,随着选择数量的增加,作出错误决定的风险也更大,害怕作出错误决定会导致错过更好的机会。"瘫痪决策"现象一般不会随着决策时间的延长而有所改善,因为随着任务期限的放宽,决策时间的压力会减少,人们的犹豫会更加难以消除,决策问题也会被搁置。此外,当人们不得不作出选择时,他们会求助于简单的"极端逃避"方法,选择一个离中心更近的解决方案,而不是最好或最差的选择。

（三）得失不对称

1979 年,Kahneman 和 Tversky 提出了"前景理论",认为风险决策者的效用函数存在"不对称的增益/损失"效应。换句话说,"失去 X 元"带来的痛苦将大于"获得 X 元"的乐趣。基于调查问卷的结果显示,大多数人在风险偏好的态度上存在"得失不对称"的现象,即当他们有机会锁定一定的利益时,他们倾向于规避风险;为了避免一定的损失,愿意承担更多的风险。然而,在小概率事件面前,人们的风险偏好将被逆转,对此,决策者事先必须有充分估计并采取相应的防范措施。

政府的决策中重点考虑哪些群体的利益就是决策偏好的政策反应。在动物疫情公共危机事件中,政府除了要满足自身利益最大化的需求外,还承担着中央政府、养殖户、消费者和媒体在内的社会群体的多重责任。对中央政府、消费者和媒体来说,政府应对动物疫情公共危机事件的行为决策要确保食品安全在内的公共卫生安全和社会政治稳定;对养殖户而言,政府的行为决策需要尽可能地保护养殖户利益不受到太大的创伤,并且保持和维护当地畜牧业经济的发展。在面对动物疫情公共危机事件时,政府理性经济人的行为决策目标要求"收益-损失-补贴≥0",政府为了实现效益最大化,在应对动物疫情公共危机中的行为决策具有选择性的偏好。

三、政府应对动物疫情公共危机决策的短期性分析

正是由于收入和损失的不对称性,人们在拥有时感觉到的并不一定是快乐,但一旦不得不放弃,就很难放弃。这种现象被称为"禀赋效应"。正是由于禀赋效应的存在,人们不太可能愿意放弃他们的既得利益,反而忽视潜在受益于未来的行动。也就是说,人们更关注个人当时的主观感觉,不那么关心实际决策的长期影响。因此人们通常显示出不改变现状和抵制改变的倾向,在这方面,必须引起政策制定者的理性关注。

政府在公共决策过程中,有时为了不适当的团体利益、地区利益甚至个人利益,没能以公共利益优先,以整体利益为重,只考虑到眼前暂时的利益,而忽视了长远收益,作出了不适当的决策,造成了短期行为。在动物疫情公共危机事件中,政府的短期行为决策主要表现为过度的地方保护主义,如在动物疫情公共危机发生时,政府为了美化自己的形象,减轻自己的责任,故意对外界谎报少报动物疫情事件真实情况,让公众未能掌握事故的真实严重程度。这种举措虽然能让政府暂时维护其美好的形象,但实质只会让动物疫情公共危机事件继续恶化。还有一种短期行为是为了降低应急治理动物疫情公共危机事件的成本,有些政府官员会在治理环节中"偷工减料""睁一只眼闭一只眼",未能严格把控治理过程。这样虽然暂时节省了政府治理成本,但忽视了动物

疫情可能引发其他公共危机的风险,对政府的公信力、公共利益、整体和长远利益造成了伤害。

四、理性决策模式

理性决策模式是在 19 世纪理性主义思潮的背景下诞生的。它假定人类是具有完全理性的经济人,它认为理性的决策者可以始终坚持理性地活动,在决策过程中可以遵循最大化利益的原则,选择最好的解决方案,并寻求自己最大的社会效益。在理性决策者看来,只要决策过程的每一步都是理性的,最终的决策就是合理的。然而,由于人们受到知识和经验等各种情况的制约,很难有一个价值中立的选择,所以在实践中理性决策模型的理性是难以实现的,是不可行的,往往不能作出最优的决策。

在动物疫情公共危机中,理性决策模式往往是决策者所追求的理想目标。在动物疫情公共危机应急预案的制定过程中,决策者会始终坚持理性的思维,投入大量的人力、物力,耗费精力认真思索、周密策划。尽力让动物疫情公共危机应急预案内容全面、准确、适用和保鲜,预案表述简明,应急责任明晰。决策者在动物疫情公共危机发生后,会选择最好的解决方案,寻求最大的社会利益。然而,事实上动物疫情公共危机暴发后,由于各种条件的制约,在实际操作中很难实现完全理性的决策,只能根据具体情况调整决策方案。

五、有限理性决策模式

西蒙认为人不是完全理性的,只有有限的理性。所谓有限理性是指缺乏完全理性,人类理性具有局限性,管理者只能作出足够好的或令人满意的决定,不能作出完全理性的决定,因为他们只有有限的时间和知识。管理者们追求的是满足感,而不是最佳状态。对于管理员来说,基于收集和处理所有相关信息的情况下,找到最优的解决方案和最佳解决方案既不现实也不需要。他只需要一个最低标准,然后从一套备选方案中选择一个符合或超过这个标准的方案就足够了。

在动物疫情公共危机中,有限理性决策模式是决策者最终会选择的实际决策模式。虽然决策者希望在动物疫情公共危机事件管理过程中能够达到完全理性的目标,寻求最优解,实现社会利益最大化。但在实际情况中,决策者往往很难实现完全理性行为决策,而且由于动物疫情公共危机事件的各种因素制约,也不可能作出完全理性的决定。因此,对决策者来说,只能在所有方案当中选择最优的解决方案,做到有限理性决策。

第三节　重大动物疫情中政府行为决策的评价

重大动物疫情中政府行为决策的选择决定着政府服务的最终效果。效果可以用行政服务的效益来加以评价。行政效益指政府部门的产出达到所期望的效果或影响的程度,也可以表现为公众的满意度[1]。行政效益是评价行政服务能力的关键,是行政服务效果的最终体现,没有效益的行政活动不可能实现真正的行政效能[2]。因此,本章通过行政服务效益来评价基层政府行为的决策效果。

一、重大动物疫情公共危机数据来源及指标设计

(一)数据来源

本章采用实地调查的方法,主要面向湖南省 14 市州社区居民进行动物疫情政府防控管理效果调查。每个地区发放 100 份有效样本,共收集 1400 份问

---

①　张国庆:《公共行政学(第三版)》,北京:北京大学出版社 2007 年版。
②　苏海坤:《能力、效率与效益——谈提高乡镇政府行政效能的途径》,《学术论坛》2007 年第 11 期。

卷,其中有效问卷为 1302 份,回收率 93%。问卷涉及社区居民的个人与家庭的基本信息、社区当前的动物疫情防控资源情况、动物疫情防控宣传扶持、动物疫情防控制度搭建及社区工作人员防控反应能力等方面内容。问卷发放限于湖南省各市州,有利于体现此次评估的政策统一性,在关于动物疫情防控管理政策上各市州具有一致性,同时选择不同的市州,是为了评价出市州在遵循相同政策的前提下,其各所辖地区对应的动物疫情防控管理能力建设水平的差异。在对具体地区选择中倾向于市州中位于经济发展相对比较好的地区,在一定程度上能代表该市较好的动物疫情防控管理水平。

(二) 样本的描述性统计性分析

1. 社区动物疫情防控资源准备情况描述

调查中,42%的居民在该社区居住了 5 年及以下,34%的居民在该社区居住了 6—10 年,15%的居民在该社区居住了 11—15 年,9%的居民在该社区住了 16 年及更长时间。根据调查显示,只有 28%的居民表示曾经在该社区看见过动物疫情卫生站,72%的居民表示在该社区居住以来从未在社区见过动物疫情卫生站。其中 31%的居民不清楚所在社区的防控避难场所的位置,59%的居民大概了解所在社区的防控避难场所的位置,只有 10%的居民清楚地知道所在社区的防控避难场所的位置。39%的居民对社区动物疫情强制免疫物品的投入量不满意,48%的居民对社区动物疫情强制免疫物品的投入量较满意,只有 13%的居民对社区动物疫情强制免疫物品投入量很满意。

2. 动物疫情防控宣传扶持情况描述

预防和控制文化建设,就是通过各种教育、培训、演习和防控活动,将预防和控制文化根植于社会,促使预防和控制文化成为人们日常生活中的思想和概念。政府对社区动物疫情防控的扶持力度是影响社区动物疫情防控管理能力的重要因素之一,如表 6-1 所示。

表 6-1　社区动物疫情防控文化宣传情况

Table 6-1 Community animal epidemic emergency cultural publicity

选项	动物疫情防控知识宣讲频次		无害化处理技术培训频次	
	样本数（人）	比例（%）	样本数（人）	比例（%）
2 次及以上	91	7	52	4
1 次	104	8	260	20
没有	1107	85	990	76

　　由表 6-1 可知,7%的居民表示该社区进行了 2 次及以上动物疫情防控知识普及宣传活动,8%的居民表示该社区进行了 1 次动物疫情防控知识普及宣传活动,85%的居民都不知道该社区进行过动物疫情防控知识普及宣传活动。参加了社区进行的动物疫情防控知识普及宣传活动的 195 名居民中,49 名居民认为该社区进行的动物疫情防控知识宣讲的内容不太接地气,93 名居民认为该社区进行的动物疫情防控知识宣讲的内容一部分有用,53 名居民认为该社区进行的动物疫情防控知识宣讲的内容很实用。同年,4%的居民表示该社区进行过 2 次及以上动物疫情无害化处理技术培训,20%的居民表示该社区进行过 1 次动物疫情无害化处理技术培训,76%的居民表示该社区从未进行过动物疫情无害化处理技术培训。在参加了该社区进行的动物疫情无害化处理技术培训的 312 名居民中,有 79 名居民认为在无害化处理技术培训中,无害化补贴发放速度很慢;173 名居民认为在无害化处理技术培训中,无害化补贴发放速度还不错;60 名居民认为在无害化处理技术培训中,无害化补贴发放速度很快(见表 6-2)。

表 6-2　社区动物疫情防控宣传扶持效果

Table 6-2 Community animal epidemic prevention and control publicity and supportive effect

选项	动物疫情防控知识宣讲效果		无害化补贴发放速度	
	样本数（人）	比例（%）	样本数（人）	比例（%）
很差	49	25	79	25
一般	93	48	173	55
很好	53	27	60	20

3.动物疫情防控制度构建情况描述

多数被调查者对其居住的社区关于动物疫情的防控制度构建比较满意。25%的居民认为在动物疫情事件发生时,社区救援效果不好,没起到什么作用;27%的居民认为在动物疫情事件发生时,社区救援效果一般;48%的居民认为在发生动物疫情事件时,社区救援效果很好。表6-3中,60%的居民表示没听过该社区工作人员进行过防控技能的培训;23%的居民表示没有关注过且不清楚该社区工作人员是否进行过防控技能培训;只有17%的居民表示听说过该社区工作人员进行过防控技能培训。55%的居民表示没有收到过社区发布的动物疫情相关消息的通知;17%的居民表示没有注意这方面的通知,不清楚是否收到过社区发布的动物疫情相关消息的通知;只有28%的居民表示收到过社区发布的动物疫情相关消息的通知。其中收到过社区发布的动物疫情相关消息通知的365名居民中,100名居民表示是通过手机短信收到通知的;90名居民表示是通过社区内的宣传板或电子屏收到通知的;105名居民表示是通过工作人员直接告知才知道通知的;70名居民表示是通过社区app和其他途径收到通知的。

表6-3　社区动物疫情防控制度搭建情况
Table 6-3 Establishment of Community Animal Epidemic Emergency Response System

选项	社区工作人员是否进行过防控培训		是否收到过社区发布的 动物疫情相关消息通知	
	样本数(人)	比例(%)	样本数(人)	比例(%)
否	781	60	716	55
没注意	300	23	221	17
是	221	17	365	28

4.工作人员防控反应能力描述

39%的居民对该社区技术人员的服务很不满意,33%的居民对该社区技术人员的服务较满意,28%的居民对该社区技术人员的服务很满意。37%的居民表示社区技术人员的服务很不及时,50%的居民表示社区技术人员的服务比较及时,13%的居民表示社区技术人员的服务很及时。表6-4说明23%的居民认为在发生动物疫情事件时,社区防控人员专业技术能力很差;36%的居民认为在发生动物疫情事件时,社区防控人员专业技术能力一般,但还有地方需要改进;41%的居民认为在发生动物疫情事件时,社区防控人员专业技术能力很好,现场井然有序。

表6-4　居民对社区防控人员防控反应能力的评价

Table 6-4 Residents´ Evaluation of Community Preventive and Control Responsive Ability

选项	防控人员专业技术能力	
	样本数(人)	比例(%)
很差	300	23
一般	468	36
很好	534	41

(二)指标设计

动物疫情防控管理能力评价涉及的范围非常广泛,存在诸多影响因素,本章通过实地调研收集评价指标因素,再综合考量动物疫情防控管理的自身特点和参考相关文献,最终选取了涵盖较为全面的动物疫情防控资源准备、动物疫情防控文化宣传、动物疫情防控制度搭建以及工作人员防控反应能力4个维度组成一级指标体系,通过对一级指标进行具体的分解,得到13个二级指标,最终形成如下指标体系(见表6-5)。

表6-5　动物疫情政府防控能力评价指标体系

**Table 6-5 Evaluation index system of government prevention
and control capacity for animal epidemic**

一级指标	二级指标
	C1:动物疫情卫生站建设情况
B1:动物疫情防控资源准备	C2:动物疫情防控避难场所的建设情况
	C3:动物疫情强制免疫物品的投入量

续表

一级指标	二级指标
B2:动物疫情防控宣传扶持	C4:普及动物疫情防控知识的宣传次数
	C5:进行动物疫情无害化处理技术培训的频次
	C6:无害化补贴发放速度
	C7:动物疫情宣传知识内容的实用性
B3:动物疫情防控制度搭建	C8:动物疫情防控技能培训效果
	C9:对当地动物疫情防控能力的评价
	C10:当地传递动物疫情预警信息的及时性
B4:工作人员防控反应能力	C11:技术人员服务的有效性
	C12:防控救援人员的专业技术能力
	C13:动物疫情发生时技术人员服务的及时性

二、重大动物疫情政府行政效益的研究假说

社区动物疫情防控管理能力受到防控准备,监测与报告以及防控处理制度等因素影响。因此,结合前人的研究成果,分4个方面选取13个最有可能影响社区动物疫情防控管理能力的因素,并提出如下研究假设:

(一)动物疫情防控资源准备

社区动物疫情防控资源准备包括社区动物疫情卫生站建设情况、社区动物疫情防控避难场所的建设情况和社区动物疫情强制免疫物品的投入量。一般认为,社区动物疫情卫生站与社区动物疫情避难场所建设得越完善和规范,社区动物疫情强制免疫物品投入越多,社区动物疫情防控能力越强。

(二)动物疫情防控宣传扶持

社区动物疫情防控宣传扶持包括普及动物疫情防控知识的宣传次数、进行动物疫情无害化处理技术培训的频次、无害化补贴发放速度和动物疫情宣传知识内容的实用性。社区普及动物疫情防控知识的宣传次数越多,进行动物疫情无害化处理技术培训的频次越高,社区居民会在一定程度上加大对动

物疫情防控的了解,从而会增加对动物疫情防控管理的重视,因此本章预期社区普及动物疫情防控知识的宣传次数和进行动物疫情无害化处理技术培训的频次与社区动物疫情防控能力正相关。无害化补贴发放速度直接影响居民对无害化处理方式的态度,无害化补贴发放速度越快,居民对无害化处理的态度越积极。动物疫情宣传知识内容的实用性一定程度上可以反映出社区动物疫情防范演练的效果,因此本章假设居民评价越高说明社区动物疫情防范演练做得越好。

(三)动物疫情防控制度搭建

社区动物疫情制度搭建包括动物疫情防控技能培训效果、对当地动物疫情防控能力的评价和当地传递动物疫情预警信息的及时性。社区动物疫情防控技能培训效果越好,当地传递动物疫情预警信息越及时,居民对当地动物疫情防控能力的评价就会越高,从而也可以反映出该社区动物疫情防控能力越强。因此本章可以预期社区动物疫情防控能力与社区动物疫情防控制度构建有关。

(四)工作人员防控反应能力

社区工作人员防控反应能力包括技术人员服务的有效性、应急救援人员的专业技术能力和动物疫情发生时技术人员服务的及时性。社区技术人员服务的有效性,应急救援人员的专业技术能力和动物疫情发生时技术人员服务的及时性直接影响社区居民对该社区动物疫情防控能力的满意度。本章假设工作人员防控反应能力与社区动物疫情防控能力正相关。

三、重大动物疫情政府行政效益评价模型

本章运用熵权-TOPSIS 法对重大动物疫情政府的行为进行研究,并对其行政绩效进行评价。

（一）熵值法

熵值法是基于客观评价指标值构成的矩阵来计算每一个指标的权重,减少了人为划定权重的非客观性。熵权不代表指标在评估中实际的重要程度,它表示在确定的评估体系下,各指标在相互竞争中的激烈情况和提供信息的多寡。其计算步骤如下:

本书以 14 个地区为对象,构建了 13 个二级指标,$\alpha_{ij}{}'$ 表示第 i 个对象的第 j 个评价指标对应的值$(i=1,2,\cdots,14;j=1,2,\cdots,13)$,根据问卷统计结果得到原始决策矩阵:

$$R = (\alpha_{ij}{}')_{14\times13} \tag{1}$$

把数据归一到$(0,1)$中,形成标准化矩阵:

$$R = (\alpha_{ij})_{14\times13} \tag{2}$$

在$(14,13)$个评估方案中,第 j 个评估指标对应的熵如下所示:

$$H' = \frac{1}{-\ln m}\left(\sum_{i=1}^{14}f_{ij}\ln f_{ij}\right)\ (i=1,2,3,\cdots,14;j=1,2,3,\cdots,13) \tag{3}$$

其中$f_{ij} = \dfrac{\alpha_{ij}}{\sum\limits_{i=1}^{14}\alpha_{ij}}\ (i=1,2,3,\cdots,14;j=1,2,3,\cdots,13)$

计算评价指标的熵权

$$\omega_j = \frac{1-H_j}{n-\sum\limits_{j=1}^{13}H_j},\ j=1,2,3,\cdots,13\ 且\ \sum_{j=1}^{13}\omega_j = 1 \tag{4}$$

（二）TOPSIS 模型

TOPSIS 的全称是"逼近于理想值的排序方法"（Technique for Order Preference by Similarity to an Ideal Solution）,是 Wang 和 Yoon 于 1981 年提出的一种适用于根据多项指标、对多个评价对象进行比较选择的分析方法。运用此方法求解多属性决策问题时,首先确定正理想解和负理想解,前者是所有样本中对应指标下属性最好的值,后者与之相对。接着找出一个最接近理想解,最远离负理想解的值,即为最优解。方案的优劣是通过方案与最优解的接近度来体现的,即接近度与1的差值绝对值越小,该方案离最优的状态越近。基于熵权–TOPSIS法的评价模型的计算步骤如下所示:

A. 由④×①可构造加权矩阵 $X = (x_{ij})$

$$x_{ij} = \omega_j \times \alpha_{ij} \quad j = 1, 2, 3, \cdots, 13 \tag{5}$$

其中 ω_j 为第 j 个指标对应的指标权重, α_{ij} 为标准状态矩阵中的元素。

B. 取每列的最大值、最小值分别为理想解 x^* 、负理想解 x^0

设 x^* 的第 j 个样本值为 x_j^* , x^0 的第 j 个样本值为 x_j^0

$$x_j^* = \max x_{ij} \quad x_j^* \text{。} = \min x_{ij} \tag{6}$$

C. 计算各方案到 x^* 与 x^0 的距离

到理想解的距离:

$$d_i^* = \sqrt{\sum_{j=1}^{13} (x_{ij} - x_j^*)^2} \tag{7}$$

和到负理想解的距离:

$$d_i^0 = \sqrt{\sum_{j=1}^{13} (x_{ij} - x_j^0)^2} \tag{8}$$

D. 计算各方案与 x^* 的接近程度

$$C_i^* = \frac{d_i^0}{(d_i^0 + d_i^*)} \tag{9}$$

E. 按 C_i^* 对方案的接近程度进行由大到小的排序

四、重大动物疫情政府行政效益评价分析

(一)指标权重

上述样本中每个地区的问卷整理之后分别构成 14×13 个评价问题,得到14个原始决策矩阵 R',由②、③、④式之后可得出每个指标的权重,见表6-6:

表 6-6 调查地区的指标权重

Table 6-6 Weights of Indicators in the Survey Area

指标权重	C1	C2	C3	C4	C5	C6	C7	C8	C9	C10	C11	C12	C13
常德	0.0057	0.0072	0.0075	0.2241	0.2241	0.2177	0.262	0.0102	0.0137	0.0091	0.0061	0.0064	0.0061
益阳	0	0.0123	0.0188	0.1848	0.2596	0.2963	0.1705	0.0103	0.0063	0.0194	0.0093	0.0123	0
怀化	0.0172	0.0179	0.0112	0.1728	0.3536	0.2481	0.0922	0.0295	0.0067	0.0223	0.0066	0.0066	0.0152
邵阳	0.0069	0.0219	0.0287	0.2098	0.24	0.2421	0.1468	0.0414	0.0219	0.0143	0.0057	0.0124	0.008
株洲	0.0139	0.0181	0.0095	0.1034	0.3228	0.3402	0.0944	0.0239	0.0226	0.0198	0.0106	0.0067	0.0139
娄底	0.016	0.0166	0.0104	0.1603	0.3282	0.3001	0.0856	0.0274	0.0084	0.0207	0.0061	0.0061	0.0141
张家界	0	0.0026	0.0119	0.2114	0.2454	0.2474	0.2114	0.0144	0.0138	0.0163	0.0073	0.009	0.009
长沙	0.0058	0.0085	0.0069	0.1859	0.2911	0.2911	0.1862	0.0084	0.0017	0.007	0.0021	0.0036	0.0017
郴州	0.0317	0.0265	0.0164	0.2086	0.1911	0.1945	0.2128	0.0219	0.0118	0.0381	0.0171	0.0062	0.0233
永州	0.0118	0.0405	0.0222	0.0876	0.2764	0.32	0.1125	0.0187	0.0064	0.034	0.0135	0.0272	0.0293
衡阳	0.0276	0.0445	0.01	0.1071	0.263	0.263	0.089	0.0441	0.0104	0.0441	0.0385	0.0332	0.0257
湘西	0.0175	0.0301	0.0196	0.1685	0.236	0.2549	0.1958	0.0181	0.0074	0.0244	0.0062	0.0039	0.0176
岳阳	0.0106	0.0258	0.0343	0.1605	0.246	0.1918	0.1944	0.0542	0.0104	0.0316	0.0187	0.0055	0.0162
湘潭	0.0055	0.0112	0.0057	0.2356	0.2356	0.2376	0.2376	0.0118	0.0028	0.0022	0.0044	0.0044	0.0055

表 6-6 中的 C1—C14 分别代表指标体系中对应的二级指标,从上表可以看到,存在有些地区对应的某个指标权重为零,例如益阳地区对应的 C1、C13 指标权重为 0,说明该地区居民在该指标上取值十分接近,评估结果区分度不大,即在这个地区中这些指标对动物疫情防控管理能力所能提供的信息量较少。

(二)政府行政服务效益的地区评价

求出了各指标的 ω_i,由④×①可得到加权决策矩阵⑤,再由⑥得到 x^* 与 x^0,运用⑦和⑧可得出 x^* 与 x^0 的距离 d_i^*、d_i^0,最后由⑨式得出接近度,依次用这种方式求出 14 个地区所有样本的接近度,汇总每个地区接近度排第一的样本,分别记录他们的正负理想解以及接近度(见表 6-7)。

表 6-7　基于二级指标的综合评价结果
Table 6-7 based on two indicators of the comprehensive evaluation results

地区	d_i^*	d_i^0	c_i^*	排序	2016 年 GDP 排名
常德	0.0106	0.0247	0.7006	14	3
益阳	0.0142	0.0383	0.729	13	10
怀化	0.0093	0.0295	0.7603	11	11
邵阳	0.0043	0.0289	0.8693	4	9
株洲	0.0035	0.0234	0.8707	3	5
娄底	0.0085	0.0308	0.7837	10	12
张家界	0.0006	0.0286	0.978	2	14
长沙	0.0005	0.0362	0.9876	1	1
郴州	0.0076	0.0236	0.7562	12	6
永州	0.0048	0.022	0.8194	6	8
衡阳	0.0029	0.0149	0.8368	5	4
湘西	0.006	0.027	0.817	8	13
岳阳	0.0056	0.0253	0.8187	7	2
湘潭	0.0069	0.0266	0.7941	9	7

表 6-7 中第 2 列代表评价对象各指标离样本数据中该指标最优值的欧氏距离,第 3 列代表评价对象各指标离样本数据中该指标最差值的欧氏距离,第 4 列代表各评价地区与最理想地区的接近度。根据接近度的大小对 14 个地区进行排序,就可以判断 14 个地区动物疫情防控能力的大小。表 6-7 从综合层面上反映了 14 个地区动物疫情防控管理能力的相对排序,以及与地区所在市州的经济发展水平之间的比较。从表 6-7 可以得出,长沙地区的接近度最大,其动物疫情防控能力最强;张家界、株洲紧随其后;常德对应的地区的接近度最小,其地区动物疫情防控能力相对最弱。通过查阅资料可知,2016 年湖南各省市的 GDP 排名(见表 6-7 第 5 列),通常意义下,我们认为经济水平较高的地区比经济水平较低的地区总体建设情况会更趋于完善。从上表可以发现大致是符合此规律的。值得指出的是张家界和常德两市与此规律有较大背离。张家界 GDP 全省排名最后,而其动物疫情防控管理能力却位居第 2

位。这可能与其作为湖南省著名的旅游城市有极大的关系,其流动人口量大,相应动物和家禽流动量也较大,社会不确定因素较多,政府为了当地居民的地区生活安全,加强了对动物疫情的防控管理。常德市地区生产总值排名仅次于长沙、岳阳位居第 3 位,但其动物疫情防控管理能力却排在最末位,这可能与其城市的商业区、生活区、工业区划分不明确有很大的联系,分区不明确加大了基层地区的管理难度,导致提升动物疫情防控管理能力的过程会受到外界更多不定因素的影响。

因为地区防控管理能力评价体系分为一级指标和二级指标,上文已经对二级指标进行了评价,现在还需在一级指标的层面上对各个地区进行比较,分维度评价过程可以类比综合评价过程。表 6-8 均排除了一级指标下计算结果接近度为 1 的样本,记录的为排除该样本之后接近度最优的样本计算数据。这样做的目的是使数据之间存在差异,便于分析比较。

表 6-8　基于一级指标的分维度评价结果

Table 6-8 based on the first-level index fractal dimension evaluation results

	动物疫情防控物资准备		动物疫情防控宣传扶持		动物疫情防控制度构建		工作人员防控反应能力	
	接近度	排序	接近度	排序	接近度	排序	接近度	排序
常德	0.6444	9	0.7033	13	0.859	6	0.7435	6
益阳	0.5444	13	0.7299	12	0.8757	4	0.5694	14
怀化	0.7086	7	0.7597	10	0.5529	14	0.7625	4
邵阳	0.7384	6	0.8691	1	0.7177	10	0.6812	9
株洲	0.8078	2	0.8455	2	0.857	7	0.5928	12
娄底	0.6245	10	0.7835	8	0.5675	12	0.7628	3
张家界	0.9015	1	0.7416	11	0.874	5	0.7457	5
长沙	0.5318	14	0.3862	14	0.5546	13	0.8306	1
郴州	0.5608	11	0.7668	9	0.8148	8	0.6137	11
永州	0.7925	4	0.8193	4	0.9195	3	0.6746	10
衡阳	0.545	12	0.8175	5	0.9267	1	0.7254	7

	动物疫情防控物资准备		动物疫情防控宣传扶持		动物疫情防控制度构建		工作人员防控反应能力	
	接近度	排序	接近度	排序	接近度	排序	接近度	排序
湘西	0.7067	8	0.8215	3	0.5782	11	0.7654	2
岳阳	0.7416	5	0.8158	6	0.7707	9	0.6884	8
湘潭	0.8065	3	0.7946	7	0.9226	2	0.5828	13

结合上文的指标体系,在一级指标动物疫情防控资源准备、动物疫情防控宣传扶持、动物疫情防控制度搭建、工作人员防控反应能力 4 个方面对 14 个市州的地区进行了比较,在动物疫情防控物资准备上,张家界居于首位,株洲紧随其后位列第二。容易发现首位和末位接近度相差比较大,说明在总体上 14 个市州的动物疫情防控资源准备方面还存在较大的差异。对动物疫情防控宣传扶持分析发现,14 个被调查地区中有 13 个都分布在 0.7—0.9 之间,说明大部分市州在这个方面都做得比较好。长沙在这一方面接近度远低于其他地区,可能是该地区在这个方面远远没有达到居民所期望的程度,或者该地区居民在这方面的期望远高于其他 13 个市州的地区居民。从动物疫情防控制度搭建上看,衡阳、湘潭、永州排在前三,接近度均超过 0.9;娄底、长沙、怀化排在后三,接近度均低于 0.6。通过对样本分析发现,产生这种结果主要是因为地区居民在对所在地区动物疫情防控能力进行打分时主观情感发挥了极大的作用。在工作人员防控反应能力上,长沙是唯一一个接近度超过 0.8 的地区,这与其位于湖南省会城市这一重要特征是密切相关的,其救援队伍数量与分布相比其他市州更多更广泛,因此到达事故发生地区速度会更快,地区工作人员在选拔时相对会更严格,因此他们的整体素质也更高,面对防控事件其专业技能更优秀。也因为其在这一指标上的突出表现使其在其他指标排名不具优势的情况下,综合排名能居于首位。由此可以看出工作人员防控反应能力在综合竞争力中是决定性因素。

（三）研究结论

本研究从动物疫情防控管理的特点出发,以此构建指标体系,较科学地把动物疫情防控资源准备、动物疫情防控宣传扶持、动物疫情防控制度搭建、工作人员防控反应能力4个一级指标作为主要因素考虑,构建了13个二级指标,细化了评价依据,为科学地评价动物疫情防控管理能力奠定了基础。通过对14市州进行评价,计算得出它们的动物疫情防控管理能力与相对排序。综合评价结果表明,长沙、张家界和株洲的动物疫情防控管理能力相对较强。把各市州地区的相对排序与2016年湖南省各市州的GDP排名进行了关联分析,发现经济水平较高的地区比经济水平较低的地区其城市总体建设情况会更趋于完善。从一级指标层面上分析,动物疫情防控宣传扶持相对比较均衡,在综合竞争力中并不是决定因素。排名靠后的地区在动物疫情工作人员防控反应能力不具有优势的情况下,可以通过完善动物疫情防控制度搭建、增加动物疫情防控资源准备来提高重大动物疫情防控管理能力。

综上所述,本章回顾了国内外政府对动物疫情公共危机在财政、评估、防控和免疫等方面进行研究。在多目标决策模式、偏好性决策模式、短期性决策模式、理性决策模式、有限理性决策模式和精英决策模式等政府行为决策模式的指导下,从社区动物疫情公共危机防控管理自身的特点出发,选取了社区动物疫情防控资源准备、动物疫情防控文化宣传、动物疫情防控制度搭建、动物疫情工作人员防控反应能力4个维度作为一级指标,对一级指标进行细化分解得到13个二级指标,最终构成一个4维13个参数的社区动物疫情防控管理能力评价指标体系。再综合利用熵权-TOPSIS模型,得出了湖南省14个市州社区的动物疫情防控管理能力的高低,并进行比较分析。结果表明,如果社区动物疫情工作人员防控反应能力没有优势,完善动物疫情防控制度构建、增加动物疫情防控资源准备有利于提升动物疫情防控管理能力。

第七章　基于博弈均衡分析的重大动物疫情社会群体行为优化策略

我国正处于矛盾多发的转型期,公共危机以不同的表现形式屡次发生。农村公共危机近几年来更是频频发生,农村公共危机的防控需要各方的支持,特别是农村重大动物疫情,如果缺少农民支持、消费者理性介入、媒体行为自律及政府监管,是无法只依靠基层政府来完成的。在看不出利益动机的情境中,群体间的关系比个人间的关系更有竞争性,一方面,在群体中,成员能够使彼此确信追求自身利益而非共同利益是合理的[1];另一方面,群体成员经常预期其他群体是竞争性的,他们会担心如果自己采取使用行为会受到冲突,人们的预期就是群体间的互动是竞争的[2]。但是,不同群体的危机防控行为都会涉及自身的利益诉求,导致与其他社会群体可能产生利益冲突,造成利益失衡状态。在此过程中,从多方博弈角度分析不同利益主体的行为是一个新颖且具有重要实践价值的研究方向。本章正是基于农民、消费者、媒体和政府角度,通过构建政府、媒体、消费者和农民四方博弈模型,求得利益博弈均衡时各

---

① Wildschut,T.,Insko,C.A.,& Gaertner,L.(2002)."Intragroup social influence and intergroup competition".*Journal of Personality and Social Psychology*,82,975-992.

② Pemberton,M.B., Insko, C.A., &Schopler, J. (1996). "Memory for and experience of differential competitive behavior of differential competitive behavior of individuals and groups".*Journal of Personality and Social Psychology*,71,953-966.

群体最优行为组合,并为多方参与的重大动物疫情防控提出建议。

第一节　重大动物疫情中社会群体行为的博弈均衡模式

博弈论是经济学领域中研究主体间利益行为较量的模型。我国经济学家张维迎认为"博弈论是研究决策主体的行为发生直接相互作用时的决策以及这种决策的均衡问题的理论"①。熊国强等研究了群体性突发事件中各利益相关者主体之间的博弈行为,并且运用演化博弈的方法建立了非政府组织和冲突双方的三方博弈模型,并尝试寻找博弈均衡点②。陈安、赵淑红通过利用贝叶斯后验概率把博弈模型作出了改进,他们用博弈模型对两两博弈主体的博弈行为进行分析研究③。徐兵以 SARS 为例研究了我国公共危机治理制度中存在的困境,运用委托代理模型对于公共危机治理过程地方政府的虚假治理问题进行了研究④。

因此,本章引入博弈模型模拟,分析重大动物疫情中利益相关者各种行为交互的不同结果,从发现动物疫情公共危机发生前或者避免其发生的最优组合条件。

一、重大动物疫情公共危机中社会群体利益失衡困境

农村发展的复杂性和危机的公共性决定了农村动物疫情公共危机中各群体的难以协调性,各社会群体却常常陷于利益失衡状态。这种利益的失衡会

---

① 张维迎:《博弈论与信息经济学》,上海:上海人民出版社 1996 年版。
② 熊国强、余红梅、史阿品等:《群体性冲突中利益调节的三方博弈模型研究》,《电子科技大学学报(社会科学版)》2009 年第 2 期。
③ 赵淑红:《应急管理中的动态博弈模型及应用》,开封:河南大学学位论文,2007 年。
④ 徐兵:《基于博弈理论的我国公共危机管理中若干问题研究》,上海:同济大学学位论文,2008 年。

造成社会矛盾的进一步分化,并逐步扩展,进而会威胁社会和谐与社会稳定发展。

(一)闭合式行政与多元开放参与的冲突

传统上,我国采用划分不同地区及多层集权的方式治理国家,此种"闭合式行政"决定了严格的"下级服从上级、地方服从中央"的政治原则,而很少在实践中创造一种平等的合作机制。危机处理过程中,负主要责任的政府行使行政领导的层级制较难延展到政府之外,并且层级意识与多元开放意识之间的对立属性,使得经典官僚制的系统控制思想在转化为实际行动方案时显得有些力不从心。因此,在动物疫情公共危机事件中各利益相关者并未最大限度地发挥自己的作用。

(二)价值取向的差异

多元利益相关主体的根本是各主体价值取向的统一。利益分配过程中科学性和合理性不足是目前我国农村公共危机治理体系的缺陷之一。危机治理过程中各利益相关者在需相互协作完成的治理行动中,往往会因为自己的利益分配不合理而直接或间接影响危机治理效果。2007年《突发事件应对法》明确了对突发事件实行分级管理、属地管理为主的原则,按照分类管理办法实施。这种规定从理论上分析具有一定的科学性和合理性,但是也造成了在突发事件管理中各地方政府部门和相关利益组织配合不足、职责模糊的问题[1]。

由以上可知,动物疫情公共危机中利益相关者间存在一定的利益冲突,又由于在危机中各自行为缺乏必要的协调性,甚至为了自身利益不惜再次暴发矛盾或冲突,反而使动物疫情公共危机的治理雪上加霜。但随着公共政策的

---

[1] 刘超:《地方公共危机治理碎片化的整理——"整体性治理"的视角》,《吉首大学学报(社会科学版)》2009年第2期。

不断推进,各主体对危机处理的意识还是有所提高,这说明公共危机治理下利益相关者的利益平衡问题还有很大提升空间。

二、多元社会群体的利益补偿分析

博弈论研究的就是在冲突环境下双方甚至多方互动的策略,而动物疫情公共危机可以看作是社会互动的行为,互动过程中,双方都有各自的利益需求。

(一)基本假设

重大动物疫情防控的实质在于协调各利益相关者的利益,本书以动物疫情危机为切入点进行分析。在动物疫情公共危机中,农民、政府、消费者(批发的商户为间接消费者,购买的民众为直接消费者)和媒体出于自己的立场进行行为选择,实现自己的利益最大化。基于以上背景,本书作出以下假设:

1. 农民、政府、消费者和媒体进行有限的理性行为选择。
2. 农民、政府、消费者和媒体的行为会相互影响。
3. 农民、政府、消费者和媒体等各主体获得的信息不完全对称。

(二)模型的建立

"十字弓模型"由经纬智库理事胡雪峰在 2013 年的《"十字弓博弈"基础模型》一书中正式提出,也称四方博弈,处于博弈的四种方式互相克制,因其样式类似十字弓弩而得名。该模型中有四种战略思想,包括弃战、后发、勇猛和谈判。各博弈主体会以采取其中一种思想作为主导,其他三种为辅的方式进行博弈。将该模型结合本书研究后,衍生出以下主体行为博弈理论模型(如图 7-1)。

弃战就是放弃博弈,核心思想是走为上。其优点是成本低,避开正面冲突,所以胜率也接近于 0。作为疫情的最大受害者,消费者在遇到自身权益受

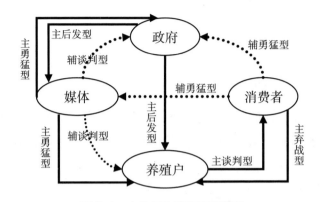

图 7-1　主体行为博弈理论模型

Figure 7-1 Game Theory Model of Subject Behavior

到损害时,若受损值在可承受范围内,往往选择弃战策略,减少消费该商品或转移消费等行为,以减少利益继续受损。若受损值超过消费者受损可承受范围,他们会采取勇猛型策略,通过游行、罢工等行为,对政府或者媒体单位施压。此过程中,弃战策略为主,勇猛型策略为辅,所以我们把消费者定义为弃战型主体。

谈判型是最常规的方式,通过展示自己实力或夸大自身实力的方式迫使对手主动放弃以赢得博弈,此法专克制弃战型。农民是典型的谈判性主体,作为疫情危机的直接引发者,在有限理性的假设下,农民会冒险采取违法行为,特别是在消费者不知情或者知情后仍然不采取行动的情况下,农民会更加倾向做出违法行为。

勇猛型,专克谈判型。赌上所有家当甚至是生命来博弈,所以胜率更高。作为信息的广泛传播单位,媒体是勇猛型主体,其职责是促进社会正向发展,其行为准则是适当曝光信息以促进政府或农民的利民行为,所以媒体需要勇于同政府或者农民的不法行为做斗争。适当情况下,媒体也可能以自身对消费者和社会舆论的导向性为筹码,辅以谈判型策略减弱政府或农民对媒体单位的行为影响。勇猛型策略为主,谈判型策略为辅。

后发型,又叫智慧应对型。此类型需要借助外界条件如其他博弈主体策略的选择、环境信息、策略间如何相互制约等,特点是专门克制勇猛型,但成本高而且后发,因此,此策略整体反倒输于弃权型,但能与谈判型保持一种动态平衡。位于权力顶端的政府部门可以在统观全局后,根据具体事态决定是否采取监管处罚或者其他行为以维护社会稳定。在此,可以把政府定义为后发型主体。

（三）参数设立及收益矩阵

十字弓博弈中,当各主体从自利角度出发,会采取不同的策略行为,从而获得的收益也不同。

农民:设违法销售的概率是 x,则合法处理的概率是 1−x。违法兜售的收益是 e,违法同时被政府检查到的罚款是 n,合法处理的收益是 1($e>l$)。

消费者:消费者采取弃战策略或是勇猛型依赖于受到的损失量。其购买到不良肉品时的真实收益损失值是 $e-1$, $\dfrac{1}{q^2}$ 为消费者的不信任系数,q^2 是消费者对政府的监督力度和媒体认可度的乘积。S 为消费者转换策略的止损点。

媒体:设曝光的概率是 m,则不曝光的概率是 1−m。得知政府在农民违法而不监察后,曝光其获得的收益是 q,由于受到外在因素（贿赂或其他方面的利益交换）而不曝光获得的收益是 q'。消费者未购买到不良肉品时,媒体获得 0 收益。

政府:设监察的概率是 y,则不检查的概率是 1−y。监察成本是 t,收到的违法罚款是 n。如果政府不监察,被媒体曝光的收益是 −q,消费者购买到不良肉品对政府的收益影响也是 −q。同样,如果政府监管行为被曝光其收益为 q,可理解为执政公信值。

具体利益矩阵如表 7−1 至表 7−4 所示。

表 7-1　农民违法(X)兜售情况下媒体曝光(M)的四方收益表
Table 7-1 Peasants Illegal(X)Quartet Income Statement
for Media Exposure(M)in the Sales Situation

	农民总收支	政府总收支	消费者总收支	媒体总收支
政府监察(y)	$e - n$	$q + n - t$	$l - e$	q
政府不监察 (1-y)	e	$-2q$	$l - e$	q

表 7-2　农民违法(X)兜售情况下媒体不曝光(1-M)的四方收益表
Table 7-2 Farmers Illegally(X)Quartet Income Statement
Without Media Exposure(1-M)in the Sales Situation

	农民总收支	政府总收支	消费者总收支	媒体总收支
政府监察(y)	$e - n$	$n - t$	$l - e$	q
政府不监察(1-y)	e	$-q$	$l - e$	q'

表 7-3　农民合法(1-X)处理情况下媒体曝光(M)的四方收益表
Table 7-3 Quartet Income Statement of Media Exposure(M)
for Peasants with Legal(1-X)Processing

	农民总收支	政府总收支	消费者总收支	媒体总收支
政府监察(y)	l	$q - t$	0	0
政府不监察(1-y)	l	$-q$	0	0

表 7-4　农民合法(1-X)处理情况下媒体不曝光(1-M)的四方收益表
Table 7-4 Quartet Income Statement Without Exposure of the Media
(1-M)under the Legal(1-X)Treatment of Peasants

	农民总收支	政府总收支	消费者总收支	媒体总收支
政府监察(y)	l	$-t$	0	0
政府不监察(1-y)	l	0	0	0

　　演化博弈学者 Dan Friedman 认为,对具有动态博弈结构的要素博弈进行有效分析,是目前演化博弈理论面临的挑战之一①。刘德海提出心智模型概

---

① 刘德海:《环境污染群体性突发事件的协同演化机制——基于信息传播和权力博弈的视角》,《公共管理学报》2003 年第 4 期。

念(包含参与者的认知规则和决策规则),并把该概念引入到分析演化博弈中,对于参与者怎样在动态博弈结构中进行模仿学习的疑问作出解答①。

在四方博弈过程中,各主体的心智模式:当 $e>l$ 时,农民的严格占优策略是违法销售策略。当 $S < \dfrac{1-e}{q^2}$ 时,消费者的严格占优策略是弃战策略。此时单次博弈过程结束,不涉及媒体和政府单位,所以(违法销售,弃战,/,/)为此次博弈的纳什均衡。当随着博弈的演化积累或者博弈开始时 $S < \dfrac{1-e}{q^2}$,则勇猛型策略严格占优的消费者选择告知媒体和政府单位。当媒体单位收益 $q' < q$ 或政府收益 $n-t > q$ 时,两者的严格占优策略是消极处理。同样,随着博弈的演化积累。消费者会转变策略为谈判型,施压两方主体。当媒体单位收益 $q' > q$ 或政府收益 $n-t < q$ 时,两者的严格占优策略是积极处理。媒体政府两者的行动会影响农民收益,不断减少 $|1-e|$ 的值,直至违法销售收益小于或等于合法销售的收益,当违法销售收益和合法销售收益相等时,出于道德考虑,农民会更倾向于选择合法销售行为,所以从博弈演化角度,从违法销售到勇猛型和谈判型,再到消极处理,最后到积极处理,这个过程将会实现最后的博弈平衡。

三、重大动物疫情公共危机社会群体行为的演化稳定分析

在农民、政府、消费者和媒体的四方博弈中不存在纯策略纳什均衡,只存在混合策略纳什均衡。

(一)农民的博弈求解分析

设 S_1、S_2 分别是农民违法和合法行为的期望收益。则:

---

① 刘德海:《政府不同应急管理模式下群体性突发事件的演化分析》,《系统工程理论与实践》2010 年第 11 期。

$$S_1 = (e-n) \cdot y \cdot m + e \cdot (1-y) \cdot m + (e-n) \cdot y \cdot (1-m)$$
$$+ e \cdot (1-y) \cdot (1-m)$$

$$S_2 = l \cdot y \cdot m + l \cdot (1-y) \cdot m + l \cdot (1-m) \cdot y + l \cdot (1-m) \cdot (1-y)$$

当农民的博弈达到均衡时则 $S_1 = S_2$，解得：$e - ny = l$，则：$y^* = \dfrac{e-l}{n}$。

由公式可以得出，当农民采取违法行为，可以通过改变 e、l、n 的值改变农民收益，进而影响农民行为。且当政府审查的概率 $y = y^*$ 时，农民违法或合法行为的期望收益相同，即农民选择违法和守法都可以取得最大收益。当 $y > y^*$ 时，农民选择合法行为为最优策略。当 $y = y^*$ 时农民选择违法行为取得最大收益。

（二）政府的博弈求解分析

设 S_3、S_4 分别是政府和审查不审查时的期望收益。则：

$$S_3 = (q+n-t) \cdot x \cdot m + (n-t) x \cdot (1-m) + (q-t) \cdot (1-x) \cdot m - t \cdot$$
$$(1-x) \cdot (1-m)$$

$$S_4 = 2q \cdot x \cdot m - q \cdot x \cdot (1-m) - q \cdot (1-x) \cdot m$$

当政府的博弈行为达到均衡时则 $S_3 = S_4$，解得：$x(q+n) = t - 2mq$，则：

$$x^* = \frac{t-2mq}{q+n}, \quad m^* = \frac{t - x \cdot (q+n)}{2q}。$$

在现实中政府受监管成本、社会舆论等影响，会对勇猛型媒体曝光的事件更加积极处理，所以 x 和 m 这两个影响因素中 m 起主导作用。即当媒体的曝光概率 $m = m^*$ 时，政府的审查与不审查的期望收益相同，可随机选择。当 $m > m^*$ 时，政府采取审查的行为为最优策略。当 $m < m^*$ 时，政府采取不审查的行为为最优策略。

（三）媒体的博弈求解分析

设 S_5、S_6，媒体曝光和不曝光的期望收益。则：

$$S_5 = q \cdot y \cdot x + q \cdot (1 - y) \cdot x$$

$$S_6 = q' \cdot (1 - y) \cdot x$$

当媒体的博弈行为达到均衡时 $S_5 = S_6$，解得：$y^* = \dfrac{q' - q}{q'}$。

同理，当政府审查的概率 $y = y^*$ 时，媒体曝光和不曝光的收益相同，可做随机选择。当 $y > y^*$ 时，媒体应该将曝光作为最佳策略。当 $y < y^*$ 时，媒体应该将不曝光作为最佳策略。

（四）消费者的博弈求解分析

消费者在农民违法时受到的损失收益 l-e，其在弃战策略过程中的不信任系数为 $\dfrac{1}{q^2}$。弃战策略向勇猛型策略转化的拐点损失量为 S($S > \dfrac{1-e}{q^2}$)。

所以得出公式 $\sum \dfrac{1-e}{q^2} = S$ 时，消费者在该平衡点上选择弃战策略或是勇猛策略收益一致。消费者若想降低利益损失值，即把利益损失值的拐点向左移。则需降低 l-e 和不信任系数 $\dfrac{1}{q^2}$。由于 | 1 - e | 的值由农民决定，所以消费者只能直接通过增加对政府单位的监督力度和媒体单位的认可度而降低损失拐点 S。

四、多元社会群体的博弈均衡分析

动物疫情公共危机暴发后，涉及的各利益主体通过不断的行为交互，即相互博弈，各自所追求的最大利益必将趋向于一种平衡状态。本章在分析出影响某一主体行为的因素后，将这种影响关系应用于动物疫情公共危机的实践管理过程中，试图找到一种能同时平衡各利益主体利益的解决方案（如图 7-2）。

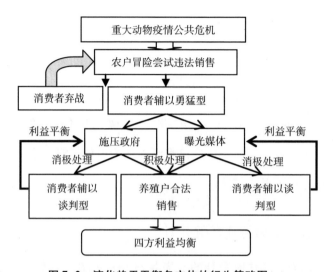

图7-2 演化趋于平衡各主体的行为策略图

Figure 7-2 Evolves the behavioral strategy chart that tends to balance each subject

（一）从农民的角度分析

由公式 $y^* = \dfrac{e-l}{n}$ 可以得出农民的博弈纳什平衡中，y^* 与农民违法和合法的利益差 $e-l$ 成正比，与政府的惩罚金额 n 成反比，可以得出以下结论：

一是 y^* 与农民违法和合法的利益差 $e-l$ 成正比，在现实中 y^* 越小，农民越倾向于采取合法行为。减小 y^* 的值可通过减小 $e-l$ 的值实现，则有方法一：减小 e，方法二：增大 l。农民对 e（违法销售的收益）与 l（合法处理的收益）比较哪个更加"划算"来决定"冒险"与否。在动物疫情突然暴发之后，出于侥幸不被惩罚心理，农民会偏向作出违法行为，而政府能后发制人、拥有监察处罚的权力，此时要适当增强监察力度，增加农民违法销售的成本，从而降低其违法销售的收益。同时，政府也要对农民作出合法行为进行适当的补贴，从而在降低农民违法收益的同时增加其合法处理的收益。农民作为谈判型主体，其行为特点是当对手表现为坚决对抗时，自己会选择退让或认输。所以作为勇猛型主体的媒体,在获取农民违法信息后,应曝光其不法行为,通过告知民众减少购买行为的方式压缩市场,从而减少农民违法销售的收益。

二是 y^* 与政府的惩罚金额 n 成反比。使 n 增加后,y^* 也会减小,从而会增加农民合法的概率。现实应用:n 是政府对农民的违法行为的处罚,在博弈不断演化过程中,后发型政府不断调整处罚金额,当其增加到一定范围后,会使违法行为并没有很多利益可图,从而使农民们没有必要冒险采取违法行为,从而减少甚至阻止养殖者们的违法行为。

(二) 从政府角度的分析

由公式 $x^* = \dfrac{t - 2mq}{q + n}$,$m^* = \dfrac{t - x \cdot (q + n)}{2q}$ 可以得出,不管是 x^* 还是 m^*,都与监管成本 t 呈正相关关系,与被曝光收益 q,违法罚款 n 呈负相关关系。还是以公式 $m^* = \dfrac{t - x \cdot (q + n)}{2q}$ 为主导,得出以下结论:

一是 m^* 与监管成本 t 呈正相关关系。政府的职责是监督处罚。博弈分析时政府以尽量多作出监察行为,减少违法行为发生为目标。由以上可知,当 $m > m^*$ 时,政府采取审查的行为为最优策略,则要尽量降低 m^*,即降低监管成本 t。后发型策略的政府,可以精确针对别人策略作为回应的代价就是成本太高。政府在执行职能时,在不影响执法效果时要降低成本,包括执法人员精简,执法流程精简,执法消费精简。

二是 m^* 与曝光收益 q,违法罚款 n 呈负相关关系。曝光收益为消费者得知政府合理,正确行使监督责任时对政府产生的信任收益。增加曝光收益和违法罚款使 m^* 减小,从而增加政府作出监察行为的概率。政府部门的曝光收益可理解为政府部门在合理履行政府职能后被曝光得到的民众的信任度。后发型特质的政府虽然每次都是博弈中最后的行为发生者,但从演化博弈的视角来看:通过勇猛型的媒体每次适当增加曝光度来促使下一次博弈时政府更倾向于采取监察管理行为。作为弃战型的消费者应该根据情况适时辅以勇猛型的策略,主动施压政府以表明自己对政府的信任度的下降,逼迫政府更多地履行职责来增加自己的执政信任度,即曝光收益值。当罚款增加时,相当于政府拥有更多财力用于执行监督责任,从而更好地履行政府职责。

(三)从媒体的角度分析

由公式 $y^* = \dfrac{q'-q}{q'}$ 得知,y^* 与 q' 呈正相关关系,y^* 与 q 呈负相关关系。由上已知,媒体的责任是曝光更多的违法行为,所以得出以下结论。

一是 y^* 与 q' 呈正相关关系。q' 是受到外在因素(贿赂、政策补偿或其他方面的物质或非物质价值交换)而不曝光获得的收益,媒体要曝光出更多的违法行为,就要使 y^* 减小,则应该使 q' 减小。在现实中,由于后发型的政府对于其他主体行为信息的全局把控性及权力的把控性,对于自己工作失误的信息政府会运用各种手段迫使媒体单位封闭消息。谈判型的违法农民也会利用自己财政或社会影响等"看不见的手"对媒体单位活动施加压力或进行贿赂,从而使得 q' 增加,阻止媒体曝光违法行为。此时,媒体应该勇敢担起自己角色的职责,勇于同不法行为作斗争,另一方面媒体还应辅以谈判型的策略,以自己强大的消息传播能力和行业魄力为筹码,打破政府和农民们的壁垒,坚持实事求是,不做"第二政府",更不与违法农民做灰色交易,欺骗消费者。

二是 y^* 与 q 呈负相关关系。q 是媒体曝光获得的收益。要使 y^* 减小,则必使 q 增大。现实应用:要使 q 增大,媒体必须坚持自己的立场,做好自己本职工作,妥善经营各项活动,增强自己的财政独立性和社会影响力。作为弃战型的消费者,一定情况下可辅以谈判型的策略对媒体有失公正的报道进行揭露和抵制,以降低媒体部门收益为筹码,促使媒体部门正确地履行职责。适当情况下后发型的各级政府也可利用资金、权力等资源对相应级别媒体单位进行一定的补助,以增强其独立、客观的报道能力。

（四）从消费者的角度分析

由前文所知,主弃战型的消费者收益受到农民的 $|1-e|$、对政府的监督力度 $\frac{1}{q}$,对媒体的认可度 $\frac{1}{q}$ 三者影响。即当农民违法并造成消费者一定的利益损害时,消费者会辅以勇猛型策略,通过施压政府或媒体迫使他们采取措施,即增加 q,进而降低 $\frac{1}{q^2}$ 使得利益受损值 S 降低。当农民采取合法行为或对消费者造成的损失在他们可承受范围内时,消费者会采取弃战策略,减少该产品的消费或寻找其他替代商品。

根据以上各主体相互影响关系,如何在动物疫情公共危机暴发后同时平衡四方主体利益,可以得出以下结论:

重大动物疫情公共危机暴发后,农民在不完全理性的假设下会选择冒险采取违法行为。消费者在权益受到损害后,若损失在自己可接受范围内,一般理性假设下,他们会采取弃战策略,减少消费该商品或寻找可替代商品消费。若损失在自己可承受范围外,他们就会辅以勇猛性策略主动施压政府或媒体以阻止利益继续受到损害。媒体在获取消息后,会发挥勇猛性策略的特点,通过曝光政府的失职和农民的违法行为,在维护消费者利益的同时,借助消费者的关注增加自己的影响力和收入。其间,消费者会根据媒体是否进行客观公正地报道决定是否辅以谈判型策略迫使媒体进行客观公正地报道,同样消费者也会根据政府是否积极有效地采取措施来决定是否辅以谈判型策略迫使政府采取积极有效的措施。农民根据消费者行为选择是否继续违法行为,若消费者弃战策略,则其继续违法,政府和媒体不作反应。若消费者选择勇猛型策略,农民会在博弈演化过程中,慢慢倾向于采取合法行为。政府作为后发型主体,在媒体作出选择后,判断媒体的信息曝光后产生的社会效应,决定是否采取监察处罚措施或压制媒体信息。在博弈的不断演化下,政府会倾向于在媒体曝光后迅速作出监管惩罚行动。为了促进社会和谐发展,在可控条件下,政府应适当给予媒体部门补偿以抑制媒体和农民们灰色交易,以达到政府可控下的和谐发展的目标。

第二节 重大动物疫情公共危机中社会群体行为优化策略

博弈中的均衡可以理解为不同行为的博弈后,博弈方处于一种稳定状态(stable state),在这一状态下,所有参与人都不再愿意单方面改变自己的战略,博弈者就形成了最优战略组合,也被称为"均衡"①。重大动物疫情公共危机是一个庞大的复杂适应系统,其中的每个社会群体不仅存在博弈关系,也会存在着一定的相适应关系。那么,四方社会群体之间的利益博弈如果想要从之前的"失衡状态"达到理想的"均衡状态",必须从微观、中观和宏观三个层面构建"三大机制"(如图7-3),这对重大动物疫情公共危机防控的有效、持续发展起着一定的推动力。

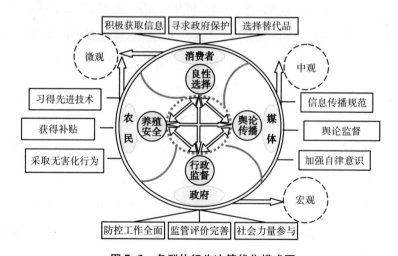

图7-3 各群体行为决策优化模式图
Figure 7-3 The optimization Model of each group's behavior decision-making

---

① 张维迎:《博弈论与信息经济学》,上海:上海三联书店2012年版,第33页。

一、由失衡转向均衡的微观手段:互惠利他机制

在重大动物疫情公共危机这个复杂系统中,不同的社会群体为了各自的利益需求会采取不同的行为决策,造成不同的利益冲突。农民和消费者作为动物疫情中的直接作用者和直接影响者,他们之间的利益冲突如果激化,必然会形成失衡状态,不仅导致社会食品安全问题陷入困境,还会造成社会不安,因此,对于微观层面的群体应该通过相应规范策略促使他们的行为优化到均衡状态。

(一)构建互惠利他机制

微观层面的利益均衡需要各社会群体降低自身的利益诉求,对于农民和消费者而言,双方是利益链上最相关的群体,只有从互惠利他角度才能够更深入地达到利益均衡状态。首先,农民在养殖过程中,必然要学习新的科学技术,习得新的养殖知识,使传统技术与农业现代化紧密结合,来提升自己的养殖能力。新技术是当前我国现代农业发展的必然要求,对新技术的掌握可以改变传统技术的不足,更好地使养殖规模和养殖效果扩大化。其次,农民可以通过获得政府补贴补偿由于采取无害化行为而造成的利益损失。重视补贴机制,可以提高农户的无害化行为,通过补贴政策的实施对采取无害化行为农户的奖励,对其他农户产生良好的示范效应,有利于在群众中形成一种良好的养殖风气,提高了农户对政府的信任度,从而进一步促进农户无害化行为的采纳。引导农户树立科学环保养殖意识需要加大有效的宣传。仅从全社会或社会公益角度倡导无害化行为显然是不够的,因为其无法显著提高基层民众的思想觉悟。因此,在加大无害化宣传时,要深入基层,将推进农村教育与推进无害化政策协同宣传,引导基层干部践行科学环保养殖,减少农户的不信任心理。最后,在当前现实背景下,有时宣传可以对农民行为形成潜在的约束力,但完全靠非制度因素去制止农户对病死牲畜的处置显然是不够的,应该结合

制度与非正式制度,提高监督范围并提高惩处水平的同时提高农户个人素质,不仅会直接促进无害化行为,而且也会通过加强农户个人的非正式制度意识,进一步提高农户无害化行为。因此,重大动物疫情中,作为直接影响者的农民通过合理减少损失的方式,达到惠及消费者的目的。

(二) 建立良好互动关系

动物疫情公共危机发生以后,各方应相互支持,良性互动,建立良好的社会参与机制,形成社会良性互动。社会参与机制是指以社会公众对自身利益的关心和对社会公共利益、公共事务的自觉认同为基础,通过对社会发展活动的积极参与实现发展的过程和方式。如消费者和农民共同参加应对工作,按照相应的防控措施可以相互规避风险。在疫情预防阶段,多元社会群体既是参与者,又是被影响者,良好的互动关系可以增强参与主体的应急意识。在疫情暴发处置阶段,社会群体的参与在重大动物疫情防控过程中具有不可替代的作用,有助于社会群体之间形成协调互动的良性关系。

首先,消费者可以通过正规渠道积极获取疫情信息来判断疫情的发生发展。当前网络媒体的发展速度非常之快,微博、微信等新媒体的传播速度远远超越了传统媒体,但是消费者对于动物疫情信息的接纳应从正规渠道获得真实信息。其次,寻求政府保护。当看到政府科学及时高效对动物疫情危机作出举措时,消费者要理性认识动物疫情危机,提高对政府应对的信任程度,端正心态,配合政府举措和政策,不造谣不传谣不信谣,不煽动和盲从由动物疫情引起的非理性行为,以自己的明理和信任给社会的安定添砖加瓦。最后,选择替代品。家禽是消费者日常需要的食物之一,但是当动物疫病暴发时,在短时间内,对家禽的消费意愿最好是通过同类食物替代品来获得。

社会群体的互惠利他机制需要不同社会群体降低自身的利益诉求,使他人更多地获取利益,只有这样才能减少直接群体间的利益冲突。

二、由失衡转向均衡的中观手段:行业自律机制

网络媒体作为一种新兴媒体,存在着很多不尽如人意的地方。假新闻、不实新闻层出不穷,垃圾信息爆炸成灾等问题层出不穷,使社会对媒体的信任度下降。加之媒体出于对自身利益的追逐,造成与公众之间的利益需求不一致。由于网络媒体在事件报道中拥有特殊的"权利",它与政府和公众有着相辅相成的关系。在发挥舆论引导作用时,可以推动政府的信息公开,也可以通过不实信息误导公众的选择。所以,网络媒体的管理是一项长期而又艰巨的工作,不是某些个人、某些组织可以单独完成的。因此,有必要采取各种手段和措施对处于中观层面的媒体行业的管理规范加以优化,引导它朝着更加健康的均衡方向发展。

(一)规范信息,完善法律法规

随着智能手机、平板电脑等移动终端新媒体技术和渠道发展带来的传播形态的变革,信息传播愈发多样化。对于动物疫情的传播不仅通过传统的纸媒等方式,更多地通过网络传播。同时,由于网络监管的相关法律法规还不健全,疫情信息传播准入门槛较低,各地只要出现任何规模的疫情,都有可能由个人通过网络直接向外界传播,这就使得真实性的报道缺失,甚至谣言有机可乘。因此,需要完善有关媒体信息传播的法律法规,把新兴媒体传播渠道纳入法治轨道,使得新媒体技术和渠道媒体传播更加合理和规范化,确保疫情信息的传递更加具有可信度。同时,一旦动物疫情属实,媒体应正确使用新闻媒体的力量,发挥其在危机管理中的正面作用。媒体的重要功能之一就是监督环境,当农村危机事件初显的时候,新闻媒体应该予以警示。在危机灾害事件发生之后,传播媒体应该排除干扰,第一时间对疫情事件进行如实报道,防止不实信息成为谣言,误导公众行为。网络媒体的报道能够在第一时间出现,有利于社会公众及时、具体地了解危机发生的状况和态势,这也有利于消除村民的

恐惧心理,使那些以讹传讹的疫情谣言无法引起社会的恐慌。

(二)关注民意,加强舆论监督

由于网络传播的迅猛发展,出现了更多的伦理难题。在网络媒体十分强大的今天,公众的行为通常会受到"媒体驱动",公众对事件的认知也常常被媒体的有关报道所框定、所扭曲。与传统媒体相比较,当前的网络传播主要表现为交互性。由于受众的思维方式和行事方式都发生了变化。当动物疫情公共危机到来时,要求媒体通过把握网络信息,获得真实的消息来源。因此,动物疫情危机发生后,媒体要本着职业和专业精神向公众传递真实准确的信息,提高突发事件的透明程度,向公众还原事件本真,不制造噱头、不渲染夸大、不危言耸听、不为抢首发和吸引公众眼球而不顾信息的真实准确性,以真相和事实推翻谣言和偏激言论。

当前的舆论监督,基本上是由媒体代表舆论进行监督。然而,现实社会中媒体起着报道事实的主要作用,也更需要舆论的监督。因此,舆论监督本身也应该被监督,特别是对于重大动物疫情事件的报道,如果网络媒体刻意放大疫情暴发情况或者压制疫情事件的发生,都将会给社会造成恶性影响。而媒体本身也有自身的利益需求,如果没有适当的监督和制约,可能会误导公众,扭曲事实。如今,对媒体的监督,已经有一定的政治导向性了,政府对于媒体的报道信息有一定的约束,但又只是一定程度的约束,媒体依然有自主权。对记者的监督主要依靠传媒自身的约束来执行,然而传媒本身也是利益相关者,因此,对媒体的监督可以由媒体通过自身检讨、自我批评来解决,以自身的影响力和自身组织的功能来实行监督,可以更好地缓解与其他社会群体的利益冲突,这可以使舆论监督中少一些不公平不合理的事。

(三)遵守准则,健全自律机制

媒体一直以来被看作是社会的守望者,对各种社会组织、政府服务、公共事件负有监督和批评的责任,传播着媒体行业的正能量。然而,大多数时候,新闻媒体对于自己的报道错误讳莫如深,导致公众对于媒体的批评也不绝于耳。不管是对动物疫情发生的报道,还是一般性的农村公共危机,媒体报道的真实性才是行业自律的目的。健全而有效的行业自律机制不仅是提升媒体形象的途径,也是提高媒体可信度的重要保障。它不应该仅仅停留在字面上的准则,这是当前我国传媒界亟须的。2009 年修订的《中国新闻工作者职业道德准则》,对媒体人的行为加以约束。但是却有许多从业者并不了解其中的基本要求。当前,媒体及从业者的自律性成为新闻职业的基本准则,涉及自我批评、自我约束、自我监督和自我控制等行为。一般而言,对新闻报道的媒体的自律主要是媒体自身的自律行为和自律意识。

媒体机构的自律是报道疫情真实性的根本。媒介自律从本质上看是一种"行业契约",作为整个行业的基本单元。由于动物疫情公共危机一旦暴发,它的危害范围很广,此时,对该类特殊事件的报道就要求媒体的真实性和及时性。当前,新媒体的作用已经跨越了传统媒体的边界,很多疫情传播事件最初都是来源于网络,而非纸媒。但是由于媒体与政府的微妙关系,有时媒体会成为政府的保护伞,有时媒体又是事件的放大器,因此,无论从媒体从业者个体还是从行业整体看,媒体机构的自律行为都是必不可少的。规范职业操守与职业道德是媒体自律的基本环节。疫情传播过程中,微观公众对媒体的报道具有一定的期待,这时媒体的自律与外界的他律形成了一道道德界线。因此,媒体内部应设置相应的奖惩机制、用人制度构建约束,避免媒体人的扩大或者缩小疫情事件影响的利己行为等,以增强媒体人的职业道德意识和社会责任意识。

三、由失衡转向均衡的宏观手段:监管评价机制

重大动物疫情公共危机除了具有公共危机的一般特性外,它还具有一定的市场性,市场中的利益相关者都会有各自的利益诉求,一旦这种诉求处于失

衡状态,政府的行政利益就会受到损伤。这就意味着,政府不仅要把提供行政服务作为防控手段,还要将市场监管也纳入工作内容。当前的农村公共危机更加具有复杂性,在这个复杂系统中,政府的主要任务是危机发生前后的市场监管,因此,需要考虑到其他社会群体的利益,在保障社会群体利益的同时,达到行政利益的最大化。因此,不仅要做好一般性的行政服务,更要注重监管评价工作,还要发动社会力量的参与,使行政服务的效果达到最优,使政府与行政服务对象之间的关系达到均衡。

(一) 促进防控工作的具体化、规范化、合理化

首先,疫情监测、诊断和报告工作是提高行政效益的根本。行政效益的提高是政府公共服务水平的体现。在实际工作中,动物疫情防控工作是相关政府部门的工作重点之一。加强动物疫情监测,要求各级政府严格有效地完成监测任务。按照疫情报告制度,对疫情发生情况及时逐级上报。同时,为了更高效地消除疫情隐患,疫情的监管还需要督促,特别是养殖密集区、疫情易发地区等重点地方、重点区域,要对这些地方的防疫工作加以督促和检查。在疫情危机前,应健全和完善市、县、乡、村四级监测网络,确保网络功能齐全、畅通。在疫情防控过程中,政府还应该建立并严格执行重大动物疫病防控工作督查通报制度。在疫情危机后,认真总结学习防疫行动中的教训经验。

其次,强制免疫程序和消毒措施是提高行政效益的手段。强制免疫程序和消毒措施的实施目的是减少疫情的发生,有利于社会的稳定,保证公共服务的有效性。因此,一方面应实行强制免疫,由政府统一制定动物免疫档案,包括饲养场和农民防疫档案,对免疫情况做好及时登记;另一方面,还要采取消毒灭源措施,由基层服务人员对规模化养殖场(户)、牲畜交易市场、屠宰、加工、储存、交易、运输等场所进行严格的消毒灭源。消除疫情隐患的具体做法就是要切实落实疫区集中消毒制度化、消毒程序和操作方法规范化、药品选用科学化。

最后,合理的补偿标准是提高行政效益的基本保障。目前,家禽扑杀一般是补偿 10 元/只,标准略低,有些地方甚至没有补偿,导致农民可能会隐瞒对病害家禽的上报。如果想提高农民上报的意愿,可以提高补偿金额。然而,需要把握补偿金额高低的度,因为过度的补偿金额也会带来道德风险,不仅增加了疾病预防和控制的成本,而且还降低了预防和控制的有效性。因此,需要制定合理有效的补偿标准。另外,为了确保补偿能够及时到位,政府部门还应该规避补偿政策的滞后性。因为一般情况下,补偿通常会经过 2—3 个月才能发放给农民,这会导致农民不相信政府的补偿政策,然后做出对其他群体不利的选择行为。因此,当疫情发生时,补偿政策的实施应及时,应最大限度地发挥补偿政策的积极作用,设立专门的扑杀补偿基金,以确保扑杀补偿基金账户的充盈,最好是当场支付和分配扑杀补偿,降低扑杀补偿的时间滞后性。

(二)完善防控监管评价体系

在重大动物疫情危机事件中,行政手段是国家调整市场经济手段的重要手段,而行政力量也是规范和管理各种社会的重要力量。因此,政府的重要性是不容忽视的。政府不仅是管理者,还是促进者。各相关部门和机构可以分工合作,在自己的职责范围内,应针对动物疫情危机事件制定监管体系,依照相关的法律法规以及规章制度对其职责范围内的事务进行监督评价管理,以维护动物疫情公共危机防控工作良性开展。

制度监管评价。首先,相关的政策法规不仅要包含国家安全、生态环境、经济方面,而且要包含对农户的保障和新闻舆论等,要明确各领域的实际操作细节。政府各部门之间的政策体系要相一致,不能有冲突矛盾或是以部门利益为主,应该要把公共利益放在核心。其次,基层政府在处理动物疫情危机事件时,要求贯彻执行中央政策,加大对农村危机管理中的监督。并对各项制度执行情况进行评价,结合危机事件中的经验教训,严格执行监督和评价工作,提升我国基层政府的农村公共危机治理能力。

信息监管评价。由于动物疫情所涉及的范围很广,信息来源渠道多样、部门多,工作量很大,需要将原始资料和间接资料结合起来推断出疫情发生的真实情况,因此信息发布具有一定的难度。信息的准确性和时效性都会受到一定的影响。拓展危机事件中信息的公布渠道,充分利用互联网等开放空间,调动各类资源,收集并且发各种信息,并注意其精准度。同时,为了获取真实、可靠的信息,保证疫情处理方法的客观性,应定期对信息加以监管评价,包括信息采集、加工、处理等一系列过程。另外,对公众进行信息公布时,应把握数据信息真实可靠性,并使信息报告公开透明,避免不实信息误导公众。

责任监管评价。动物疫情公共危机的防控除了必须完善危机管理制度监管和信息监管外,还应该对管理者本身的责任进行监督,建立合理的评价奖惩制度。责任监管评价主要是对每个环节的每一评价行为的合法与合规性进行管理。基层领导者在危机识别、危机事件决策、危机公关和事件善后方面需要加强。基层政府对待疫情危机管理要有一个理论逻辑,从增强农民危机意识、增强急救演练和宣传指导方面需要重视,在决策者自身方面则需要掌握了解危机事件的知识并学习应对危机事件,吸取以前危机事件的经验教训,创新思维,灵活运用现代科技提高决策能力,并对管理者进行责任评价。

(三) 鼓励社会力量参与

面对重大动物疫情公共危机的防控的主体并不是只有政府,其他社会群体的力量也是动物疫情公共危机防控的补充。政府可以集结专业领域人士科学高效对动物疫情的发展态势进行认真研究和准确分析,从而提高判断和决策能力,提高应急管理水平,制定与疫情防控的有关规章制度和措施,及时发布权威信息,安抚公众情绪,维护社会安全与稳定。另外,社会组织对于危机治理也起到了巨大的积极作用。社会组织具有很强的灵活性,能够充分利用自身的基础,在危机出现苗头的时候提供预警信息。当行政管理过程中出现"政府失效性"时,社会组织可以有效调动聚集社会成员参与营救受困群众及其他村民,是化解危机灾害、维持良好秩序的重要力量,要积极推动社会组织参与动物疫情公共危机治理。除此之外,其他社会群体的力量也不容小视。从动物养殖的源头抓起,农民采纳无害化处理技术与政府提供补贴的提高,可以降低疫情的发生率;消费者可以通过获得宣传知识,有效规避风险,最大化保障食品安全;媒体与政府一直保持着相互联系,可以加快疫情防控信息的有效传播。因此,应鼓励社会力量积极参与到重大动物疫情防控工作中。

综上所述,我国农村目前正处于社会变革时期,在经济建设、社会治理和环境保护等方面都有着飞速的发展,但也给动物疫情公共危机的产生埋下了一定的隐患。重大动物疫情公共危机能否有效化解对社会是否能可持续发展有着重大影响,而有效化解动物疫情公共危机的重点在于解决危机中各主体间的利益平衡问题。本章利用十字弓模型分析动物疫情公共危机中政府、媒体、消费者和农民四方主体间的利益平衡问题,尝试找到各主体不同行为交互的利益平衡点,使重大动物疫情的发展从失衡到均衡状态,这对于解决重大动物疫情公共危机问题具有一定的现实指导意义。因此,社会群体应在一定程度上缓解利益冲突,从而需要采取行为优化策略,包括微观层面的互惠利他机制、中观层面的行为自律机制和宏观层面的监管评价机制。只有这样,才能使原本利益失衡的社会群体通过行为的优化达到均衡状态,这能确保社会稳定发展。

第八章 结语：社会群体互动
行为的必经之路

第一节 结 论

重大动物疫情公共危机中社会群体行为决策的基本动机大部分都来自群体的利益需求，从而作出相应的行为决策。同时，社会群体做出行为决策时一般都面临着复杂的决策环境，会受到外部环境的影响。社会群体行为是社会学领域的一个重要内容，群体间的行为博弈均衡是社会稳定发展的根本。本书的主要内容包括：重大动物疫情中社会群体行为决策研究的基本理论分析；重大动物疫情公共危机的发展现状分析；重大动物疫情中社会群体行为决策的特征分析；重大动物疫情公共危机中影响社会群体行为决策的因素分析；重大动物疫情公共危机中社会群体行为决策的利益博弈分析；重大动物疫情公共危机中社会群体行为决策优化策略。本书结论总结如下：

一、梳理了国内外研究和发展现状

通过阐述国内外的研究和发展现状，确定研究思路及研究方法，深入认识重大动物疫情公共危机、社会群体及社会群体的行为等概念内涵，指出了重大动物疫情公共危机社会群体行为决策的理论内涵，并以复杂适应系统理论、社会冲突理论、行为决策理论、多属性效用理论和利益相关者理论等作为方法论基础。同时,本书阐述了动物疫情公共危机防控是社会抵御疾病风险,保障公众生命健康的重要组成部分。在重大动物疫情公共危机防控中加强对养殖安全处理是保证畜牧产品安全无害的重要举措,对于动物疫情的关注和防控也成为当前农村安全和稳定发展的关键内容。因此,有效应对动物疫情的产生,科学快速及时地应对重大动物疫情,调整均衡疫情发生时的社会群体行为决策模式,是保障人民财产安全、维护食品市场稳定需求的关键切入点。

二、重大动物疫情公共危机防控是一个复杂的系统

本书一方面对我国的重大动物疫情公共危机的发展进行了深入地分析,总结提出当前重大动物疫情面临的主要问题包括:基层动物疫病防控体系逐步健全,但防控形势依然严峻;畜牧业发展迅速,但饲料安全与兽药残留问题严重;中小型养殖户为主,但动物疫病防治免疫难度大;动物疫情合格率有效提高,但农民防疫不到位;另一方面,基于复杂适应性理论,将社会群体放在一个复杂视角下进行分析,阐述了农民行为的自利性、消费者行为的风险规避性、媒体行为的引导性和政府行为的行政效益最优性。在此系统中,社会群体常态下的行为决策都是从自身利益角度出发,形成一个利益博弈的动态环。这种状态下很容易导致疫情暴发速度加快,程度加深。因此,对社会群体行为的复杂性进行研究就尤为重要。

三、社会群体行为决策会受到不同因素的影响和驱动

在分析重大动物疫情社会群体行为决策的复杂性时,针对不同群体的特点,结合已有的文献,找出可能影响群体行为的因素,然后采用了分类分析法对不同社会群体的行为决策进行了定量分析。运用通径模型,对农民在重大动物疫情公共危机中的行为决策进行了驱动因素分析;用 Probit 模型对消费者行为决策进行了分析,构建了基于风险回避的消费者决策选择方法;采用

Citspace 知识图谱方法分析了网络媒体在公共危机事件中的应对情况,并用个案分析法具体阐述了新媒体在疫情传播中的作用和局限;对熵权-TOPSIS 的相关理论进行分析,构建了基于熵权理论的公众对政府行为决策的评价模型。

四、四方社会群体行为决策优化是从失衡到均衡的必经之路

重大动物疫情公共危机暴发后,四方社会群体之间的交互过程必然形成利益博弈的状态。农民在不完全理性的假设下会选择自利行为。消费者在权益受到损害后,若损失在自己可接受范围内,一般理性假设下,他们会采取风险规避行为,即减少消费该商品或寻找可替代商品消费。媒体在获取消息后,会发挥舆论引导的作用,站在消费者利益诉求的角度,曝光政府的失职和农民的违法行为,借助消费者的关注增加自己的影响力,但容易忽视报道的真实性。政府作为后发型主体,在媒体作出选择后,判断媒体的信息曝光后产生的社会效应,决定是否采取监察处罚措施或压制媒体信息。但是,这种博弈必须要寻求到一个均衡点,以使社会群体的行为决策可以达到相互平衡。本书构建了复杂群体决策交互过程的十字弓模型,并从微观、中观和宏观三个层面提出了社会群体行为决策优化的"三大机制"策略。

第二节　研究展望

重大动物疫情中社会群体行为决策的研究是一项复杂的工作。本书虽然对重大动物疫情发展的现状及其各社会群体行为决策的影响因素进行了研究,但一方面,该研究涉及的学科领域广泛;另一方面,研究对象也是多样化构成,目前只基本完成了初步的成果,未来准备进一步研究的问题如下:

第一,决策过程的复杂性对群体决策选择有着一定的影响。在动物疫情发生时,由于各社会群体的外部决策环境具有不确定性因素,利益需求的不一

致性,决策过程的复杂性等,这必然会影响到群体的决策效果。本书通过一系列指标体系来衡量各群体决策的影响因素,但各社会群体在动物疫情中的决策过程是本研究尚未关注的方面,这既是一个现实的问题,更是一个深入的理论问题,也是后期将要进一步研究的重要内容,这将更好地识别决策过程,更有效地优化群体决策行为。

第二,重大动物疫情公共危机的预防和控制是一个复杂系统,而在该系统中的社会群体的行为更具有复杂性,农民、消费者、媒体和政府都有各自的利益诉求。本书从社会学角度,对每个群体做了调查研究。但是,由于群体的评价标准不同,采用的指标也不同,很难用统一的方法进行整合性的比较研究,同时,重大动物疫情公共危机中社会群体行为的研究是社会学领域的重要关注点,本书作者将持续地对疫情演化过程中的群体行为进行动态跟踪研究,以期更深入地了解社会群体行为在这个复杂系统中的动态演化。

第三,在运用计量分析方法对农户、消费者和政府评价时,通过问卷调查进行了实证研究,意图以数据分析来揭示社会群体行为决策的影响因素。然而,动物疫情的发展离不开群体行为决策,动物疫情的防控更是多年来中央一号文件的要求,因此,后续的动物疫情的防控政策与群体间的直接和间接联系也是进一步研究的新课题、新领域,具有重要的研究价值。

参 考 文 献

[1] Aladegbola, I. A. Akinlade, M. T. "Emergency Management: A Challenge to Public Administration in Nigeria". *International Journal of Economic Development Research and Investment*.2012:82-90.

[2] Bacharach M.1975. "Group decision in the face of differences of opinion". *Management Science*,22(2):182-191.

[3] Beach R.H., Poulos C., Pattanayak S.K. "Agricultural Household Response to Avian Influenza Prevention and Control Policies". *Journal of Agricul-tural and Applied Economics*, 2007,39:301-311.

[4] Benayoun R., Roy B., Sussman N. "Manual de reference du programmeelectre". *Note de Synthese et Formation*, No.25,25.Paris: Direction Scientifique SEMA,1996.

[5] BhattGM. "Significance of pathco efficient analysis in association". *Euphytica* 1973. 22(2):338-343.

[6] Bikhchandani, S. andSharma, S. "Herd Behavior in Financial Market: A Review". *IMF working Paper*,2000.No.2000-4.

[7] Black D.1948. "On the rationale of group decision-making". *The Journal of Political Economy*,56(1):23-34.

[8] Charnes A., Cooper W. *Management Models and Industrial Applications of Linear Programming*.New York:John Wiley and Sons,1961.

[9] Chi J., Weersink A., VanLeeuwen J.A, Keefe G.P. "The Economics of Controlling Infectious Diseases on Dairy Farms". *Canadian Journal of Agricul-tural Economics*,2002,50 (3):237-256.

[10] Churchman C. W., Ackoff R. L., Arnoff E. L., *Introduction to Operations Research*. New York: Wiley, 1957.

[11] Cochrane J.L., Zeleny M.*Multiple Criteria Decision Making*.Columbia: University of South Carolina Press, 1973.

[12] D. T.Campbell, "EvolutionaryEpistemology".In P.A.Schilpp.(ed.) *The philosophy of Karl Popper*.The Library of Living Philosophers.1974:421.

[13] Djunaidi H., Djunaidi A.C.M."The Economic Impacts of Avian Influenza on World Poultry Trade and the U.S.Poultry Industry: A Spatial Equi-librium Analysis".*Journal of Agricultural and Applied Economics*, 2007, 39:313-323.

[14] Elbakidze L."Economic Benefits of Animal Tracing in the Cattle Production Sector".*Journal of Agricultural & Resource Economics*, 2007, 32(1):169-180.

[15] F. Heylighen, "Definition of Fitness". (1996) http://pespmcl. vub. ac. be/ FITTRANS.html.

[16] Farguhar P H."A survey of multiattribute utility theory and applications".Starr M K, Zeleny M, eds.*Multiple Criteria Decision Making*, 59-90.North-Holland, 1977.

[17] Fishburn P.C."Lexicographic orders, utilities and decisions rules: A Survey".*Management Science*, 1974, 20(11):1442-1471.

[18] G.Gowan & et.al(eds): *Complexity: Metaphor, Models and Reality.SF1 studies in the sciences of complexity.Proc.Vol six*, Addison-wesely, 1994:18.

[19] Goodpaster, kenneth E, 1997, *Business Ethies and Stakeholder Analysis*, in Beauchamp & Bowie(eds.), 76-85.

[20] Griliches."Hybridcorn: An exploration in the economics oftechnological change".*Econometrica*.1957, 25:501-522.

[21] Hennessy D.A."Behavioral Incentives, Equilibrium Endemic Disease, and Health ManagementPolicy for Farmed Animals".*American Journal of Agricultural Economics*, 2007, 89(3):698-711.

[22] Hermann.CharlesF, ed.*International Crisis: Insights from Behavioral Research*.New-York: FreePress.1972:13.

[23] Holland, J.H.*Hidden Order*.Addison-Wesley Publishing Company, Inc., 1995:29.

[24] Huber G P."Methods for quantifying subjective probabilities and multi-attriuteu-tiltities".*Decision Science*, 1974, 5(3):430-458.

[25] Hugonnard J, Roy B."Ranking of suburban line extension projects for the Paris

metro system by a multicriteria method". *Transportation Research*, 1982, 16(A) :301-312.

[26] Hwang C. L., Yoon K. *Multiple Attribute Decision Making - Methods and Applications:A State-of-the the-Art Survey*. New York: Springer-Verlag, 1981.

[27] Hwang C.L., Lin M.L. *Group decision making under multiple criteria*. New York: springer-verlag, 1987.

[28] Jean-Luc Wybo, Harriet Lonka. "Emergency Management and the Information Society:how to improve the synergy?", *International Journal of Emergency Management*, 2002, Vol.12:183-190.

[29] KAHNEMAN D., TVERSKY A. "Prospect Theory:An Analysis of Decision under Risk". *Econometrica*, 1979, 47:263-291.

[30] Keeney R.L., Raiffa H. *Decisions with Multiple Objectives:Preferences and Value Tradeoffs*, New York; Wiley, 1976.

[31] Keeney R.L., Kirkwood C.W.1975, "Group decision making using cardinal social welfare functions". *Management Science*, 22(4) :430-437.

[32] Kermack, W, O.and McKendrick, A.G: "Contributions to the Mathematical Theory of Epidemics, III.Further Studies of the Problem of Endemicity", *Bulletin of Mathematical Biology*, 53(1-2) :89-118.1991.

[33] Koopmans T. "Analysis of production as an efficient combination of activities". Koopmans T, ed. *Activity Analysis of Production and Allocations*, vol.volume 13 of Cowles Comission Monograph, 33-97. New York:John Wiley and Sons, 1951.

[34] Kuhn H, Tucker A. *Nonlinear programming*, 481 - 492. *Berkeley*, California: University of California Press, 1951.

[35] LeBon, G. *The Crowd*. London:TFisher Unwin, 1896.26.

[36] LevanElbakidze. "Ecnomics Benefits of Animal Tracing in the Cattle Production. Selected Paper Prepared for Presentation at the joint American Agricultural Economics", *Western Agricultural Economics, and Canadian Agricultural Economics Associations Annual Meeting*, Portland, OR, July29-Angust 1, 2007.

[37] Li X.B., Reeves G.R. "A multiple criteria approach to data envelopment analysis". *European Journal of Operational Research*, 1999, 115(3) :507-517.

[38] Luce R.D., Howard Raiffa. *Games and Decision*. New York John Wile & Sons Inc, 1957.

[39] MacCrimmoon K.R. "An overview of multiple objective decision making". Cochrane

J L,Zeleny M,eds.*Multiple Criteria Decision making*,18－44.Columbia:University of South Carolina Press,1973.

[40]MacCrimmoon K R.*Decision making among multiple-attribute alternatives:A survey and consolidated approach*.RAND Memorandum RM－4823－ARPA,1968.

[41]Mancur Olson,*The Logic of Collective Action:Public Goods and the Theory of Groups*.Harvard University Press,Cambride,Massachusetts,1980.

[42]Mansfield E."Technical change and the rate of innovation".*Econometrica*,1961,29:741－766.

[43]Martel J.M.,Matarazzo B."Other outranking method".Figueira J,Greco S,Ehrgott M,eds.*Multiple Criteria Decision Analysis:State of The Art Survey*,chap.6,197－262.Boston,Massachusetts:Springer－Verlag,2005.

[44]Nijkamp P."Reflections on gravity and entropy models".*Regional Science and Urban Economics*,1975,5(2):203－225.

[45]Pemberton,M.B.,Insko,C.A.,&Schopler,J.(1996)."Memory for and experience of differential competitive behavior of differential competitive behavior of individuals and groups".*Journal of Personality and Social*.

[46]"Pred A Structuration and Place:On the Becoming of Sense of Placeand Structure of Feeling".*Journal for the Theory of Social Behavior*,1983,13(1):45－68.

[47]Rich K M,Winter－Nelson A."An Integrated Epidemiological－economic Analysis of Foot and Mouth Disease:Applications to the Southern Cone of South America".*American Journal of Agricultural Economics*,2007,89(3):682－697.

[48]Rosenthal Uriel."Crisis Management and Institutional Resilience:An Editional Statement".*Journal of Contingenciesand Crisis Management*,Volume 4,Number:119－124.

[49]Roy B."Classementetchoix en presence de point de vue multiples:Le methodeelectre".*Revue Francaised' Informatique et de Recherche operationnelle*,1968.8(1):57－75.

[50]S.Fink.*Crisis Management:Planning for the Inevitable*.New York:American Management Association,1986.

[51]Schneider,Saundra K.,"Governmental Response to Disasters:The Conflict between Bureautratic Procedures and Emergent Norms".*Public Administration Review*,1992,52(2):135－146.

[52]Seeger,M.W.,SelInow,TL&Ulmer,R.R."Communications,organization,and crisis".In Michael Rol off(Ed),*Communication Yearbook* 21(pp.230－275).Thousand Oaks,

CA:SafePublications,1998:64.

[53]Stadler W."A survey of multicriteria optimization or the vector maximum problem". *Journal of Optimization Theory and Applications*,1979,29(1):1-52.

[54]Steven Fink. *Crisis Management*: *Planning for the Inevitable.* New York: American Management Association.1986.

[55]Suresdandar G.S,Rajendran C,"Anantharaman R N.A Conceptual Model for Total Management in Severice Organization".*Total Quality Management*,2001,12(3):343-363.

[56]Tambi E.N.,Maina O.W.,Mariner J.C.,"Ex-ante economic analysis of animal disease surveillance".*Revue Scientifique Et Technique*,2004,23(23):737-52.

[57]Ulrich Beek."Decision support systems for disaster management".*Public Administration review*,special issue 1985.41-43.

[58]Uriel Rosenthal;Michael T.Charles;Paul T.Har.*Coping With Crises*:*The Management of Disasters*,*Riots*,*and Terrorism.*Published by Charles C Thomas Pub Ltd(1989).

[59]Waugh,William L."preface",*Annals of the American Academy of Politicaland Social Science*,2006,Vol.1.

[60]Wildschut,T.,Insko,C.A.,& Gaertner,L.(2002)."Intragroup social influence and intergroupcompetition".*Journal of Personality and Social Psychology*,82,975-992.

[61]YY Yao."A comparative study of fuzzy sets and rough sets",*Information Science* 1-4,August,1998.35-37.

[62]Alvin Toffler:《未来的冲击》,北京:中信出版社,2006年。

[63]A.恰亚诺夫:《农民经济组织》,萧正洪译,北京:中央编译出版社,1996年。

[64]H.Blumer 转引自林秉贤:《社会心理学》,北京:群众出版社,1985年。

[65]Heath R.:《危机管理》,王成译,北京:中信出版社,2004年。

[66]M.艾根、P.舒斯特尔:《超循环论》,上海:上海译文出版社,1990年。

[67]M.盖尔曼:《夸克与美洲豹——简单性和复杂性的奇遇》,长沙:湖南科技出版社,2001年。

[68]白雪峰、张杰、李卫华、陈福加:《国外重大动物疫病补偿制度简介》,《中国动物检疫》2008年第9期。

[69]保罗·A.萨缪尔森、威廉·D.诺德豪斯:《经济学》,北京:北京经济出版社,1996年。

[70]卞元男:《蛋鸡养殖户疫情防治行为分析》,《黑龙江农业科学》2016年第7期。

［71］曹光伟、吕宗德：《对动物疫病防控体系建设的建议》，《中国畜牧兽医文摘》2012 年第 4 期。

［72］曹文栋、晁玉凤、许丽娜、姚展、赵静、姚伟、王彦、白丽霞、张凤英、张钰琪：《北京市海淀区部分居民人感染 H7N9 禽流感防控知识、行为调查》，《中国健康教育》2013 年。

［73］陈超美：《CiteSpaceⅡ：科学文献中新趋势与新动态的识别与可视化》，《情报学报》2009 年第 3 期。

［74］陈超美：《CiteSpace1：科学文献中新趋势与新动态的识别与可视化》，陈悦、侯剑华、梁永霞译，《情报学报》2009 年第 3 期。

［75］陈珽：《决策分析》，北京：科学出版社，1987 年。

［76］陈业新：《灾害与两汉社会研究》，上海：上海人民出版社，2004 年。

［77］陈雨生、房瑞景：《海水养殖户渔药施用行为影响因素的实证分析》，《中国农村经济》2011 年第 8 期。

［78］仇焕广、黄季焜、杨军：《政府信任对消费者行为的影响研究》，《经济研究》2007 年第 6 期。

［79］崔彬：《防疫知识认知对家禽养殖户疫苗依赖程度影响研究——以江苏省为例》，《农业技术经济》2015 年第 10 期。

［80］崔淑娟、孟冬梅、石伟先、黄芳、王全意：《美国禽流感防控体系的特点及对我国的启示》，《中国预防医学杂志》2012 年第 1 期。

［81］戴维·奥斯本、特德·盖布勒：《改革政府——企业精神如何改革着公营部门》，上海：上海译文出版社，1996 年。

［82］邓利平、马一杏：《"老酸奶"谣言中媒体呈现的反思》，《新闻界》2013 年第 4 期。

［83］邓新明：《中国情景下消费者的伦理购买意向研究——基于 TPB 视角》，《南开管理评论》2012 年第 3 期。

［84］丁柏铨：《重大公共危机事件与舆论关系研究——基于新媒体语境和传统语境中情形的比较》，《江海学刊》2014 年第 1 期。

［85］丁柏铨：《自媒体对重大公共危机事件舆论影响（上）》，《中国出版》2014 年第 24 期。

［86］董雅丽、李晓楠：《网络环境下感知风险、信任对消费者购物意愿的影响研究》，《科技管理研究》2010 年第 21 期。

［87］樊灵芝：《信息补偿：新媒体时代的政策公信力重塑之道》，《中国行政管理》

2012 年第 8 期。

[88]高世宏、曹林元、谢祥梅等:《消费者对瓜果蔬菜农药残留认知与购买行为研究——基于陕西省消费者的调查》,《陕西农业科学》2014 年第 3 期。

[89]高玉伟:《中国 H5N1 亚型禽流感的流行现状与防控策略》,《兽医导刊》2012 年。

[90]郭倩倩:《突发事件的演化周期及舆论变化》,《新闻与写作》2012 年第 7 期。

[91]何良元、董剩勇、马耀兵:《某部加强高致病性禽流感防控工作的做法》,《解放军预防医学杂志》2007 年第 2 期。

[92]何清:《主观消费风险攀升背景下消费行为的异化》,《商业时代》2013 年第 33 期。

[93]何忠伟、韩啸、余洁、刘芳:《我国奶牛养殖户生产技术效率及影响因素分析——基于奶农微观层面》,《农业技术经济》2014 年第 9 期。

[94]贺文慧、高山、马四海:《农户畜禽防疫服务支付意愿及其影响因素分析》,《技术经济》2007 年第 4 期。

[95]侯剑华、陈悦、王贤文:《基于信息可视化的组织行为领域前沿演进分析》,《情报学报》2009 年第 3 期。

[96]胡鞍钢:《如何正确认识 SARS 危机》,《国情报告 SARS 专刊》2003 年第 9 期。

[97]胡百精:《危机传播管理》,北京:中国传媒大学出版社 2005 年版,第 54—55 页。

[98]胡百精:《中国危机管理报告》,广州:南方日报出版社,2006 年。

[99]胡登全:《公共危机中传媒对受众的心理引导——以汶川大地震为个案》,《当代传播》2010 年第 2 期。

[100]胡浩、张晖、黄土新:《规模养殖户健康养殖行为研究——以上海市为例》,《农业经济问题》2009 年第 8 期。

[101]胡晓梅:《科学传播与网络》,《河北工程大学学报(社会科学版)》2008 年第 25 期。

[102]黄德林、董雷、王济民:《禽流感对养禽业和农民收入的影响》,《农业经济问题》2004 年第 6 期。

[103]黄金波、庄荐:《动物疫病防控应急管理分析》,《当代畜牧》2013 年第 35 期。

[104]黄泽颖、王济民:《养殖户的病死禽处理方式及其影响因素分析——基于 6 省 331 份肉鸡养殖户调查数据》,《湖南农业大学学报》2016 年第 3 期。

[105]黄泽颖、王济民:《动物疫病经济影响的研究进展》,《中国农业科技导报》

2017 年第 2 期。

[106]吉东：《动物疫病管理之我见》，《经营管理者》2014 年第 9 期。

[107]吉小燕、刘丽军、刘亚洲：《生猪规模养殖户污染处理行为研究——以浙江省嘉兴市为例》，《农林经济管理学报》2015 年第 6 期。

[108]姜鑫：《农业技术创新的速水-拉坦模型及在中国农业发展中的实证检验》，《安徽农业科学》2007 年第 11 期。

[109]靖继鹏、马费成、张向先：《情报科学导论》，北京：科学出版社 2009 年。

[110]凯恩斯：《就业利息和货币通论》，北京：商务印书馆，1981 年。

[111]科塞：《社会冲突的功能》，北京：华夏出版社，1989 年。

[112]科特勒：《管理科学》，北京：机械工业出版社，1990 年。

[113]库德华：《从 SARS 和禽流感事件看我国政府危机管理的发展》，《新疆社科论坛》2007 年第 1 期。

[114]赖茂生、王琳、李宇宁：《情报学前沿领域的调查与分析》，《图书情报工作》2008 年第 3 期。

[115]雷跃捷、金梦玉、吴风：《互联网媒体的概念、传播特性现状及其发展前景》，《现代传播》2001 年第 1 期。

[116]李爱梅、李连奇、凌文轮：《积极情绪对消费者决策行为的影响评述》，《消费经济》2009 年第 3 期。

[117]李长友：《GIS & GPS 技术在我国高致病性禽流感防控工作中的应用研究》，南京农业大学，2006 年。

[118]李飞星、陈万灵：《社会危机的经济学本质剖析》，《经济问题探索》2007 年第 5 期。

[119]李昊青、夏一雪、兰月新、张鹏：《我国公共危机信息管理研究的可视化分析（2006—2015）》，《现代情报》2016 年第 5 期。

[120]李红、孙细望：《湖北省分散小规模养殖户安全养殖行为及规范的调查分析》，《江苏农业学报》2013 年第 6 期。

[121]李怀祖：《决策理论导引》，北京：机械工业出版社，1993 年。

[122]李磊：《外国新闻史教程》，北京：中国广播电视出版社，2001 年。

[123]李立清、许荣：《养殖户病死猪处理行为的实证分析》，《农业技术经济》2014 年第 3 期。

[124]李良荣：《新闻学概论》，上海：复旦大学出版社，2001 年。

[125]李灵辉、何剑锋、李剑森：《珠江三角洲禽类从业人员和非禽类从业人员禽流

感知信行调查》,《中国预防医学杂志》2009 年第 6 期。

[126]李鹏:《公共危机事件的网络传播与舆情治理》,《东岳论丛》2012 年第 9 期。

[127]李燕凌、车卉、王薇:《无害化处理补贴公共政策效果及影响因素研究——基于上海、浙江两省(市)14 个县(区)773 个样本的实证分析》,《湘潭大学学报(哲学社会科学版)》2014 年第 5 期。

[128]李燕凌、冯允怡、李楷:《重大动物疫病公共危机防控能力关键因素研究——基于 DEMATEL 方法》,《灾害学》2014 年第 4 期。

[129]李燕凌、周先进、周长青:《对农村社会公共危机主要表现形式的研究》,《农业经济》2005 年第 2 期。

[130]李扬子:《动物疫病损失的经济学评估》,《统计与决策》2014 年第 13 期。

[131]李志宏、海燕:《知识视角下的突发性公共危机管理模式研究》,《科技管理研究》2009 年第 10 期。

[132]李滋睿:《我国重大动物疫病区划研究》,《中国农业资源与区划》2010 年第 5 期。

[133]李宗建、程竹汝:《新媒体时代舆论引导的挑战与对策》,《上海行政学院学报》2016 年第 5 期。

[134]廖卫红:《移动互联网环境下消费者行为研究》,《科技管理研究》2013 年第 14 期。

[135]刘长敏:《危机应对的全球视角——各国危机应对机制与实践比较研究》,北京:中国政法大学出版社,2004 年。

[136]刘超、尹金辉:《我国政策性生猪保险需求特殊性及影响因素分析——基于北京市养殖户实证数据》,《农业经济问题》2014 年第 12 期。

[137]刘超:《地方公共危机治理碎片化的整理——"整体性治理"的视角》,《吉首大学学报(社会科学版)》2009 年第 2 期。

[138]刘德海:《环境污染群体性突发事件的协同演化机制—基于信息传播和权力博弈的视角》,《公共管理学报》2003 年第 4 期。

[139]刘德海:《政府不同应急管理模式下群体性突发事件的演化分析》,《系统工程理论与实践》2010 年第 11 期。

[140]刘刚:《危机管理》,北京:中国经济出版社,2004 年。

[141]刘建明、纪忠慧、土莉丽:《舆论学概论》,北京:中国传媒大学出版社,2004 年。

[142]刘军:《社会网络分析导论》,北京:社会科学文献出版社,2004 年。

[143]刘连喜:《崛起的力量(下)》,北京:中华书局,2003年。

[144]刘明月、陆迁、张淑霞:《不同模式养殖户禽流感防控行为及其影响因素》,《湖南农业大学学报》2016年第2期。

[145]刘玮、张梦雨、康思敏:《动物疫情公共危机防控中多元主体行为研究——基于CAS范式》,《北京航空航天大学学报(社会科学版)》2016年第6期。

[146]刘潇:《禽流感危机的治理和防控——以辽宁省黑山县S村为例》,《现代农业科技》2013年第8期。

[147]刘雪芬、杨志海、王雅鹏:《畜禽养殖户生态认知及行为决策研究》,《中国人口、资源与环境》2013年第10期。

[148]刘亚洲、纪月清、钟甫宁、刘立军:《成本—收益视角下的生猪养殖户死猪处理行为研究——以浙江省嘉兴市为例》,《农业现代化研究》2016年第3期。

[149]刘燕、赵景华:《中国政府战略性危机管理群体决策的影响机制研究——基于利益相关者模型》,《中国行政管理》2016年第2期。

[150]刘则渊、王贤文、陈超美:《科学知识图谱方法及其在科技情报中的应用》,《数字图书馆论坛》2009年第10期。

[151]刘泽渊、陈悦、侯海燕:《科学知识图谱:方法与应用》,北京:人民出版社,2008年。

[152]刘增金、乔娟:《消费者对可追溯食品的购买行为及影响因素分析——基于大连市和哈尔滨市的实地调研》,《统计与信息论坛》2014年第1期。

[153]陆昌华、胡肄农、谭业平、臧一天、朱学锋:《动物疫病损失模型的经济模型评估构建》,《家畜生态学报》2015年。

[154]李春娟、侯海燕、王贤文:《国际科技政策研究热点与前沿的可视化分析》,《科学学研究》2009年第2期。

[155]罗伯特·希斯:《危机管理》,王成译,北京:中信出版社,2001年。

[156]罗丞:《消费者对安全食品支付意愿的影响因素分析——基于计划行为理论框架》,《中国农村观察》2010年第6期。

[157]罗丽、刘芳、何忠伟:《重大动物疫情公共危机下养殖户的疫病防控行为研究——基于博弈论的分析》,《世界农业》2016年第2期。

[158]罗丽、刘芳、康海琪:《北京市畜禽养殖疫病防控的影响因素研究——基于最优尺度回归分析》,《中国畜牧杂志》2016年第2期。

[159]罗丽、刘芳、何忠危:《重大动物疫病公共危机下养殖户的动物疫病防控行为研究》,《世界农业》2016年第1期。

［160］罗青军、何圣东：《基于顾客终生价值分析的营销策略研究》，《商业经济与管理》2005 年第 1 期。

［161］罗森塔尔：《危机管理：应对灾害、暴乱与恐怖主义》，北京：中信出版社，2002 年。

［162］麻宝斌、王郅强：《政府危机管理：理论对策研究》，长春：吉林大学出版社，2008 年。

［163］马骥，秦富：《消费者对安全农产品的认知能力及其影响因素——基于北京市城镇消费者有机农产品消费行为的实证分析》，《中国农村经济》2009 年第 5 期。

［164］《马克思恩格斯全集》，第 23 卷，北京：人民出版社，1972 年。

［165］迈克尔·R.所罗门：《消费者行为学》，北京：中国人民大学出版社，2009 年。

［166］梅付春：《政府应对禽流感突发事件的扑杀补偿政策研究》，北京：中国农业出版社，2011 年。

［167］密苏里新闻学院写作组：《新闻写作教程》，北京：新华出版社，1986 年。

［168］闵大宏：《数字传播概论》，上海：复旦大学出版社，2003 年。

［169］诺曼·R.奥古斯丁等著：《哈佛商业评论精粹译丛：危机管理》，北京：中国人民大学出版社，2001 年。

［170］诺斯：《制度、制度变迁与经济绩效》，上海：上海三联书店，2000 年。

［171］潘丹、孔凡斌：《养殖户环境友好型畜禽粪便处理方式选择行为分析——以生猪养殖为例》，《中国农村经济》2015 年第 9 期。

［172］彭玉珊、孙世民、陈会英：《养猪场（户）健康养殖实施意愿的影响因素分析——基于山东省等 9 省（区、市）的调查》，《中国农村观察》2011 年第 2 期。

［173］浦华、胡向东：《生猪养殖户疫病防控公共服务满意度研究——基于安徽省规模生猪养殖户的实证分析》，《中国农业大学学报》2014 年第 4 期。

［174］浦华、王济民：《发达国家防控重大动物疫病的财政支持政策》，《世界农业》2010 年第 6 期。

［175］浦华、王济民、吕新业：《动物疫病防控应急措施的经济学优化——基于禽流感防控中实施强制免疫的实证分析》，《农业经济问题》2008 年第 11 期。

［176］戚海峰：《中国人从众消费行为问题探究——基于控制的视角》，《经济与管理研究》2011 年第 1 期。

［177］祁凯、杨志、张子墨、刘岩芳：《政府参与下网民舆论引导机制的演化博弈分析》，《情报科学》2017 年第 3 期。

［178］钱伟刚：《第四媒体的定义和特征》，《新闻实践》2000 年第 7 期。

[179]钱云:《病死动物无害化处理监管的法律问题研究》,《农业科学研究》2013年第6期。

[180]丘昌泰:《灾难管理学:地震篇》,台北:元照出版社,2000年。

[181]邱菀华:《管理决策与应用熵学》,北京:机械工业出版社,2001年。

[182]荣梅:《社会网络分析方法在口碑传播中的应用研究》,《求索》2013年第2期。

[183]塞缪尔·P.亨廷顿:《变化社会中的政治秩序》,王冠华等译,上海:上海人民出版社,2008年。

[184]尚旭东、乔娟、李秉龙:《消费者对可追溯食品购买意愿及其影响因素分析——基于730位消费者的实证分析》,《生态经济》2012年第7期。

[185]沈朝建:《紧急动物疫病应急管理在发达国家的运行机制及我国的工作重点》,南京农业大学,2002年。

[186]石晶、肖海峰:《养殖户畜牧养殖技术需求及其影响因素研究——基于绒毛用羊养殖户问卷调查数据的分析》,《农村经济》2014年第3期。

[187]史扬:《重大动物疫病的应急防控措施初探》,《畜牧兽医科技信息》2015年第9期。

[188]苏海坤:《能力、效率与效益——谈提高乡镇政府行政效能的途径》,《学术论坛》2007年第11期。

[189]苏淞、孙川、陈荣:《文化价值观、消费者感知价值和购买决策风格:基于中国城市化差异的比较研究》,《南开管理评论》2013年第1期。

[190]孙研:《借鉴国外经验促进中国兽医事业的发展》,《世界农业》2010年第6期。

[191]孙玉红:《加强市场监管有效防范禽流感》,《中国畜牧兽医文摘》2013年。

[192]汤志伟、彭志华、张会平:《网络公共危机信息可信度的实证研究——以汶川地震为例》,《情报杂志》2010年第7期。

[193]唐钧:《政府公共关系》,北京:北京大学出版社,2009年。

[194]唐正繁:《我国农村群体性突发事件的政府危机管理》,《贵州社会科学》2007年第6期。

[195]托马斯·库恩:《科学革命的结构》,金吾伦、胡新和译,北京:北京大学出版社,2012年。

[196]汪涛、夏生林、舒波、李雷、来学惠、陈秀云:《中山市禽类职业暴露人员禽流感相关知识、态度和行为调查》,《中国热带医学》2008年。

[197]汪志红、王斌会、张衡:《基于 Logistic 曲线的城市应急能力评价研究》,《中国安全科学学报》2011 年第 3 期。

[198]王长江、黄保续:《建立长效机制有效防控重大动物疫病——论重大疫病的科学防控问题》,《中国动物检疫》2010 年。

[199]王崇、李一军、叶强:《互联网环境下基于消费者感知价值的购买决策研究》,《预测》2007 年第 3 期。

[200]王崇、赵金楼:《电子商务下消费者购买行为偏好的量化研究》,《软科学》2011 年第 8 期。

[201]王恒彦、卫龙宝:《城市消费者安全食品认知及其对安全果蔬消费偏好和敏感性分析——基于杭州市消费者的调查》,《浙江社会科学》2006 年第 6 期。

[202]王建华、刘茜、浦徐进:《政策认知对生猪养殖户病死猪不当处理行为风险的影响分析》,《中国农村经济》2016 年第 5 期。

[203]王静、杨屹:《上海市浦东新区居民和涉禽职业人群禽流感知信行现状调查》,《上海预防医学杂志》2006 年第 7 期。

[204]王林、冷伏海:《施引关键词与被引作者交叉共现分析方法及实证研究》,《情报学报》2012 年第 4 期。

[205]王满船:《健全公共信息系统,完善政府危机决策》,《北京行政学院学报》2003 年第 4 期。

[206]王恕宝、廖康琼:《恩施市动物疫情应急管理工作探讨》,《湖北畜牧兽医》2016 年第 7 期。

[207]王双双:《信息传播视角下移动学习的影响因素研究》,河南大学学位论文,2012 年。

[208]王晓君:《挑战与回应——农村政府危机管理法律体系的建构》,《学海》2008 年第 6 期。

[209]王晓展:《社交媒体对消费者购买决策的影响》,《中国园地》2015 年第 6 期。

[210]王振亚、李国鹏:《农村公共危机治理中乡镇政府的角色冲突研究》,陕西师范大学学位论文,2013 年。

[211]韦欣捷、陈雯雯、林万龙、伍建平:《发达国家动物疫病防控财政支持政策及启示》,《农业经济问题》2011 年第 7 期。

[212]乌尔里希·贝克:《风险社会》,南京:译林出版社,2004 年。

[213]吴国盛:《从科普到科学传播》,《科技日报》2000 年 9 月 22 日。

[214]吴建勋:《政府危机管理绩效评估:综述及拓展》,《改革》2007 年第 2 期。

［215］吴丽琼:《政府公信力构建的探讨——基于网络危机公关视角》,《中共南昌市委党校学报》2013 年第 2 期。

［216］吴林海、许国艳:《HU Wuyang 生猪养殖户病死猪处理影响因素及其行为选择——基于仿真实验的方法》,《南京农业大学学报(社会科学版)》2015 年第 2 期。

［217］吴秀敏:《养猪户采用安全兽药的意愿及其影响因素——基于四川省养猪户的实证分析》,《中国农村经济》2007 年第 9 期。

［218］吴孜态:《高致病性禽流感防制技术措施经济学评价的计算机信息保障体系研究》,南京工业大学学位论文,2005 年。

［219］西奥多·W.舒尔茨:《改造传统农业》,梁小民译,北京:商务印书馆,2006 年。

［220］夏茵、晁钢令:《产品危机情境下的消费者行为的研究》,《现代管理科学》2014 年第 2 期。

［221］向朝阳、王幼明:《基于绩效管理的兽医机构管理质量评估体系构建》,《农业经济问题》2012 年第 8 期。

［222］肖鹏军:《公共危机管理导论》,北京:中国人民大学出版社,2006 年。

［223］谢俊兰:《动物疫病控制管理与可持续发展策略的探讨》,《吉林农业》2015 年第 5 期。

［224］熊澄宇:《西方新闻传播学经典名著选读》,北京:中国人民大学出版社,2004 年。

［225］熊国强、余红梅、史阿品等:《群体性冲突中利益调节的三方博弈模型研究》,《电子科技大学学报(社会科学版)》2009 年第 2 期。

［226］徐兵:《基于博弈理论的我国公共危机管理中若干问题研究》,同济大学学位论文,2008 年。

［227］徐丹、郭永祥、邓云波、张强、吕晓星:《绩效管理在重大动物疫病防控中的应用及效果》,《中国动物检疫》2014 年第 3 期。

［228］徐快慧、刘永功:《产业链视角下多利益主体参与的动物疫病防控机制研究》,《中国畜牧》2012 年。

［229］徐莉:《论理性消费与消费风险机制的建立——面对 SARS 时的理性消费思考》,《科技进步与对策》2003 年第 8 期。

［230］徐双敏、罗重谱:《公共危机治理主体多元化的阻滞因素与实现策略》,《北京航空航天大学学报(社会科学版)》2010 年第 5 期。

［231］许文惠、张成福:《危机状态下的政府管理》,北京:中国人民大学出版社,1998 年。

[232]薛海波:《消费者购物决策风格量表研究述评与展望》,《消费经济》2007年第5期。

[233]薛澜、张强、钟开斌:《危机管理》,北京:清华大学出版社,2003年。

[234]闫振宇、陶建平、徐家鹏:《养殖农户报告动物疫情行为意愿及影响因素分析》,《中国农业大学学报》2012年第3期。

[235]闫振宇、陶建平:《养殖户养殖风险态度、防疫信念与政府动物疫病控制目标的实现——基于湖北省228个养殖户的调查》,《中国动物检疫》2008年第12期。

[236]杨倍贝、吴秀敏:《消费者对可追溯性农产品的购买意愿研究》,《农村经济》2009年第8期。

[237]杨晓燕:《中国消费者行为研究综述》,《经济经纬》2003年第1期。

[238]杨雪冬:《2004.全球化、风险社会与复合治理》,《马克思主义与现实》2004年第4期。

[239]杨乙丹:《群体性事件的链式演化与断链防控治理》,《甘肃社会科学》2015年第5期。

[240]叶皓:《突发事件的舆论指导》,南京:江苏人民出版社,2009年。

[241]易春东:《动物卫生监督执法工作中存在的问题及建议》,《中国畜牧兽医文摘》2014年。

[242]易学锋、罗会明:《禽流感危机及其应对策略》,《中华流行病学杂志》2004年第3期。

[243]尹世久、吴林海、徐迎军:《信息认知、购买动因与效用评价——以广东消费者安全食品购买决策的调查为例》,《经济经纬》2014年第3期。

[244]尹世久、徐迎军、陈默:《消费者有机食品购买决策行为与影响因素研究》,《中国人口·资源与环境》2013年第7期。

[245]游伯龙:《习惯领域理论》,北京:机械工业出版社,1980年。

[246]于竞进:《我国疾病预防控制体系建设研究:困境策略措施》,复旦大学学位论文,2006年。

[247]于乐荣、李小云、汪力斌:《禽流感发生对家禽养殖农户的经济影响评估—基于两期面板数据的分析》,《中国农村经济》2009年第7期。

[248]俞培果、蒋葵:《农业科技投入的价格效应和分配效应探析》,《中国农村经济》2006年第7期。

[249]虞祎、张晖、胡浩:《排污补贴视角下的养殖户环保投资影响因素研究——基于沪、苏、浙生猪养殖户的调查分析》,《中国人口、资源与环境》2012年第2期。

[250]约翰·H.霍兰:《隐秩序:适应性造就复杂性》,上海:上海教育科技出版社,2000年。

[251]臧柏莹:《浅谈影响媒体新闻报道客观性的因素》,《新闻传播》2015年第2期。

[252]曾丽云:《禽流感对我国餐饮业的影响及营销对策分析》,《商情》2018年第1期。

[253]曾寅初、夏薇、黄波:《消费者对绿色食品的购买与认知水平及其影响因素——基于北京市消费者调查的分析》,《消费经济》2007年第2期。

[254]詹姆斯·C.斯科特:《农民的道义经济学》,程立显、刘建译.南京:译林出版社,2001年。

[255]张爱勤:《环境税在资源节约型社会中的作用》,《税务研究》2006年第12期。

[256]张蓓、黄志平、文晓巍:《农产品质量安全危机下的无公害猪肉购买行为研究》,《商业研究》2013年第7期。

[257]张成福、许文惠:《危机状态下的政府管理》,北京:中国人民大学出版社,1997年。

[258]张成福:《公共危机管理理论与实务》,北京:中国人民大学出版社,2009年。

[259]张大伟、薛惠峰、寇晓东:《复杂网络领域科学合作状况的网络分析研究》,《情报杂志》2008年第8期。

[260]张桂新、张淑霞:《动物疫情风险下养殖户防控行为影响因素分析》,《农村经济》2013年第2期。

[261]张国庆:《公共行政学(第三版)》,北京:北京大学出版社,2007年。

[262]张剑渝、杜青龙:《参考群体、认知风格与消费者购买决策——一个行为经济学视角的综述》,《经济学动态》2009年第11期。

[263]张泉、王余丁、崔和瑞:《禽流感对中国经济产生的影响及启示》,《中国农学通报》2006年。

[264]张维迎:《博弈论与信息经济学》,上海:上海人民出版社,1996年。

[265]张小明:《从SARS事件看公共部门危机管理机制设计》,《北京科技大学学报(社会科学版)》2003年第3期。

[266]张小霞、于冷:《绿色食品的消费者行为研究——基于上海市消费者的实证分析》,《农业技术经济》2006年第6期。

[267]张雅燕:《养猪户病死猪无害化处理行为影响因素实证研究——基于江西养猪大县的调查》,《生态经济(学术版)》2013年第2期。

[268]张岩、玖长、戚巍:《突发事件状态下公众信息获取的渠道偏好研究》,《情报科学》2012 年第 4 期。

[269]张义:《公共卫生事件中政府应急管理研究——基于吉林省甲型 H1N1 流感防控的实证分析》,吉林大学学位论文,2011 年。

[270]张郁、齐振宏、孟祥海、张董敏、邬兰娅:《生态补偿政策情境下家庭资源禀赋对养猪户环境行为影响——基于湖北省 248 个专业养殖户(场)的调查研究》,《农业经济问题》2015 年第 6 期。

[271]章领:《网络公共危机诱因、演化机理及预警机制研究》,《阜阳师范学院学报(社会科学版)》2013 年第 5 期。

[272]赵德明:《我国重大动物疫情防控策略的分析》,《中国农业科技》2006 年第 5 期。

[273]赵海燕、姚晖:《基于平衡计分卡的公共卫生危机管理绩效评估方案设计》,《学术交流》2007 年第 12 期。

[274]赵蓉英、王菊:《图书馆学知识图谱分析》,《中国图书馆学报》2011 年第 2 期。

[275]赵淑红:《应急管理中的动态博弈模型及应用》,河南大学学位论文,2007 年。

[276]赵伟鹏、戴元祥:《政府公共关系理论与实践》,天津:天津人民出版社,2001 年。

[277]赵越春、王怀明:《消费者对制造企业社会责任的认知及影响因素研究——江苏食品制造业案例》,《产业经济研究》2013 年第 3 期。

[278]甄静、郭斌、谭敏:《消费者绿色消费认知水平、绿色农产品购买行为分析》,《陕西农业科学》2014 年第 1 期。

[279]郑建明、张相国、黄滕:《水产养殖质量安全政府规制对养殖户经济效益影响的实证分析——基于上海的案例》,《上海经济研究》2011 年第 3 期。

[280]郑雪光、腾翔雁、朱迪国、宋建德、王栋、黄保续、王树、李长、候玉慧:《全国重大动物疫病状况及影响》,《中国动物检疫》2014 年第 1 期。

[281]钟燕芬:《高职学生对 H7N9 禽流感相关知识的掌握状况及态度、行为水平的调查分析》,《中国实用护理杂志》2014 年第 1 期。

[282]周榕、李伦:《加强媒体危机报道的公众路径》,《科技创新导报》2014 年第 12 期。

[283]周榕、夏琼:《公共危机事件中媒体的监督困境分析》,《青年记者》2013 年第

33 期。

　　[284]周榕、张德胜:《公共危机事件中媒体与地方政府的沟通困境——以 2008—2013 年重大公共危机事件为例》,《青年记者》2014 年第 21 期。

　　[285]朱德米:《重大决策事项的社会稳定风险评估研究》,北京:科学出版社,2016 年。

　　[286]朱宁、秦富:《突发性疫情、家禽产品价格与养殖户生产行为——以蛋鸡为例》,《科技与经济》2015 年第 3 期。

附　　录

关于农村动物疫病防控及无害化处理的调查

您好！我正在进行一项关于农村动物疫病防控应急处理的调查。目的是希望通过此次调查活动了解农村养殖户对疫病防控应急处理的认知和态度。本次调查不记名，请您如实回答以下问题。谢谢！注：问卷调查表的选项均为单选！

地点：市区（县）　问卷编码：

情景设计：假设一个农户张三家养了3头猪与10只鸡，由于不明原因，在一周内畜禽接连死亡，此时病死畜禽在家中放置，他面临着如何处理病死畜禽的问题，有以下几种方式：一是将病死动物乱抛、乱丢或者简单填埋，这样做省时省力，但面临被当地环保部门处罚的可能，若被发现将面临300—3000元不等的罚款；二是将动物尸体直接低价出售给不法商贩，这样做能取得最大的经济效益，但是一旦被动物卫生监管部门发现，会面临最高1万元的高额罚款；三是无害化处理方式，如：送至防疫站或者采用其他物理、化学、生物学等无害化处理方式行为，可享受一定的财政补贴，但这样做相对麻烦且补贴金额较少，收益太低。如遇此情况，您会怎么做？

1. 您的学历

①中学及以下　②高中　③大专及以上

2. 您的养殖年限

①1 年以下　②1—3 年　③4—5 年　④5 年以上

3. 您的养殖规模

①0—50 只　②51—100 只　③101—150 只　④151 只以上

4. 您对现行养殖及补贴法律的了解程度

①完全不了解　②了解大部分　③了解一点　④完全不了解

5. 您养殖方式的环保程度

①很高　②较高　③一般　④较低　⑤很低

6. 您对兽药的认识程度

①非常了解　②比较了解　③一般　④有点了解　⑤不了解

7. 您当地有无科学、环保养殖等风俗习惯？

①有　②无

8. 您一年对染病牲畜进行无害化处理的政府给予的补贴额度是多少？

①300 以下　②301—600　③601—1000　④1001—2000

⑤2001 及以上

9. 您认为政府对疫病的宣传力度如何？

①非常高　②较高　③一般　④有点高　⑤不高

10. 您认为当前对染病牲畜随意处置行为的执法力度如何

①非常高　②较高　③较低　④低

11. 您认为当地动物卫生监管部门对染病牲畜随意处置处罚力度如何

①重　②适中　③轻　④没有惩罚

关于动物疫情危机中消费者行为决策的调查

您好！我正在进行一项关于动物疫情危机中消费者的行为决策的调查。感谢您的大力支持！

地点:市区(县)　问卷编码:

1. 您的性别　①男　②女

2. 您的年龄是_____岁

3. 您的婚姻状况

①未婚　②已婚　③离异或丧偶

4. 您的受教育年限_____年

5. 您对商品的鉴别能力

①不能鉴别　②很少能够　③有时能够　④多数能够　⑤完全能够

6. 您的职业是

①务农　②打工　③个体户/经商　④教师　⑤村干部　⑥兽医

⑦企事业单位　⑧其他

7. 您家里的人口有_____人

8. 您的家庭收入_____元

9. 您认为您家的家庭收入水平

①低收入　②中低收入　③中等收入　④中上收入　⑤高收入

10. 您对肉蛋类产品的选择要求是

①自身需求　②肉类价格　③安全程度　④其他

11. 您认为您的风险感知程度

①很强　②较强　③一般　④较差　⑤很差

12. 您对肉蛋类产品的喜好程度

①特别不喜欢　②不喜欢　③一般　④比较喜欢　⑤非常喜欢

13. 您对动物疫情的传播方式的熟悉程度

①非常熟悉　②比较熟悉　③一般　④不太熟悉　⑤完全不熟悉

14. 您对动物疫情预防方式的熟悉程度

①非常熟悉　②比较熟悉　③一般　④不太熟悉　⑤完全不熟悉

15. 您对动物疫情产生原因的熟悉程度

①非常熟悉　②比较熟悉　③一般　④不太熟悉　⑤完全不熟悉

16. 您对动物疫情的影响的熟悉程度

①非常熟悉　②比较熟悉　③一般不太熟悉　④完全不熟悉

17. 您认为感染动物疫情的可能性

①非常严重　②比较严重　③一般　④不太严重　⑤完全不严重

18. 您认为动物疫情的危险程度

①非常严重　②比较严重　③一般　④不太严重　⑤完全不严重

19. 您认为政府的索赔保障措施效果

①没有　②较少保障　③较好保障　④保障很好

20. 您认为政府安全监管效果如何

①完全不合理　②比较不合理　③比较合理　④非常合理

21. 您认为食品安全法对商品流动的作用程度

①没有任何作用　②很难起作用　③比较有用　④非常有用

22. 您认为现行的食品安全标准合理程度

①完全不合理　②比较不合理　③比较合理　④非常合理

23. 您认为政府对疫情处理速度

①不处理　②处理较慢　③处理较快　④及时处理

24. 您认为政府信息公开程度

①全力隐瞒　②部分隐瞒　③很少隐瞒　④全部公开

25. 您认为政府惩戒力度

①不够严厉　②比较严厉　③足够严厉　④过于严厉

26. 您认为政府疫情建议效果

①没有检疫措施　②没有效果　③效果很差　④效果较好　⑤效果很好

27. 您认为政府紧急免疫效果

①没有紧急免疫　②没有效果　③效果很差　④效果较好　⑤效果很好

28. 您认为媒体报道疫情信息的及时程度

①不及时　②一般　③及时　④非常及时

29. 您认为媒体对于疫情的曝光度

①很少曝光　②有时曝光　③一般　④充分曝光　⑤过分曝光

30. 您认为媒体宣传的可靠性

①不可信　②有时可信　③一般　④基本可信　⑤完全可信

动物疫情中基层政府防控评价问卷

亲爱的社区居民：

您好，为了了解社区动物疫情防控工作开展情况以及更好地完善社区的动物疫情管理工作，我们开展此项调查活动，对您的热情参与和积极配合我们将十分感谢！

调查地点：市区（县）社区　问卷编码：

1.您在该社区居住了多少年？

①0—5 年　②6—10 年　③11—15 年　④15 年以上

2.您所居住的社区是否有过动物疫情卫生站？

①没有　②有

3.您知道社区动物疫情防控避难场所的位置吗？

①不太知道　②大概知道　③清楚

4.您对社区动物疫情强制免疫物品的投入量是否满意？

①不满意　②较满意　③满意

5.社区 2016 年举行过_____次动物疫情防控知识普及宣传活动。

6.（如社区未举行动物疫情防控知识普及宣传活动此题可不填）您觉得动物疫情防控知识宣讲的内容实用性怎么样？

①不太接地气　②一部分有点用　③感觉很实用

7.社区在 2016 年进行过_____次动物疫情无害化处理技术培训。

8.（如社区未举行动物疫情无害化处理技术培训此题可不填）参与动物疫情无害化处理技术培训的过程中，您认为社区动物疫情无害化补贴发放速度怎样？

①速度很慢　②速度还不错　③速度很快

9.您所在的社区工作人员是否进行过动物疫情防控技能培训？

①没有关注过,不是很清楚　②没有听说　③听说过

10. 您是否接收到过社区发布的动物疫情预警通知?

①没有　②没注意　③有

11. (如上题选②、③则转至第 12 题)如若接收过社区发布的预警信息,请问社区是以何种方式通知您的?

①手机短信　②社区内的宣传板或电子屏　③工作人员直接告知

④社区 APP　⑤其他

12. 在社区发生动物疫情公共危机时,您对技术人员的服务是否满意?

①不满意　②较满意　③满意

13. 在社区发生动物疫情公共危机时,您认为技术人员服务及时性如何?

①很不及时　②比较及时　③很及时

14. 在社区发生动物疫情公共危机时,您认为防控救援人员的专业技术能力如何?

①不好　②还不错　③很好

15. 您对本社区的动物疫情防控能力打多少分?(勾选下面数字即可)

0　1　2　3　4　5　6　7　8　9　10

责任编辑:洪　琼
封面设计:石笑梦
版式设计:胡欣欣

图书在版编目(CIP)数据

重大动物疫情与公共危机决策模式研究/刘玮 著. —北京:人民出版社,2025.3
ISBN 978－7－01－025719－8

Ⅰ.①重…　Ⅱ.①刘…　Ⅲ.①兽疫-疫情管理-关系-公共管理-危机管理-
研究-中国　Ⅳ.①S851.3②D630.8

中国国家版本馆 CIP 数据核字(2023)第 089138 号

重大动物疫情与公共危机决策模式研究

ZHONGDA DONGWU YIQING YU GONGGONG WEIJI JUECE MOSHI YANJIU

刘　玮　著

人民出版社 出版发行
(100706　北京市东城区隆福寺街99号)

北京中科印刷有限公司印刷　新华书店经销

2025 年 3 月第 1 版　2025 年 3 月北京第 1 次印刷
开本:710 毫米×1000 毫米 1/16　印张:17
字数:270 千字

ISBN 978－7－01－025719－8　定价:79.00 元

邮购地址 100706　北京市东城区隆福寺街 99 号
人民东方图书销售中心　电话 (010)65250042　65289539